计算机类本科规划教材

操作系统教程

主　编　屠立忠　徐金宝

副主编　刘晓璐　丁宋涛　王　洋

主　审　黄陈蓉

電子工業出版社

Publishing House of Electronics Industry

北京・BEIJING

内 容 简 介

操作系统是管理和控制计算机硬件与软件资源的计算机程序，是计算机系统的核心系统软件。操作系统课程是计算机类专业的核心课程和必修课程，操作系统的原理、相关管理技术和调度策略是计算机应用系统开发专业人员必须掌握的专业知识。

本书共分6章，第1章为操作系统概论，第2～5章分别介绍操作系统中处理器管理及并发进程、存储管理、设备管理和文件管理等内容，第6章介绍 Windows 和 Linux 操作系统。为方便读者学习，每章末尾均附有小结和习题。附录部分是验证和重现操作系统基本理论的实验和课程设计项目，供读者选用。

本书面向应用型本科学生，原理和理论叙述简单明了，实例分析联系实际，全书内容易于理解和掌握。本书可作为计算机类应用型本科专业操作系统相关课程的教材或参考书，也可作为从事操作系统原理研究与系统开发的工程技术人员的参考用书。

图书在版编目（CIP）数据

操作系统教程 / 屠立忠，徐金宝主编. —北京：电子工业出版社，2013.8
计算机类本科规划教材
ISBN 978-7-121-20509-5

Ⅰ. ①操… Ⅱ. ①屠… ②徐… Ⅲ. ①操作系统—高等学校—教材 Ⅳ. ①TP316

中国版本图书馆 CIP 数据核字（2013）第 109756 号

策划编辑：章海涛
责任编辑：郝黎明
印　　刷：北京虎彩文化传播有限公司
装　　订：北京虎彩文化传播有限公司
出版发行：电子工业出版社
　　　　　北京市海淀区万寿路 173 信箱　邮编 100036
开　　本：787×1 092　1/16　印张：16　字数：409.6 千字
版　　次：2013 年 8 月第 1 版
印　　次：2024 年 7 月第 12 次印刷
定　　价：36.00 元

凡所购买电子工业出版社图书有缺损问题，请向购买书店调换。若书店售缺，请与本社发行部联系，联系及邮购电话：（010）88254888。

质量投诉请发邮件至 zlts@phei.com.cn，盗版侵权举报请发邮件至 dbqq@phei.com.cn。

服务热线：（010）88258888。

前　言

操作系统是计算机系统的一个重要组成部分，诞生已有60多年的历史，发展非常迅猛，新的实用操作系统不断涌现并逐步演变成行业主流。操作系统课程是计算机类专业的重要专业基础课程之一，对计算机行业的从业人员来说，深入学习和掌握操作系统的相关技术是必须完成的任务。操作系统的教科书版本非常多，但适合应用型计算机类专业本科人才培养的教材不多，大部分教材的理论性较强，实践性不足，不利于工程实践能力的培养。

本书是作者在多年从事应用型本科专业教学工作基础上，结合国内外书面和网络资料编写而成的，讲义简明阐述了操作系统的原理和相关技术，并增加了大量工程实例分析，旨在传授理论知识的同时，培养读者的工程应用和工程实践能力。

本教材的建议学时数为64学时，其中理论时数50～54学时，实验时数10～14学时。实际教学时，可对理论教学和实验时数进行适当增减，并根据教学的需要设置课程设计环节。

全书共分6章。第1章是操作系统概论，介绍操作系统的定义和目标、操作系统的历史和发展、操作系统的特性和基本结构；第2章阐述进程、线程概念和处理器管理的基本原理；第3章主要阐述存储管理技术，包括实存管理和虚存管理技术，重点分析了分页和分段管理的方法；第4章主要介绍设备管理子系统和设备管理技术，重点分析了磁盘驱动调度策略；第5章阐述文件管理技术，重点分析了文件的逻辑结构和物理结构，介绍文件的使用方法；第6章详细介绍Windows和Linux两种操作系统中应用的管理技术以及基本的使用技巧。为便于读者自学和课后复习，每章都附有小结和习题。附录A为操作系统的基本实验项目和创新实验项目，附录B为操作系统课程设计的案例，供教师在实际教学或读者学习过程中选择使用或参考。

本书由屠立忠主编和统稿。徐金宝、刘晓璐、丁宋涛分别参加了第2章和第4章、第3章和第5章、第6章的编写工作，齐齐哈尔大学的王洋也参加了本书的编写工作。中软国际、东软集团和江苏万和计算机培训中心为本书提供了部分案例，朱硕懋、吴敏、张程远、吕春龙等协助调试了本书中的案例代码，并参与了资料的整理工作，再此也向他们表示感谢。黄陈蓉教授审阅了全部书稿，并提出了许多宝贵意见和建议，在此表示感谢。此次编写工作得到了南京工程学院教务处和计算机工程学院的大力支持。

在本书的编写过程中，参考了一些有关操作系统的书刊及文献资料，并查阅了大量的网络资料，在此对所有的作者表示感谢。限于水平，书中难免有不足与疏漏之处，恳请广大读者批评指正。

联系邮箱：tulz@njit.edu.cn。

作　者

目　录

第1章　操作系统概论

现代计算机系统都是由硬件和软件组成的。操作系统是配置在计算机硬件上的第一层软件，是对硬件的扩充，用于控制硬件的工作、管理计算机系统的各种资源，并为系统中各种程序的运行提供服务。本章首先介绍操作系统的概念、定义、目标和发展历史，然后简单介绍操作系统的功能以及操作系统提供的服务和接口，分析操作系统的基本结构，本章最后介绍几种流行操作系统的基本情况。

1.1　操作系统的概念

一个完整的计算机系统由硬件资源和软件资源组成，其中硬件资源包括中央处理器、存储器和外部设备等机械装置和电子部件，它们共同构成了计算机系统运行软件和实现各种功能的物质基础；软件资源包括系统软件、支撑软件和应用软件。

操作系统是所有软件中最基础和最核心的部分，是控制和管理计算机系统各种硬件和软件资源，有效地组织多道程序运行的系统软件，是计算机用户和计算机硬件之间的中介程序，它为用户执行程序提供更方便、更有效的环境。

1.1.1　操作系统的定义和目标

操作系统作为控制应用程序执行的系统软件，已经存在很多年，其功能和内涵也在不断丰富和扩充，所以至今仍无法给出一个严格和统一的定义。但比较公认的定义是：管理系统资源、控制程序执行、改善人机界面、提供各种服务，合理组织计算机工作流程和为用户方便而有效地使用计算机提供良好运行环境的最基本的系统软件。

任何一种计算机系统，均需配备操作系统，有的系统还同时配备了两种或两种以上的操作系统，因而操作系统是现代计算机系统不可分割的重要组成部分，它为人们营造各种以计算机为核心的应用环境奠定了坚实的基础。人们使用操作系统，最直截了当的目标是让用户更加有效和方便地使用计算机，同时也希望能充分发挥计算机硬件系统的最大效用，提高工作效率。操作系统的主要目标可归结为以下几个。

1. 方便使用

操作系统通过对外提供各种接口，尽可能简化用户操作，提高计算机系统的易用性。例如，用户可以直接输入命令或单击屏幕上显示的菜单，操作程序的运行和计算机的使用；而计算机软件开发人员可以在程序中利用系统调用直接对磁盘的文件或外部设备上检测数据进行读/写操作。

2. 扩充功能

操作系统通过适当的管理机制和提供新的服务来扩大机器的功能。例如，操作系统可以采用虚拟机技术为用户提供不同的运行模拟环境和平台，采用虚拟存储管理技术为用户提供比实际内存大得多的运行存储空间，采用 Spooling 技术将独占设备模拟成共享设备等。

3. 管理资源

操作系统应配置管理计算机系统中所有的软硬件资源的机制。如操作系统可以按照用户和程序的要求分配各种软硬件资源，然后在用户和程序不再使用时回收这些资源，以供下次重新分配。

4. 提高效率

操作系统应合理组织计算机的工作流程，改善系统性能并提高系统效率。如采用多道程序技术实现多进程的并发执行，提高处理器等系统资源的使用效率；提供多线程技术降低多进程并发执行时系统频繁切换所产生的管理开销。

5. 开放环境

操作系统应遵循国际和行业标准来设计，构筑一个开放的环境，以便使用者共享应用软件和应用资源。国际和行业标准包括系统平台标准、通信标准和用户接口标准等，遵循这些标准可以解决各种应用的运行兼容性问题；支持应用程序在不同的平台上的可移植性。

1.1.2　操作系统的形成和发展

自 1946 年诞生第一台计算机至今，计算机经历了 60 多年的发展时期，操作系统伴随计算机硬件的发展及应用的日益广泛而发展。最初的计算机系统上没有操作系统，软件的概念也不明确。随着处理器集成技术、中断技术和通道技术等硬件技术的不断发展，促进了软件概念的形成，从而也推动了操作系统的形成和发展。而操作系统等软件的发展反过来也促进了硬件的发展。粗略地说，操作系统的发展是由人工操作阶段过渡到早期批处理阶段而具有其雏形，而后发展到多道程序系统时才逐步完善的。

1. 人工操作阶段

早期的计算机运算速度慢，可用资源少，系统只支持机器语言或汇编语言，因而没有操作系统，由单个用户独占计算机。程序员通过卡片或纸带将程序和数据输入计算机，运行结果显示在屏幕上，或者穿孔于卡片或纸带上。人工操作方式的特点如下。

（1）用户独占系统。用户使用计算机时独占全部机器资源，计算机资源的利用率和计算机运行效率极其低下。

（2）人工介入多。程序员全程介入计算过程的输入、运算和输出等阶段，自动化程度较低，出错的机会较高。计算机的使用者通常是计算机专业技术人员，非专业人员难以操作。

（3）计算时间长。整个计算过程中，数据的输入、程序的执行和结果的输出均是联机进行的，每个环节还必须进行校对，因而计算时间很长，浪费了大量的人力。

人工操作方式的计算过程如图 1-1 所示。

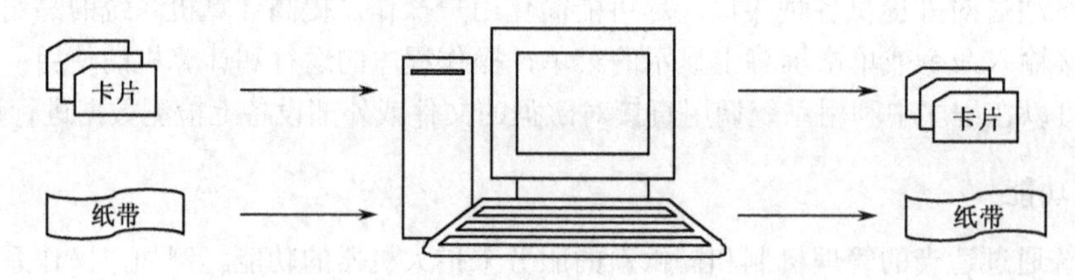

图 1-1　人工操作方式的计算过程

2. 批处理系统阶段

早期批处理系统借助于作业控制语言（Job Control Language，JCL）对人工操作方式进行了变革。用户可以通过脱机方式控制和应用计算机，通过作业控制卡来描述对作业的加工和控制步骤，并把作业控制卡连同程序、数据一起提交给操作员，操作员收集到一批作业后一起把它们放到卡片机上输入计算机；计算机则运行一个驻留内存的执行程序，以对作业进行自动控制和成批处理。显然，这种系统能实现作业到作业的自动转换，缩短作业的准备和创建时间，减少人工操作和人工干预，提高了计算机的使用效率。

早期批处理系统中，作业的输入和输出均是联机实现的，I/O 设备和 CPU 是串行工作的，CPU 利用率较低。为了解决这个问题，在批处理系统中引进了脱机 I/O 技术，方法是除主机外另设一台辅机，辅机的主要功能是与 I/O 设备打交道，需要进行输入操作时，输入设备上的作业通过辅机记录到磁带上（脱机输入）；主机可以把磁带上的作业读入内存执行，作业计算完成后，主机将结果记录到磁带上；接下来，辅机可以读出磁带上的结果，控制打印机输出结果。可以看出，主机和辅机是可以并行工作的，程序的处理和数据的输入输出速度明显提高，这种技术就是假脱机 I/O 技术，假脱机技术显然使批处理系统效率大大提高。

为了进一步提高批处理系统的效率，计算机主机中逐渐加载一些管理程序，这些管理程序的功能包括自动控制和处理作业流，设备驱动和输入输出控制，程序加载和装配，以及简单的文件管理等。这些管理程序丰富了输入输出设备类型，并对进入系统的程序和数据进行了有效的管理，从而缩短了作业的准备和创建时间，充分发挥批处理系统的性能。这些管理程序就形成了操作系统的雏形。

批处理系统的计算过程如图 1-2 所示。

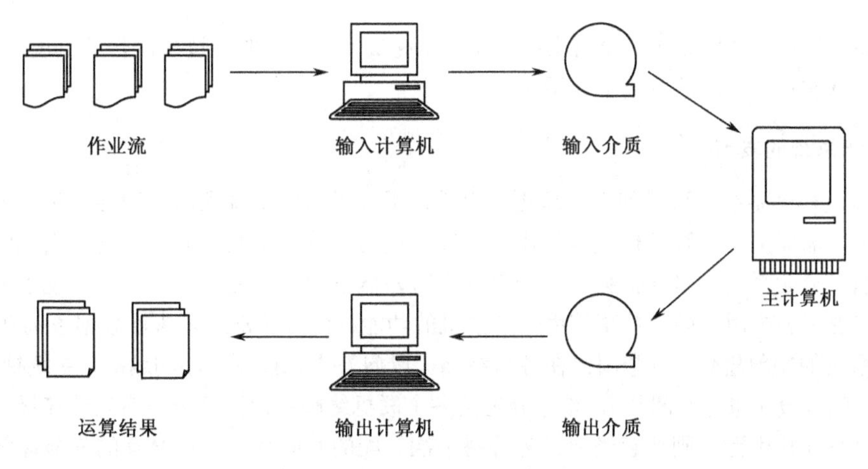

图 1-2　批处理系统的计算过程

3. 多道程序系统阶段

20 世纪 60 年代初，中断和通道等两项技术取得了突破，它们的结合为实现 CPU 和 I/O 设备的并行工作提供了硬件基础。多道程序系统是指在主存中存放多道用户的作业，这些作业可以共享系统资源并交替计算。从宏观上说，这些作业都处在运行状态而尚未完成，因而这些作业可以并发执行；而从微观来说，这些作业又是串行执行的，因为任一时刻只有一个作业在使用 CPU 运算。

严格地说，早期的多道程序系统仍旧属于批处理系统。引入多道程序设计技术的根本目的是提高 CPU 的利用率，充分发挥 CPU 和 I/O 设备的并行性，现代计算机系统一般都采用了多道程序设计技术。程序之间、设备之间、设备和 CPU 之间均可以并行工作。

多道程序设计系统如图 1-3 所示。

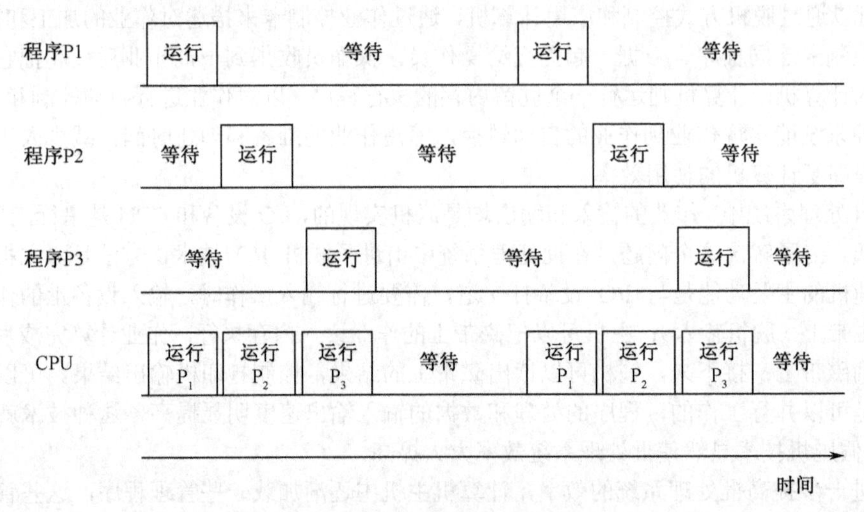

图 1-3　多道程序设计系统

多道程序系统具备多道、宏观并行和微观串行等特点，另外还有一些显著特征。

（1）无序性：多个作业完成的先后顺序与它们进入主存的顺序之间并无严格的对应关系。如先进入主存的程序不一定能保证首先完成，甚至可能最后完成，而后进入主存的程序也有可能先完成。

（2）调度性：一个作业从提交给系统开始直至完成，可能需要经过多次作业调度和进程调度。具体的调度算法将在后续的章节中介绍。

4. 操作系统的发展

通过多道程序系统，可以使批处理更加有效，提高了系统资源利用率和吞吐量。但是，对许多作业来说，需要提供一种新模式以便用户可以直接与计算机交互，分时系统的出现解决了人机交互的问题。分时系统与多道批处理系统之间有着截然不同的性能差别，它既实现了人机交互的功能，还实现了多个用户同时共享使用一台主机的功能，而且非常适合执行数据查询功能。

分时系统的实现思想：每个用户在各自终端上以问答方式控制程序的运行，系统把 CPU 的时间划分成时间片段（也称时间片），轮流分配给各个联机终端用户，每个用户只能在极短的时间内执行，如果时间片用完，则挂起当前任务等待下次分配的时间片。人机交互的任务通常是发出简短命令的小任务，所用的时间片不会太大，因而每个终端用户的每次请求基本上都能获得系统较为快速的响应，感觉上是独占了这台计算机。可以看出，分时系统是多道程序系统的一个变种，CPU 被若干个交互式的用户通过联机终端多路复用了。分时操作系统如图 1-4 所示。

分时系统具有同时性、独立性、及时性和交互性等特征，得到了极为广泛的应用。

虽然多道程序系统和分时操作系统获得了较高的资源利用率和快速的响应时间，但它们难以满足实时控制和实时信息处理领域的需要。于是出现了实时操作系统，目前有三种典型的实时系统，过程控制系统、信息查询系统和事务处理系统。过程控制系统主要应用在现场实时数据采集、计算处理，进而控制相关执行机构的场合，如卫星测控系统、火炮自动控制系统等。信息查询系统应用在必须做出极快回答和响应的实时信息处理场合，如情报检索系统。事务处理系统不仅要对终端用户及时做出响应，而且要对系统中的文件和数据进行频繁的更新，如银行业务处理系统、电子商务系统等。

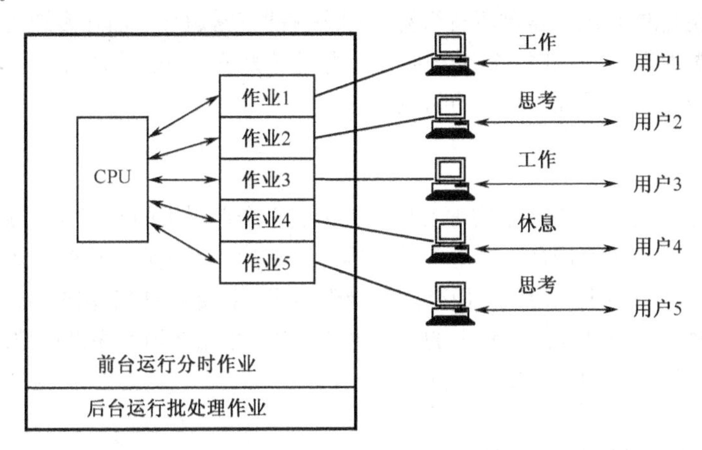

图 1-4 分时操作系统

实时系统是指能及时响应外部事件的请求，并在规定的较短时间内完成对该事件的处理，并控制所有实时任务协调一致地运行的操作系统。

实时系统具有多路性、独立性、及时性、交互性和可靠性等特征，与分时系统相比，及时性的特点更为明显。

1.1.3 操作系统的主要特性

前面介绍的几种操作系统都各自具有自己的特征，如批处理系统可以实现多个作业的成批处理，简化用户使用难度，分时系统具有允许人机交互处理的特性，实时系统具有实时特性。但现代操作系统应该具备并发性、共享性、异步性和虚拟性四种最基本特性，其中并发性是最重要的特性。

1. 并发性

并发性是指两个或两个以上的事件在同一时间段内发生。操作系统是一个并发系统，操作系统的并发性体现在计算机系统中同时存在若干个运行着的程序，这些程序交替执行。并发性有效改善了包括 CPU 和 I/O 设备等系统资源的利用率，但也会产生一系列的系统管理问题，比如程序和程序之间如何切换，程序切换时如何保证程序和数据互不干扰，这都要求系统提供控制和管理程序的并发执行的机制和策略。

2. 共享性

共享性是指计算机系统的资源可被多个并发执行的程序共同使用。通常计算机系统的资源都会按照进入系统的程序的个性要求进行分配，为了提高资源利用率，这种分配策略最好是动态的，也就是程序需要使用某类资源时，它可以向系统提出申请，系统根据资源使用情况予以分配；而当程序使用完毕后，应及时释放和归还资源，以便系统将资源分配给其他程序。

3. 异步性

异步性是指多道程序环境中，程序的执行顺序和速度始终是动态变化和随机的。由于程序运行完全依赖于系统分配的资源，得到所有资源，程序就能正常运行。而在多道程序环境中，系统有限的资源必须分配给若干个程序，每个程序在获得运行所必需的资源之前，它只能等待。因而，系统资源分配的随机性造成了程序执行的随机性。

4. 虚拟性

虚拟性是指通过一定方法将一个物理实体转换为若干个逻辑上的对应物，或者将物理上的多个实体转换为逻辑上的一个对应物。物理实体是实际存在的，而逻辑对应物是虚拟的。采用虚拟技术的目的是为用户提供易于使用、方便高效的操作环境。例如，现代操作系统采用 Spooling 技术把打印机这样的独占设备转变成逻辑上的多台虚拟设备，采用多道程序设计技术将一个 CPU 虚拟成可供多个程序共同使用的多个逻辑 CPU 等。

1.2 操作系统的功能

操作系统的主要任务是为多道程序的运行提供良好的运行环境，以保证程序能有条不紊地高效运行，并能最大限度地提高系统中各种资源的利用率和方便用户的使用。为了实现上述目标，操作系统应具有处理器管理、存储管理、设备管理和文件管理等方面的功能。另外，为了方便用户使用操作系统，还须向用户提供良好的用户界面和用户接口。

1.2.1 处理器管理

处理器是整个计算机系统的核心硬件资源，它的性能和使用情况对整个计算机系统的性能有着关键的影响。处理器也是计算机系统中最重要的资源，其运算速度往往要比其他硬件设备的工作速度快得多，其他设备的运行也常常需要处理器的介入。用户程序进入内存后，只有获得处理器，才能真正得以运行。因此，对处理器的有效管理，提高处理器的利用率是操作系统最重要的管理任务。

处理器管理的主要工作内容如下。

(1) 统计系统中每个作业程序的状态，以便将处理器分配给相关候选程序。

(2) 指定处理器调度策略，也是挑选待分配候选程序的必须遵循的原则。

(3) 实施处理器的分配，以便让获得处理器的程序真正投入运行。

为了顺利完成工作任务，操作系统通过分别对作业、进程和线程进行相应的低级、中级和高级调度，实现处理机的管理和调度。

1.2.2 存储管理

存储器是计算机系统中除了处理器以外的另一种重要资源，主存储器（也称为内存）是处理器和外部设备共享和快速访问程序和数据的部件，程序只有加载到主存储器后，才有可能获得执行。存储管理的主要任务是为多道程序提供良好的环境，方便用户使用存储器，并提高存储器的利用率以及从逻辑上扩充内存。现代操作系统中，存储器管理应具有内存分配和回收、内存保护、地址映射、主存共享和内存扩充等功能。

1. 内存分配和回收

内存分配和回收的主要任务是为每道程序分配内存空间，回收程序运行结束后释放的空间，提高存储器的利用率。内存分配的策略有静态和动态两种：静态分配方式中，每个作业的内存空间是在作业装入时确定的，在整个运行过程中不再接受新的请求，也不允许作业在内存中重新定位；动态分配方式中，每个作业所要求的基本内存空间也是在装入时确定的，但允许作业在运行过程中继续申请新的空间，也允许作业在内存中重新定位。系统对于用户不再需要的内存，通过用户的释放请求去完成系统的回收功能。

2. 内存保护

内存保护的主要任务是确保每道程序都只在自己的内存空间中运行，彼此互不干扰，既不允许用户程序访问系统程序和数据，也不允许用户程序转移到非共享的其他程序中运行。操作系统通过设置界限寄存器和越界检查机制保证执行程序的上界和下界。

3. 地址映射

在多道程序环境下，每道程序不可能都从“0”地址开始装入内存，这就导致地址空间内的逻辑地址和内存空间中的物理地址不一致。地址映射的任务是把用逻辑地址编程的应用程序装入主存，并将逻辑地址转换成主存物理地址，此功能应在硬件的支持下完成。

4. 内存共享

内存共享让主存中的多个应用程序实现存储共享，提高存储资源的利用率。多个应用程序共同访问同一段代码或者数据，可以通过内存共享技术将相关内存地址空间加载到应用程序的地址空间，而不必重复加载。

5. 内存扩充

内存扩充的任务不是扩大物理内存的容量，而是借助虚拟存储技术从逻辑上去扩充内存容量，使用户感觉到内存容量比实际物理内存大得多。虚拟存储技术的基本思想来自程序运行的局部性特点，在辅助存储器的配合下，采取部分装入，用时调入，不用时置换到辅助存储器的机制。

1.2.3 设备管理

设备管理用于管理计算机系统中的所有的外部设备，而设备管理的主要任务是：完成用户进程提出的I/O请求；为用户进程分配其所需的I/O设备；提高CPU和I/O设备的利用率；提高I/O速度；方便用户使用 I/O 设备。设备管理的主要功能有缓冲区管理、设备分配、设备驱动和虚拟设备等功能。

1. 缓冲区管理

设置缓冲区的目的是匹配CPU的高速特性和I/O设备的相对低速特性，最常见的缓冲区机制有单缓冲、双缓冲和公用缓冲池等。

2. 设备分配

设备分配通常采用独享、共享和虚拟分配三种技术，以满足不同用户程序对外部设备不同的输入/输出要求。

3. 设备驱动

设备驱动程序也称为设备处理程序，其基本任务是实现 CPU 和设备控制器之间的通信，由 CPU 向设备控制器发出 I/O 指令，要求其完成指定的 I/O 操作，并能接收由设备控制器发来的中断请求，给予及时的响应和相应的处理。

4. 设备独立性和虚拟设备

设备独立性是指应用程序独立于物理设备，即用户在编制程序时所使用的设备与实际使用的设备无关，因此要求用户程序对 I/O 设备的请求采用逻辑设备名，而在程序实际执行时使用物理设备名。虚拟设备是指通过 Spooling 技术将独占设备改造成多个程序共享的设备，提高设备的利用率。

1.2.4 文件管理

计算机系统中的信息资源（程序和数据）以文件的形式存放在外存储器上，需要时装入内存。文件管理的任务是有效地支持文件的存储、检索和修改等操作，解决文件的共享、保密和保护问题，以便用户方便、安全地访问文件。文件管理涉及文件组织方法、文件的存取和使用方法、文件存储空间的管理、文件的目录管理、文件的共享和安全性等多个方面的内容。

1. 文件的组织方法

文件的组织方法包括文件的逻辑结构和组织、文件的物理结构和组织两个方面。文件的逻辑结构和组织是指从用户角度出发的信息组织形式，而文件的物理结构和组织是指逻辑文件在物理存储空间中的存放方法和组织关系。

2. 文件的存取和使用方法

用户通过两类接口建立与文件系统的联系，并获得文件系统的服务：一是通过操作命令，二是通过系统调用。

3. 文件存储空间的管理

文件系统为每个文件分配一定的外存空间，并尽可能提高外存空间的利用率和文件访问的效率。

4. 文件的目录管理

文件系统为每个文件建立目录项，并有效组织目录项从而实现按名存取。

5. 文件的共享和安全性

文件共享是指不同的进程共同使用同一个文件时，只需建立一个文件，可节省辅存空间。安全性包括文件的读写权限管理及存取控制机制，用来防止文件的非法访问和篡改。

1.3 操作系统的接口

操作系统除了上述的管理功能外，还应为程序和用户提供各种服务，并为程序的执行提供良好运行环境。为了用户能方便灵活地使用计算机和操作系统的功能，操作系统向用户提供了一组友好的使用操作系统的手段，这些手段也称为用户接口，它包括操作接口和程序接口两大类。用户通过这些接口能方便地操作和调用系统所提供的服务，有效地组织作业及其工作和处理流程，使整个系统能高效地运行。

1.3.1 操作接口和操作命令

操作接口又称为作业级接口，是操作系统为操作控制计算机并提供服务的手段的集合，通常可借助操作控制命令、图形操作界面和作业控制语言等方式实现。

1. 操作命令

这是为联机用户提供的调用控制系统功能，请求系统为其服务的手段，由一组命令和命令解释程序组成，所以也成为命令接口。用户可通过终端设备输入一条或一批操作命令，向系统提出各种请求，操作系统将启用命令解释程序对其解释并予以执行，完成要求的功能后控制转回终端，用户又可以继续输入命令提出新的请求。

2. 图形操作界面

输入操作命令的方式非常直接，便于用户灵活地进行人机对话，但对用户的要求较高，用户必须牢记操作命令的内容和格式。图形化的操作界面出现减轻了用户的负担，用户只需单击便可达到输入操作命令同样的效果。图形化操作界面使用窗口、图标、菜单和鼠标等元素，采用事件驱动控制方式，轻松自如地完成各项任务。

3. 作业控制语言

作业控制语言（Job Control Language，JCL）是早期操作系统专门为批处理作业的用户提供的，所以也称为批处理用户接口。用户提出的请求由作业控制语句或作业控制操作命令组成，用户向系统提交作业时同时提交 JCL 说明书，系统运行时，一边解释作业控制命令，一边执行该命令，直到完成所有任务。

1.3.2 程序接口与系统调用

程序接口又称为应用程序接口（Application Programming Interface，API），程序中使用这个接口可以调用操作系统的服务功能。许多操作系统的程序接口由一组系统调用和标准库函数组成。系统调用是能完成特定功能的子程序，是操作系统提供给编程人员的唯一接口，编程人员利用系统调用动态请求和释放系统软硬件资源，调用系统中已有的系统功能来完成那些与机器硬件部分相关的工作以及控制程序的执行速度等。

系统调用像一个黑盒子那样，对用户屏蔽了操作系统的具体动作，而只提供有关的功能。它与一般程序、库函数的区别是，想通过系统调用运行在核心态，调用它们需要一个类似硬件中断处理的中断处理机制（陷入机制和系统调用入口地址表）来提供系统服务。

早期的系统调用都是用汇编语言提供的，因而只有在用汇编语言书写的程序中，才能直接使用系统调用；而在高级程序设计语言以及 C 语言中，往往提供了与各系统调用一一对应的库函数，编程人员便可通过调用对应的库函数来使用系统调用。

系统调用的处理过程如图 1-5 所示。

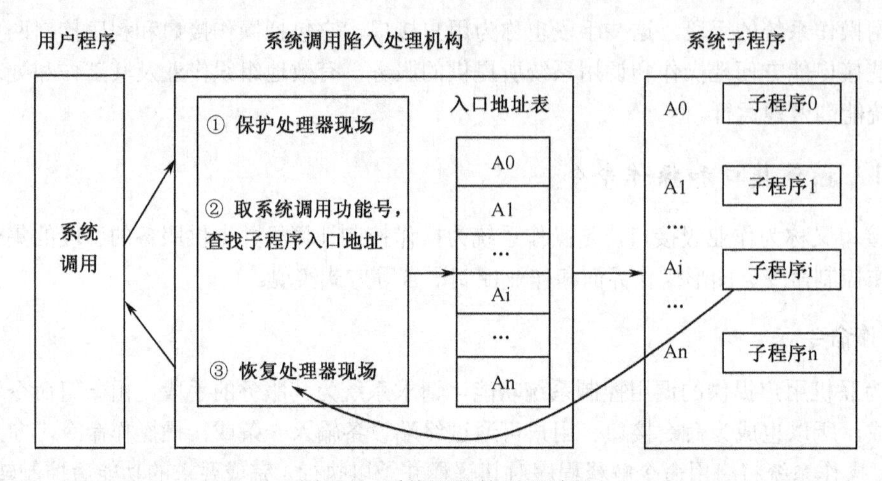

图 1-5　系统调用的处理过程

1.4　操作系统的结构

操作系统是一个大型的程序系统，由不同的功能模块组成，每个模块包含数据、完成一定功能的程序以及该模块对外提供的接口。由于模块间的通信只能通过输出接口进行，因此模块间的通信的形式和风格与接口的复杂性相关。一般来说，操作系统的结构可以分为整体式结构、层次式结构、客户/服务器结构和虚拟机结构等几种形式。

1.4.1　整体式结构

整体式结构又称为模块组合法结构，是早期操作系统通常采用的结构设计方式，如图 1-6 所示。其设计思想是把模块作为操作系统的基本单位，按照功能需要而不是根据程序和数据的特性把整个系统分解为若干模块，每个模块具有一定独立功能，若干个关联模块协作完成某个功能。

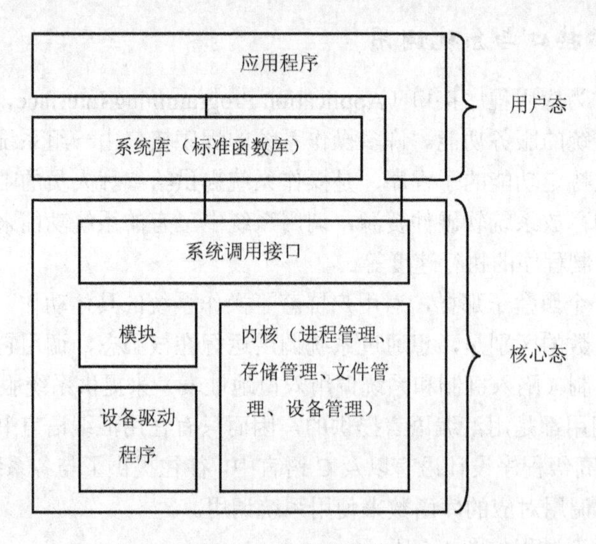

图 1-6　整体式结构示意图

1.4.2　层次式结构

层次结构的操作系统是模块化的，从资源管理观点出发，将操作系统划分成若干层次，每一层都是在它下一层模块的基础上实现的，如图 1-7 所示。在某一层次只能调用低层次上的代码，使模块间的调用变得有序，有利于系统的可靠性和可维护性。

进程管理
文件管理
存储管理
设备管理
硬　件

图 1-7　层次式结构示意图

1.4.3　客户/服务器结构

客户/服务器结构的设计思想是：将操作系统分成两大部分，一是运行在用户态并以客户/服务器方式活动的进程；二是运行在核心态的内核。除内核部分外，操作系统的其他部分被分成若干相对独立的进程，每一个进程实现一类服务，称为服务器进程。客户和服务器进程之间采用消息传送进行通信，而内核被映射到所有进程的虚拟地址空间中，它可以控制所有进程。客户进程发出消息，内核将消息传送给服务器进程，服务器进程执行客户提出的服务请求，在满足客户的要求后再通过内核发送消息把结构返回给用户，如图 1-8 所示。

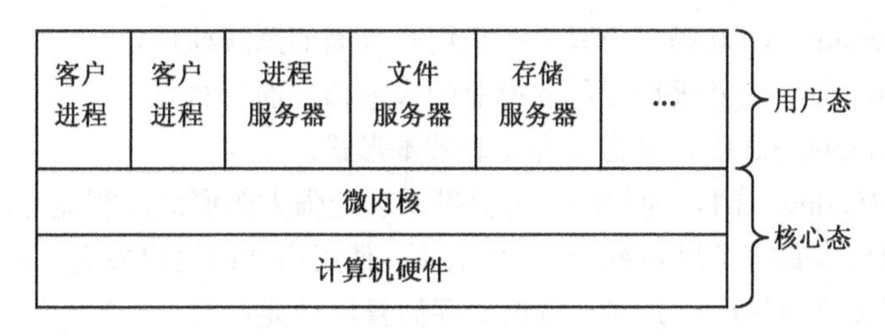

图 1-8　客户/服务器结构示意图

1.4.4　虚拟机结构

虚拟机结构的核心部分是虚拟机监控程序，它运行在裸机上，并形成多道程序环境，它为上一层提供多台虚拟机，如图 1-9 所示。与其他操作系统结构不同，在这种结构中，这些虚拟机并不是具有文件及其他优良特性的扩展机器，而仅仅是裸机硬件的复制品，包括内核态/用户态、I/O 机构、中断以及实际机器所应具有的全部内容。由于每台虚拟机在功能上等同一台实际的裸机，从效果上就呈现出多台裸机。不同的虚拟机往往运行不同的操作系统，因而这些虚拟机可以同时提供若干种不同的操作系统环境。例如，VMware 已经实现了商业化的虚拟机，可以同时虚拟 Windows、Linux/UNIX 和 Solaris 等操作系统，这些操作系统可同时运行并且互不干扰。

图 1-9　虚拟机结构示意图

1.5 流行操作系统简介

目前，不同类型的计算机运行着不同类型的操作系统。例如，大型计算机大多使用 UNIX 操作系统，通用微型计算机大多使用 Windows 或 Linux 操作系统，移动终端计算机大多使用 Android 操作系统，苹果公司的微型计算机和移动终端使用苹果 iOS 操作系统。下面对这几种操作系统做简单介绍。本书第 6 章将对 Windows 操作系统和 Linux 操作系统进行较为详细的介绍。

1.5.1 Windows 操作系统

Windows 操作系统是由美国微软（Microsoft）公司开发的窗口化操作系统，采用了 GUI 图形化操作模式，与在它以前使用的指令操作系统（如 DOS）相比显得更为友好和人性化。Windows 操作系统是目前世界上使用最广泛的操作系统。最新的版本是 Windows 8。

Microsoft 公司成立于 1975 年，目前是世界上最大的软件公司。该公司从 1983 年开始研制 Windows 系统，30 年来 Windows 操作系统取得了巨大成功，市场占有率始终名列第一。各版本的 Windows 的特点如下。

1985 年问世的 Windows 1.0 是一个具有图形用户界面的系统软件。

1987 年推出的 Windows 2.0 采用了相互叠盖的多窗口界面形式。

1990 年推出 Windows 3.0 确定了窗口界面的基本形式。

1992 年发布的 Windows 3.1，为程序开发提供了功能强大的窗口控制能力，使 Windows 和在其环境下运行的应用程序具有了风格统一、操纵灵活、使用简便的用户界面，同时 Windows 3.1 在内存管理上也取得了突破性进展，开始支持虚拟存储管理功能。

1995 年开始发布 Windows 9X 系列，包括 Windows 95、Windows 98、Windows 98 se 以及 Windows Me。Windows 9X 是一种 16 位/32 位混合源代码的准 32 位操作系统，它把浏览器技术整合到了操作系统，从而更好地满足了用户访问 Internet 资源的需要。

2000 年开始发布的 Windows 2000/XP/Vista 是 32 位/64 位操作系统，支持采用工具条访问和控制任务，整合了防火墙强化用户安全性。

2007 年发布 Windows 7 既有独立的 32 位版本也有 64 位版本，其特点是针对笔记本电脑的特有设计、基于应用服务的设计、用户的个性化、视听娱乐的优化、用户易用性的新引擎等。

2012 年发布 Windows 8 采用触控优先的 Metro 界面，既支持平板电脑（含智能手机），也支持桌面台式计算机，给使用者带来更好的使用体验，同时支持更多的外部设备，且具有更好的安全性。

1.5.2 UNIX 操作系统

UNIX 操作系统，是美国 AT&T 公司的贝尔实验室的肯·汤普逊（Kenneth Thompson）、丹尼斯·里奇（Dennis Ritchie）于 1969 年开发成功的操作系统，其首先在 PDP-11 上运行，该系统具有多用户、多任务的特点，支持多种处理器架构。

UNIX 的系统结构可分为两部分：操作系统内核（由文件子系统和进程控制子系统构成，最贴近硬件），系统的外壳（贴近用户）。外壳由 Shell 解释程序、支持程序设计的各种语言、编译程序和解释程序、实用程序和系统调用接口等组成。系统大部分是由 C 语言编写的，这使得系统易读、易修改、易移植。

UNIX 操作系统提供了丰富的，精心挑选的系统调用，整个系统的实现十分紧凑、简洁；UNIX 操作系统提供了功能强大的可编程的 Shell 语言（外壳语言）作为用户界面具有简洁、高效的特点。系统采用树状目录结构，具有良好的安全性、保密性和可维护性；系统采用进程对换（Swapping）的内存管理机制和请求调页的存储方式，实现了虚拟内存管理，大大提高了内存的使用效率。UNIX 系统提供多种通信机制，如管道通信、软中断通信、消息通信、共享存储器通信、信号灯通信。

UNIX 操作系统目前主要运行在大型计算机或各种专用工作站上，其版本有 AIX（IBM 公司开发）、Solaris（SUN 公司开发）、HP-UX（HP 公司开发）、IRIX（SGI 公司开发）、Xenix（微软公司开发）和 A/UX（苹果公司开发）等。Linux 也是由 UNIX 操作系统发展而来的。

1.5.3　Linux 操作系统

Linux 操作系统是 UNIX 操作系统的一种克隆系统，也是目前唯一的免费操作系统，它诞生于 1991 年，以后借助于 Internet 网络，并通过全世界各地计算机爱好者的共同努力，已成为今天世界上使用最多的一种 UNIX 类操作系统，并且使用人数还在迅猛增长。

Linux 操作系统是一个基于 POSIX 和 UNIX 的多用户、多任务、支持多线程和多 CPU 的操作系统。Linux 继承了 UNIX 以网络为核心的设计思想，是一个性能稳定的多用户网络操作系统。它能运行主要的 UNIX 工具软件、应用程序和网络协议，支持 32 位和 64 位硬件。这个系统是由全世界各地的成千上万的程序员设计和实现的，其目的是建立不受任何商品化软件的版权制约的、全世界都能自由使用的 UNIX 兼容产品。

Linux 以它的高效性和灵活性著称，Linux 模块化的设计结构，使得它既能在价格昂贵的工作站上运行，也能够在廉价的 PC 上实现全部的 UNIX 特性，具有多任务、多用户的能力。Linux 是在 GNU 公共许可权限下免费获得的，是一个符合 POSIX 标准的操作系统。Linux 操作系统软件包不仅包括完整的 Linux 操作系统，而且还包括了文本编辑器、高级语言编译器等应用软件。它还包括带有多个窗口管理器的 X-Windows 图形用户界面，如同我们使用 Windows 一样，允许我们使用窗口、图标和菜单对系统进行操作。

Linux 操作系统运行平台包括个人计算机、专用工作站、移动终端、嵌入式系统等。

1.5.4　iOS 操作系统

苹果 iOS 是由苹果公司开发的手持设备操作系统。苹果公司最早于 2007 年 1 月 9 日的 MacWorld 大会上公布这个系统，iOS 最初是专门为 iPhone 设计的，后来陆续套用到 iPod touch、iPad 以及 Apple TV 等苹果产品上。iOS 与苹果的 Mac OS X 操作系统一样，它也是以 Darwin 为基础的，因此同样属于类 UNIX 的商业操作系统。原本这个系统名为 iPhone OS，直到 2010 年 6 月 7 日 WWDC 大会上宣布改名为 iOS。截至 2011 年 11 月，根据 Canalys 的数据显示，iOS 已经占据了全球智能手机系统市场份额的 30%，在美国的市场占有率为 43%。

iOS 的系统结构分为核心操作系统（Core OS layer），核心服务层（Core Services layer），媒体层（Media layer），Cocoa 触摸框架层（Cocoa Touch layer）四个层次。

Objective-C 是 iOS 的开发语言，Objective-C 是 C 语言的升级版。对初学者来说，Objective-C 有些令人费解，但实际上它们是非常优雅的。有 C 语言基础的程序员在专业教师的指导下，用 1 个月的时间就可以完全掌握 Objective-C 这门编程语言了。

iOS 不断丰富的功能和内置 APP，让 iPhone、iPad 和 iPod touch 比以往更强大、更具创新精神，使用起来显得乐趣无穷。iOS 的主要功能模块和突出特点如下。

1. Siri

Siri 能够利用语音来完成发送信息、安排会议、查看最新比分等更多事务，只要说出你想做的事，Siri 就能帮你办到。

2. Facetime

使用 Facetime，用户可以通过 WLAN 网络或者蜂窝移动网络与联系人进行视频通话。

3. iMessage

iMessage 是一项比手机短信更出色的信息服务，用户可以通过网络连接与任何 iOS 设备或 Mac 用户免费收发信息，而且信息数量不受限制。

4. Safari

Safari 是一款极受欢迎的移动网络浏览器。在 iOS 6 中，它变得比以往更强大。用户不仅可以使用阅读器排除网页上的干扰，还可以保存阅读列表，以便进行离线浏览。

5. 庞大的 APP 集合

iOS 所拥有的应用程序是所有移动操作系统里面最多的。这是因为 Apple 为第三方开发者提供了丰富的工具和 API，从而让他们设计的 APP 能充分利用每部 iOS 设备蕴含的先进技术。所有 APP 按照用途进行分类，用户使用 Apple ID，即可轻松访问、搜索和购买这些 APP。

6. iCloud

iCloud 是苹果公司为用户提供的云空间，可以存放照片、APP、电子邮件、通讯录、日历和文档等内容，并以无线方式将它们传送到移动设备上。如果用户用 iPad 拍摄照片或编辑日历事件，iCloud 能确保这些内容出现在用户的 Mac、iPhone 和 iPod touch 设备上。

7. 安全可靠的设计

苹果公司专门设计了低层级的硬件和固件功能，用以防止恶意软件和病毒；同时还设计有高层级的 OS 功能，有助于在访问个人信息和企业数据时确保安全性。为了保护用户隐私，从日历、通讯录、提醒事项和照片获取位置信息的 APP 必须先获得用户的许可。用户可以设置密码锁，以防止有人未经授权访问私人设备，并进行相关配置，允许设备在多次尝试输入密码失败后删除所有数据。该密码还会为用户存储的邮件自动加密和提供保护，并能允许第三方 APP 为其存储的数据加密。iOS 支持加密网络通信，它可供 APP 用于保护传输过程中的敏感信息。如果用户的设备丢失或失窃，可以利用“查找我的 iPhone”功能在地图上定位设备，并远程擦除所有数据。一旦用户的 iPhone 失而复得，还能恢复上一次备份过的全部数据。

1.5.5　Android 操作系统

Android 操作系统是一种基于 Linux 的自由及开放源代码的操作系统，主要使用于移动设备，如智能手机和平板电脑，由 Google 公司和开放手机联盟开发。尚未有统一中文名称，中国大陆地区较多人使用“安卓”或“安致”。Android 操作系统最初由 Andy Rubin 开发，主要支持手机。2005

年 8 月由 Google 收购注资。2007 年 11 月，Google 与 84 家硬件制造商、软件开发商及电信营运商组建开放手机联盟共同研发改良 Android 系统。随后 Google 以 Apache 开源许可证的授权方式，发布了 Android 的源代码。第一部 Android 智能手机发布于 2008 年 10 月。Android 逐渐扩展到平板电脑及其他领域上，如电视、数码相机、游戏机等。2011 年第一季度，Android 在全球的市场份额首次超过塞班系统，跃居全球第一。 2012 年 11 月数据显示，Android 占据全球智能手机操作系统市场 76%的份额，中国市场占有率为 90%。

Android 操作系统中，活动（Activity）是所有程序的根本，所有程序的流程都运行在活动之中，活动可以算是开发者遇到的最频繁，也是 Android 当中最基本的模块之一。在 Android 的程序当中，活动一般代表手机屏幕的一个画面。如果把手机比作一个浏览器，那么活动就相当于一个网页，在活动当中可以添加一些按钮、复选框等控件，可以看出活动概念和网页的概念有些类似。一般一个 Android 应用是由多个活动组成的，这多个活动之间可以进行相互跳转。例如，按下一个按钮后，可能会跳转到其他的活动。和网页跳转不同的是，活动之间的跳转有可能存在返回值，例如，从活动 A 跳转到活动 B，那么当活动 B 运行结束后，有可能会给活动 A 发送一个返回值。这种返回机制为应用开发者提供了极大方便。

另外，当打开一个新的屏幕时，之前一个屏幕会被置为暂停状态，并且压入历史堆栈中。用户可以通过回退操作返回到以前打开过的屏幕。可以选择性的移除一些没有必要保留的屏幕，因为 Android 会把每个应用的开始到当前的每个屏幕保存在堆栈中。

Android 平台的最大优势首先就是其开放性，开放的平台允许任何移动终端厂商加入到 Android 联盟中来。显著的开放性可以使其拥有更多的开发者，随着用户和应用的日益丰富，一个崭新的平台也将很快走向成熟。

本章小结

本章主要介绍操作系统的基本概念。操作系统作为计算机系统中最基本的一种系统软件，控制和管理计算机系统中各种硬件和软件资源。操作系统的主要目标是方便使用、扩充功能、管理资源、提高效率和开放环境。

操作系统的历史很长，从操作系统开始替代操作人员的那天开始，到现代多道程序系统，主要包括早期批处理系统、多道程序系统以及现代操作系统。现代操作系统具有并发性、共享性、异步性和虚拟性四种基本特性，其中并发性是最重要的特性。

操作系统的主要功能有处理器管理、存储管理、设备管理和文件管理等。为使用户能更方便地使用计算机，操作系统提供了操作接口和程序接口等两大类接口，操作接口包括操作命令、图形操作界面和作业控制语言；程序接口包括系统调用和标准库函数，供用户编程时使用。

操作系统根据功能模块的不同组成方式，其结构可分为整体式、层次式、客户/服务器和虚拟机等形式。

本章最后简单介绍了 Windows、UNIX、Linux、iOS 和 Android 等流行的操作系统。

习题 1

1．什么是操作系统？配置操作系统的目的是什么？

2．操作系统经历了哪几个发展阶段？

3．什么是多道程序设计？多道程序设计的主要优点是什么？

4．操作系统的基本功能有哪些？

5．操作系统通常提供哪些服务？

6．描述操作系统的体系结构和主要的管理模块。

7．解释名词：共享性、并发性、异步性、虚拟性。

8．为什么可以说用户使用的都是虚拟计算机？

9．设内存中有三道程序 P_1、P_2、P_3，按 P_1、P_2、P_3 的优先次序执行，它们的计算和 I/O 操作的时间如表 1-1 所示（单位：ms 毫秒）。假设三道程序使用相同设备进行 I/O 操作，即程序以串行方式使用设备，试画出单道运行和多道运行的时间关系图。两种情况下，完成这三道程序各需要多少时间？CPU 的利用率又分别为多少？

表 1-1　三道程序的计算和 I/O 操作的时间

程序 操作	P_1	P_2	P_3
计算	20	40	30
I/O 操作	40	30	30
计算	20	10	20

第 2 章　处理器管理及并发进程

2.1　多道程序设计

2.1.1　程序的顺序执行

对于一个要解决的问题，往往需要按一定的顺序执行，典型的是输入、计算，然后进行打印输出。程序的运行方式如图 2-1 所示，图中 I_i（i=1，2，3）代表第 i 个程序的输入，P_i代表第 i 个程序的计算处理，O_i代表第 i 个程序的打印输出。

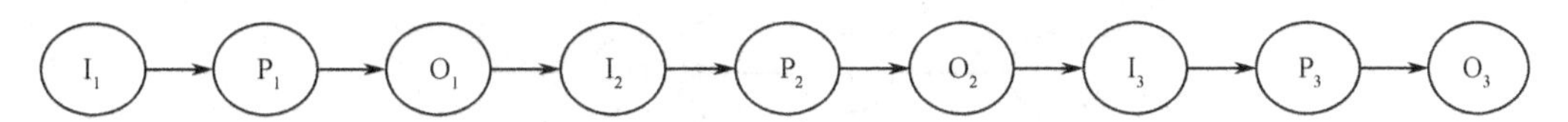

图 2-1　程序顺序执行的流程

图 2-1 是程序顺序执行的流程。程序每次运行先从输入机读入数据，然后进行计算处理，最后将产生的结果打印输出，然后再从输入机输入下一批数据，进行计算，再输出结果，如此不断循环进行。从程序的顺序运行的过程中，明显发现，当输入机在工作时，处理器和打印机是空闲的，当处理器进行运算时，输入机和打印机是空闲的，当程序在打印结果时，处理器和输入机则没事可做。显然，在这种程序运行方式下，计算机的系统资源利用效率很低。

顺序程序设计方式具有以下一些特点。

（1）简单、方便，容易理解。程序的顺序执行很容易理解和实现，非常简单。程序的执行总是严格按照顺序进行的，下一个操作必须在上一个操作完成结束后，方可进行。当然，顺序程序设计很不利于资源使用效率的提高。

（2）确定性。程序运行的结果，不会因为在运行过程中出现一些中断事件而受影响。程序运行的结果与程序推进的速率没有关系。

（3）封闭性。在顺序执行状态下，运行程序独占整个计算机系统资源，除了初始状态以外，该程序所处的环境只有本身决定，只有程序本身才能改变系统资源状态和环境。

（4）可再现性。一个程序，在某一个确定的数据集合下运行的结果，肯定是相同的。也就是说，一个程序，只要初始输入条件相同，运行结果也必然相同，而不会受外部条件的影响。

顺序程序设计的 4 个特点，使得编程和调试很方便，缺点就是计算机资源使用效率不高。大家知道，操作系统是管理和控制计算机系统资源并方便用户使用的一种最重要的系统软件，提高资源的使用效率是操作系统设计的主要目标之一。因此，必须要提出一种程序的执行方式，提高系统的效率，这就是程序的并发执行。

2.1.2　程序的并发执行

程序的并发执行的“并发（Concurrency）”，是指一个程序的执行还没有结束，另一个程序就已经开始。因此，从某个宏观时间段来考察，在这段时间内，“同时”完成了几个程序，这就称为并发，但从微观某个时刻来看，任何时刻却只有一个程序在运行，并发性有两层含义：①内部顺序性，对于一个程序而言，它的所有指令是按序执行的；②外部的并发性，对于多个程序而言，它们是交叉运行的。除了并发，还有“并行（Parallel）”，并行是指若干个程序在微观上也是同时执行的，当然，对于程序的并行执行，需要多个处理器。本书中，主要讨论单 CPU 的情况，因此，程序的执行是并发执行。但现代计算机系统由于采用了通道等技术，使得处理器与外围设备能够并行工作。于是，为了充分利用处理器与外围设备并行工作的能力，可以将程序工作方式设计为并发运行方式，如图 2-2 所示。

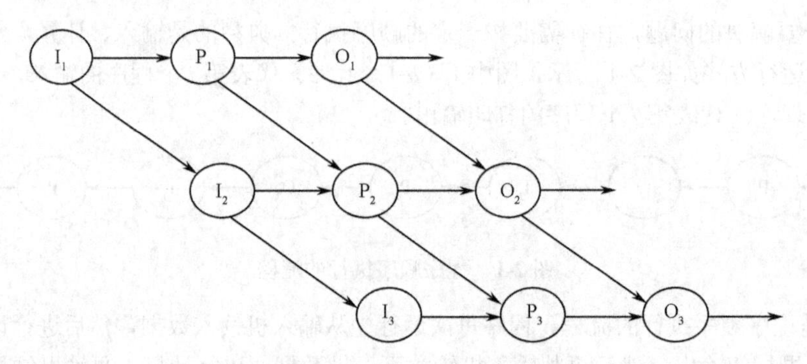

图 2-2　程序的并发执行

从图 2-2 中可以看出，现在处理器交替执行几个程序，这几个程序就是并发执行。对每一个程序而言，它的运行，不再是封闭的了，每个程序都有可能去竞争使用系统资源，如竞争处理器、输入机等，假如第一个程序输入完成，占用了处理器进行计算处理，而这时第二个程序的输入也已完成，但它不能占用处理器，这时就必须等待。因此，在程序并发执行的环境下，各个程序之间相互影响，使得系统资源状态可以由多个程序来改变。对某一个程序的运行来说，它的运行轨迹就是“走走停停，停停走走”的。由于在并发环境下，各个程序不再独立，因此，顺序环境下的确定性和可再现性也不复存在。这是因为并发环境下，程序执行不再“封闭”，程序推进的速率和中断的产生，对于相同的输入，可能得到的是不同的输出，即程序结果“不可再现性”。在程序并发环境下，系统资源得到了较高利用，但导致了一些新的问题，如破坏了顺序程序的确定性、封闭性和可再现性，使得程序间的运行需要考虑很多问题，如进程的同步和互斥，同时资源管理也更加复杂。

2.1.3　多道程序设计

主存中每次只存在一个程序，该程序运行时独占整个计算机系统资源，这种程序设计方式就是“单道程序设计”，而让多个程序同时进入一个计算机系统的主存储器并发执行，这种程序设计方式就是“多道程序设计”。具有多道程序设计能力的计算机系统称为多道程序设计系统。程序的并发执行方式是多道程序设计的基础，实际上，多道程序设计就是把程序的并发执行思想应用到了单处理器的系统中。

采用多道程序设计的好处是：充分发挥了计算机硬件的并行性，消除了处理器和外围设备的互相等待现象，大大提高了系统的效率。因此，从总体上看，采用多道程序设计技术可以增加单位时间内执行的作业数，但是，对于某一个作业而言，它的执行时间可能会延长，这是因为，多道环境下的作业有可能共享某些资源，在需要使用但不能获得时，需要等待，最好情况下，执行时间与该作业需要执行的时间相等，这当然要非常的“巧”，在该作业申请资源时都能够满足才行。

【例 2-1】　在一个单处理器的系统中，假设有两道作业，一道单纯计算 11 分钟，另一道先计算 3 分钟，再打印 6 分钟。请问在单道程序设计系统中，两道作业的执行总时间至少为多少分钟？而在多道程序设计系统中，这一时间又至少为多少分钟？

解答：在单道系统中，两道作业必须顺序运行，因此执行的总时间是 11+(3+6)=20（分钟）。而在多道程序设计系统中，可以让第二道作业先进行执行，计算 3 分钟后，进行打印，接下去第一道作业进行计算，这时处理器和打印机真正并行工作，因此这时两道作业的执行总时间是 3+11=14（分钟）。

【例 2-2】　在一个单处理器的多道程序设计系统中，现在有两道作业将要同时执行，一道作业以计算为主，一道作业以 I/O 操作（输入输出）为主，请问，先调度哪个作业进程？为什么？

解答：在现代计算机系统中，处理器可以和外部设备真正并行工作。因此，本题中，应该先调度 I/O 型的作业进程，赋予 I/O 型的作业进程更高的优先级，这样做的好处是可以提高系统资源的使用效率。这是因为将 I/O 型的作业进程先调度运行，利用 CPU 进行运算，完成后让出 CPU 处理器，进行输入输出处理，而此时可以调度计算型作业进程到处理器上运行，这样做到 CPU 与外部设备并行工作，提高了资源利用率。例 2-1 用到了这一思想。

【例 2-3】　有一台计算机，配置有 1MB 主存，操作系统占用 200KB，每个用户进程各占用 200KB，如果用户进程等待 I/O 的时间为 70%，若增加 1MB 主存，则 CPU 的利用率提高多少？再增加 1MB 主存，则 CPU 的利用率比只有 1MB 主存时又提高多少？

解答：当只有 1MB 主存时，除了操作系统占用的 200KB，则其余的 800KB 主存可以容纳 4 个用户进程。由于每个进程等待 I/O 的时间为 70%，那么只有 4 个进程都同时等待时，CPU 才是空闲的，那么 CPU 的利用率是 $1-(0.7)^4= 0.7599 \approx 0.76$；假如再增加 1MB 主存，则主存中的用户进程共 4+5=9 个，CPU 的利用率是 $1-(0.7)^9 \approx 0.9596 \approx 0.96$，那么 CPU 的利用率提高了 $(0.96-0.76)/0.76\times100\% \approx 26\%$。若再增加 1MB 主存，则 CPU 的利用率是 $1-(0.7)^{14} \approx 0.99$，CPU 的利用率提高了 $(0.99-0.76)/0.76\times100\% \approx 30\%$。

2.1.4　并发程序执行的条件

具有何种特性的两个程序并发执行呢？关于这个问题，Bernstein 做过研究，并于 1966 年提出了两个程序并发执行的条件，故又称为 Bernstein 条件，即并发进程如果是无关的，则这些进程可以并发执行。并发进程的无关性是指它们分别在不同的变量集合上运行。下面对 Bernstein 条件做简单介绍。

约定程序 P_i 在执行期间所需引用的变量的集合，记作 $R(P_i)=\{a_1, a_2, a_3,\ldots, a_n\}$，实际上，$R(P_i)$ 就是 P_i 的读集。

约定程序 P_i 在执行期间所需修改的变量的集合，记作 $W(P_i)=\{b_1, b_2, b_3,\ldots, b_m\}$，实际上，$W(P_i)$ 就是 P_i 的写集。

有了以上的约定，Bernstein 条件就可以表述为：如果两个程序 P_1 和 P_2 满足 $R(P_1)\cap W(P_2)\cup R(P_2)\cap W(P_1) \cup W(P_1) \cap W(P_2)=\{\}$，它们就能够并发执行，否则不能并发执行，会发生与时间有关的错误。

【例 2-4】 对于下列四条语句，将它们的读集和写集都写出来。

解答：

	语句	读集 $R(s_i)$	写集 $W(s_i)$
s_1:	a=x*y;	$R(s_1)=\{x,y\}$	$W(s_1)=\{a\}$
s_2:	b=z−1;	$R(s_2)=\{z\}$	$W(s_2)=\{b\}$
s_3:	c=b+a+8;	$R(s_3)=\{a,b\}$	$W(s_3)=\{c\}$
s_4:	w=c+5;	$R(s_2)=\{c\}$	$W(s_2)=\{w\}$

运用 Bernstein 条件，有 $R(s_1)\cap W(s_2) \cup R(s_2)\cap W(s_1) \cup W(s_1)\cap W(s_2)=\{\}$，因此，语句 s_1 和 s_2 可以并发执行；$R(s_1)\cap W(s_3) \cup R(s_3)\cap W(s_1) \cup W(s_1)\cap W(s_3)=\{a\}\neq\{\}$，因此语句 s_1 和 s_3 不能并发执行。同理语句 s_2 和 s_3，s_3 和 s_4 也不能并发执行。

值得注意的是，Bernstein 条件是一个理论上保证程序能够并发执行的充分条件。在操作系统中，由于进程间共享某些资源而不满足 Bernstein 条件的情况十分普遍，从理论上讲，它们是不能够并发执行的，否则会发生与时间有关的错误。但是，只要采取适当的措施，这些进程就可以正确、安全地并发执行，这可以通过信号量和 PV 操作或者管程机制等来予以解决。这些是涉及进程互斥和同步部分的内容，本章后面会详细介绍。

2.2 进程

2.2.1 进程的定义及其属性

多道程序设计促进了操作系统的形成和发展。在多道程序系统中，程序是并发执行的，它们相互制约，它们的运行轨迹是“走走停停，停停走走”的，是动态的；同时，在并发环境下，一个程序可以生成多个运行实例，这些实例共享该程序。因此，传统的程序在多道环境下就不能很好地刻画并发程序的执行情况和特征。因此，必须提出一个新的概念来准确、形象地表示具有动态、共享、并发等特征的“程序”，这就是进程。

进程是操作系统中最基础也是最重要的概念，当今得到广泛使用。进程的概念最早由美国麻省理工学院（MIT）于 1960 年在 MULTICS 操作系统中首先提出并实现的。理解进程的概念对理解操作系统的运行机制、操作系统的分析和设计以及多进程/多线程程序设计等具有重要意义。

虽然操作系统的进程概念非常重要且广泛应用，但对进程的定义，并不统一。为了对进程有一个全面的理解，我们采用进程定义如下。

进程是并发环境下，一个具有独立功能的程序在某个数据集上的一次执行活动，它是操作系统进行资源分配和保护的基本单位，也是执行的单位。

因此，进程不是程序，而是程序的一次执行活动，和传统的程序概念有着本质的区别。在日常生活中，很容易找到类似于“程序”和“进程”的例子，例如厨师炒菜，菜谱相当于程序，一次炒菜过程就是一个“进程”；再如乐谱和演奏，乐谱相当于程序，而一次演奏就相当于一个进程；此外，火车时刻表以及列车的运行，课程表和上课，都有类似关系。

从进程的定义中，可以看出进程具有以下 6 个属性。

（1）动态性：进程是程序的一次执行活动，执行轨迹是“走走停停，停停走走”，并且进程具有创建、运行到终止的生命历程。因此，动态性是进程的一个重要属性，而程序是静态的，没有生命周期，程序作为一种系统资源（文件形式）可以长久存在。程序和进程的本质区别就是程序是静态的，进程是动态的。

（2）结构性：进程不仅包括了运行于其上的程序，还包括了某个数据集合。为了在操作系统内部实现进程，就需要一个数表结构，即进程控制块来记录和描述进程的动态运行情况。因此，一个进程都是由程序代码段、数据块和进程控制块三部分组成的。

（3）独立性：在传统的操作系统中，进程既是资源的分配和保护的基本单位，也是处理器调度的基本单位。在具有并发活动的系统中，没有建立进程的程序，是不能够作为独立单位进行运行的。在现代操作系统中，具有多进程多线程能力，进程仍然作为资源的分配和保护的独立单位，而调度和执行的基本单位改为由线程来完成。

（4）并发性：并发性是进程的固有特性，引入进程的目的之一就是让进程能够并发执行。并发性也是现代操作系统的一个重要属性。并发就是指一个进程运行没有结束，另一个进程就已经开始，各个进程运行在时间上可以有重叠。

（5）制约性：并发进程由于共享资源和相互协作，从而产生制约关系，使得进程在关键点上需要相互等待或互相通信，采取一些必要的措施，才能保证进程执行的结果的确定性、唯一性和可再现性。

（6）共享性：同一个程序的各个进程对应的程序代码是相同的，此外，不同进程之间还可以共享公共变量，以竞争或协作的方式进行工作。

下面对程序和进程的联系进行简单介绍。从进程的结构特性可以看出，进程包含程序，但进程和程序并非一一对应，一个程序可以对应多个进程（数据集不同），而同样，有的进程对应一个程序，而有的程序可被属于不同的进程的几个程序进行调用，每次调用就对数据进行一次处理，而这个处理过程只是相应进程的一部分。

2.2.2　进程的状态及其转换

进程具有并发性、制约性、动态性、结构性以及独立性，运行轨迹是“走走停停，停停走走”，有时在占用处理器，有时又在申请外部设备，有时又在进行 I/O 处理。为了刻画每个进程活动的过程和状态的变化，以及为了进程控制和调度的方便，就要记录和控制进程的运行过程，这就是进程的状态。

1. 基本进程状态及其转换

不同的操作系统，进程的状态是不同的。但为了管理上的方便，大多数系统中进程都具有以下三种基本的状态。

（1）运行态（Running）：此时的进程获得了当时运行所需的系统资源，并且正在占有 CPU 进行处理。

（2）等待态（Waiting），也称为阻塞态（Blocked）：运行中的进程，由于要申请使用某个系统资源，或者申请到了某个外部设备正在进行与外部设备进行数据传输，或者进程运行中出现了异常需要等待用户进行干涉处理，这时的进程就不能继续运行下去，而不得不放弃 CPU，从而转入等待态。

（3）就绪态（Ready）：处于等待态的进程，由于所等待的事件得到了满足，这时就转入到就绪态。就绪态的进程，运行所需要的系统资源，除了 CPU 之外，全部得到了满足，可以说“万事俱备，只欠 CPU”。

除了以上三种基本状态之外，进程还具有以下两种状态。

（1）创建态：就是进程被创建的状态。被创建后的进程处于就绪态。

（2）终止态：就是进程的生命周期结束，进入消亡状态。一般地说，运行态的进程运行完毕进入终止态。

以上进程的 5 种状态及其状态转换，如图 2-3 所示。

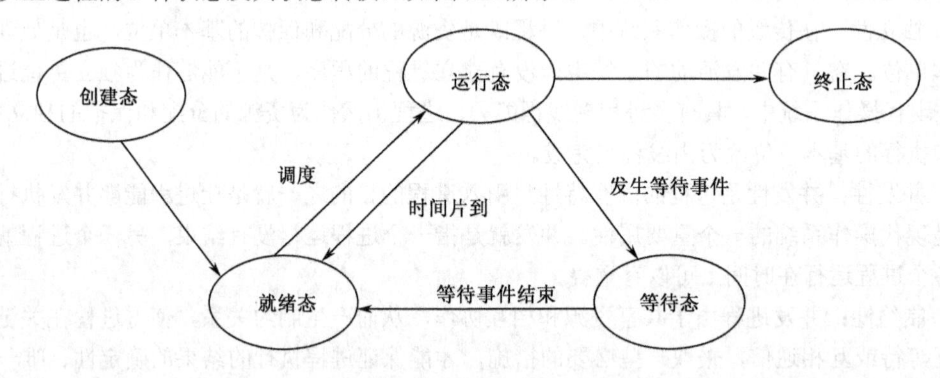

图 2-3　进程状态及其转换图

2. 具有挂起功能的进程状态及其转换

有些操作系统，为了缓解内存资源的紧张，或者调整系统的负荷或提高性能，还引入了挂起功能。挂起功能，就是将进程从内存换到外存，相反地，从外存调入内存称为激活。这样，进程的状态，就增加了两种：挂起就绪态和挂起等待态，相应地，原来的就绪态可以称为活动就绪态和活动等待态。挂起等待态的进程表示它在等待某个事件，且在外存中，挂起就绪态表明进程满足运行条件，但当前处在外存中，因此该进程不能被调度执行，只有进程激活进入活动就绪方可参加进程调度（低级调度）。

具有挂起功能的进程状态及其转换，如图 2-4 所示。

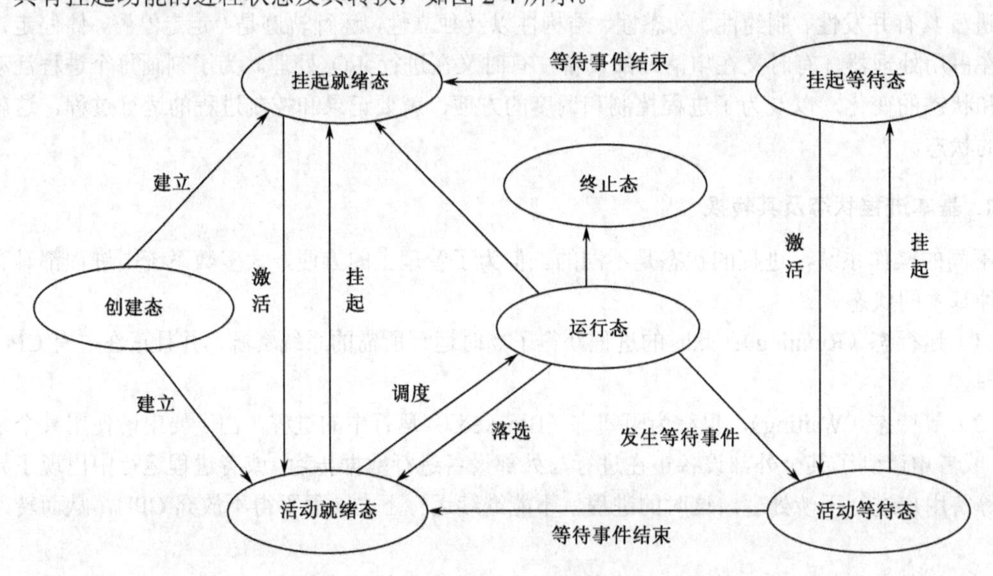

图 2-4　具有挂起功能的进程状态及其转换图

下面对图 2-4 中的一些状态转换进行简单介绍。

（1）例建态→挂起就绪态：新创建的进程，如果当时内存资源比较紧张，或者系统负荷较重，为了提高系统性能，可以将该新进程放到外存中，成为挂起就绪态的进程。

（2）活动就绪态→挂起就绪态：根据当前系统的内存使用情况以及系统性能，可以将活动就绪态的进程对换到外存中，变为挂起就绪态进程。

（3）挂起就绪态→活动就绪态：当内存比较空闲，或者内存中没有活动就绪态进程，或者挂起就绪态进程的优先级比活动就绪态的高，这时操作系统就可以将处于挂起就绪态的进程调入内存，变为活动就绪态进程。

（4）活动等待态→挂起等待态：为了提高系统效率，系统可以根据当时系统资源使用情况和系统负荷程度，可以将活动等待态的进程对换出内存成为挂起等待态；还有一种情况是，当系统的内存中没有活动就绪进程时，CPU 空闲，此时，就必须将至少一个处于活动等待态的进程对换到外存，以腾出空间调进一个挂起就绪态的进程成为活动就绪态进程。

（5）挂起等待态→活动等待态：在具有挂起功能的系统中，一个处于挂起等待态的进程，在等待事件的发生，将它调入内存，意义并不大。但是当内存空间比较空闲，或者可以预知该进程的等待事件很快就会结束，或者这个进程的优先级较高，为了提高系统效率，可以将该挂起态的进程调入内存，成为活动等待态进程，当等待事件结束时，该进程直接转为活动就绪态进程。

（6）挂起等待态→挂起就绪态：对于挂起等待态的进程，当它等待的事件结束时，就转为挂起就绪态。

2.2.3　进程控制块

前面介绍了进程的概念和属性，以及进程的状态及其转换，知道进程由三个要素组成，即程序块、数据块和堆栈。那么进程在操作系统内部是怎么表示的呢？为了在操作系统中刻画和实现进程这一重要概念，就引入了进程控制块。

进程控制块（Process Control Block，PCB）是为了描述和控制进程的运行而定义的一种数表结构，它是进程存在的唯一标志，也是进程实体的一部分。操作系统对进程的管理和控制主要以 PCB 为依据。PCB 中包括了操作系统所需要的进程运行的所有信息。

虽然不同的操作系统中，PCB 的信息有所差异，但大多数操作系统中的 PCB 都具有以下四部分信息。

（1）标识信息。这是系统内部为进程分配的一个唯一的数值型编号，又称为进程名或进程号，相当于人的身份证号码。当创建一个进程时，有的系统允许创建该进程的用户可以为该进程取一个方便记忆的名字，这个名字称为进程外部标识符，而被系统内部使用的进程号称为进程内部标识符。

（2）描述信息。用来描述进程的一些基本情况，如进程当前所处的状态，如果是等待态，还要指出等待的原因，该进程对应的程序代码存放的位置，以及数据存放的位置等。

（3）现场信息。用来保存进程存放在处理器中的各种信息。进程的状态是不断转换的，如进程从运行态到等待态，就需要保护一些必要的信息，以便进程可以正确地运行。现场信息一般包括控制寄存器内容、通用寄存器内容、程序状态字（PSW）寄存器内容、系统堆栈指针、用户堆栈指针等。

（4）管理和控制信息。用于管理和调度一个进程。包括进程优先级、队列指针、CPU 资源的占用和使用的时间、进程间通信信息、进程特权信息，以及资源需求和占有情况等信息。

进程控制块是操作系统中最重要的数据结构，是进程存在的唯一标志，它为系统提供可并发执行的独立单位。当系统创建一个进程时，就为它分配一个 PCB，并填上适当信息，并随着进程的推进，PCB 的信息不断调整和修改，以准确刻画动态的进程的运行轨迹；当一个进程运行结束时，系统就回收该进程的 PCB，从而该进程消亡。操作系统是根据 PCB 来实现对并发环境下的进程管理和控制的，没有建立 PCB 的程序是不能并发运行的。

2.2.4 进程队列

在并发环境下，系统中存在着很多进程，有的处于运行态，有的处于就绪态，有的处于等待态，并且等待的原因可能各不相同。这些进程是零散的，并且数目很多，可达成百上千个，如果不进行有效管理，系统效率会大大降低。

由于对进程的访问很多时候是根据进程的状态进行的，例如进程调度就是只从就绪态的进程中选择一个占有 CPU 去运行，唤醒原语只是访问处于等待态的相应进程，因此，如果能够根据其状态将进程组织成若干个队列，就能大大提高进程的访问效率。这种设想是可行的，因为 PCB 是描述进程的最重要的一种数表结构，它标志了进程的存在，包括了系统控制和管理进程所需的所有信息，并且有一个指针信息，这样就很容易形成队列。因此，可以把具有相同状态的进程的 PCB 按照某种原则链接在一起，形成一种队列，这就是进程队列，实际上，进程队列是一种 PCB 链。

进程队列根据进程的状态不同，可以有进程就绪队列、进程等待队列，由于在单 CPU 环境下，处于运行态的进程不超过一个，因此，没有必要建立进程运行队列。更进一步，可以根据进程调度的策略，将就绪队列根据优先级的不同划分为若干个就绪队列，如有的系统将就绪队列分为前台就绪队列和后台就绪队列，优先调度前台就绪队列中的进程，如果前台就绪队列为空，则从后台就绪队列进行调度；对于等待队列，可以进一步根据进程等待的原因，划分为多个进程等待队列，例如一个进程要求申请一个设备，而该设备已被其他进程占用，则该进程就加入到与该设备相关的等待队列中去，这样，当该设备空闲时，就可以只从该设备的进程等待队列中唤醒一个进程。

进程队列的组织方式可以采用单向链表、双向链表或表格形式。单向链表和双向链表的实现方式如图 2-5 所示。

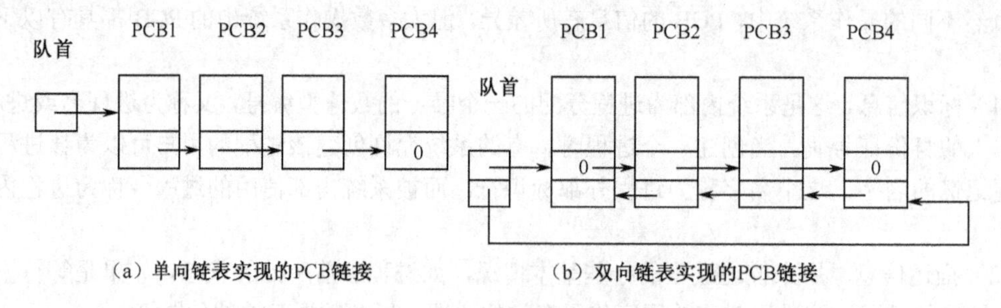

（a）单向链表实现的PCB链接　（b）双向链表实现的PCB链接

图 2-5　进程队列的两种实现方式

对于单向链表，只有一个后向指针，查找时只能找下一个结点，双向链表有前向和后向两个指针，可以从两个方向上进行查找，效率较高。链表方式实现队列，主要的优点是节点的插入和删除比较方便。

有了进程队列，进程的管理和调度，实际上就是进程控制块的出队和入队过程。例如，进程调度，就是根据调度策略（算法）从相应的就绪队列中寻找一个进程，将它变为运行态，并且从就绪队列中删除（出队），当时间片到时，该进程就会让出处理器，重新进入就绪队列的末尾（入队），等待下一轮的调度；处于运行态的进程，如果发生等待事件，就让出处理器，进入相应设备等待队列（入队）；当等待事件结束时，从相应的等待事件队列出队，然后进入就绪队列（入队）。

操作系统中的进程队列的管理和状态转换如图 2-6 所示。

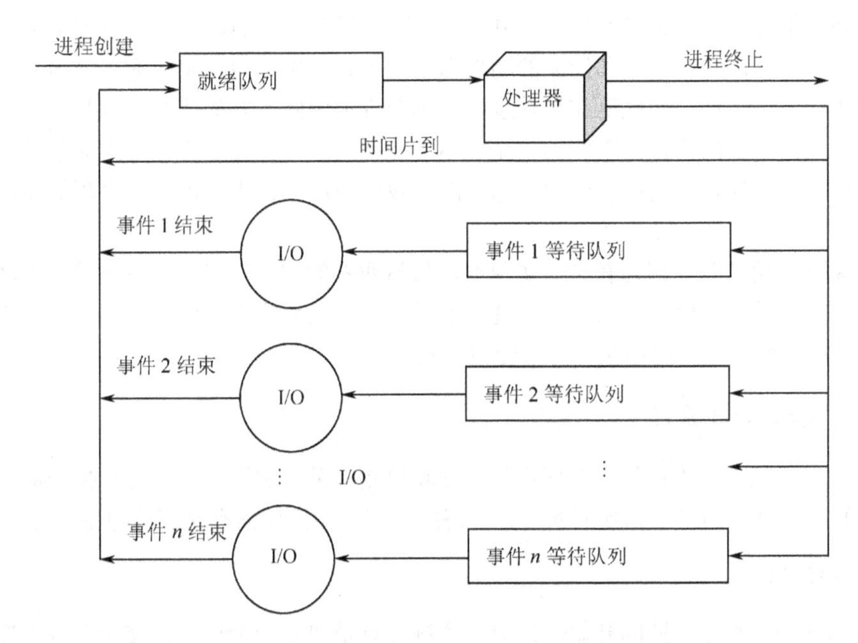

图 2-6　进程队列及其入队出队示意图

2.3　进程的控制

进程控制是操作系统的一项基本功能，它的主要工作是对进程生命期进行控制，对进程的控制主要有进程的创建、进程的阻塞和唤醒、进程的挂起和激活、进程的终止和撤销，以及实现进程之间的状态转换和进程通信等功能。进程的控制是在操作系统的内核中采用进程控制原语进行。

2.3.1　操作系统内核

现代操作系统是一个复杂的软件系统，大多数的操作系统采用分层模型进行设计和开发，为了提高操作系统的效率、稳定性和安全性，将一些靠近硬件部分的和频繁使用的功能模块都设计在一个软件功能层次中，让这个软件功能模块常驻内存，这样的一些模块就是操作系统的内核。一般操作系统内核中包括以下一些功能，如中断处理程序、各种常用设备的驱动程序、时钟管理、进程管理、存储器管理以及一些其他公用的一些软件模块。在操作系统内核中运行的状态，即核心态，也称为管理态；对应的，不在操作系统核心态运行的状态是用户态，也称为目标态。中断是操作系统从用户态转入核心态的唯一手段。只能在核心态下运行的指令称为特权指令，其他指令为非特权指令。例如，修改 PSW、开关中断、启停设备等指令是特权指令，不是特权指令的指令就是非特权指令，如访管指令、算术与逻辑运算指令等。在操作系统的核心态可以执行所有指令，在用户态只能执行非特权指令。

操作系统的内核是操作系统的核心部分，是对计算机硬件扩充的最近的一层软件，是在核心态下运行的操作系统程序。操作系统的内核对操作系统的性能和安全具有重要意义。进程的管理和控制是操作系统内核的一项重要任务。

2.3.2 原语

原语（Primitive）是在操作系统内核中，由若干条指令构成的，运行在管理态下的完成系统特定功能的一个过程。进程管理和控制的功能均由操作系统中的原语来完成。原语的一个重要特性就是它的执行的原子性，即原语在执行过程中不允许被中断，它的执行过程是一个不可分割的基本单位，因此，原语的执行是顺序的，原语不可能并发执行。在操作系统中通常采用屏蔽中断的方式来实现原语。操作系统内核中的基本功能一般都采用原语来实现，如进程的控制以及后面要讲解的进程的互斥和同步等。

原语和系统调用都是使用访管指令实现的，虽然两者的调用形式相同，但两者的区别是明显的，原语是在操作系统内核实现的，而系统调用是由系统进程或系统服务器实现的；原语在运行中不允许被中断，而系统调用在执行时可能被中断。

2.3.3 进程控制原语

进程控制原语就是对进程的生命期进行管理和控制以及对进程状态进行转换的原语，主要有进程的创建原语、进程的阻塞和唤醒原语、进程的挂起和激活原语和进程的撤销原语。

1. 进程的创建

进程的创建是进程生命期的开始。创建一个进程就是要为一个程序建立一个进程控制块并且分配地址空间。当用户执行了一个交互式的终端作业，或提交了一个批处理作业，或者操作系统创建了一个服务进程，或者在一个存在的进程创建了一个子进程时，就需要进行进程的创建。

下面以一个存在的进程通过进程创建原语建立一个新的子进程为例，说明进程创建的主要过程。

（1）从PCB池中申请一个空白的PCB，并且为该新进程准备一个唯一的进程号。

（2）为新进程的进程映像分配地址空间。

（3）为新进程分配内存空间和其他各种资源。

（4）初始化PCB（如设定该进程的内部标识符、状态、优先级、程序块地址、数据块地址等）。

（5）将新进程加入到相应的就绪进程队列中，如果这时父进程处于就绪态，则该子进程可以直接投入运行。

顺便提一下，“池（Pool）”在计算机技术中是一个比较常见的概念和技术。简单地说，就是一种将分散的资源进行集中统一管理从而提高资源利用率的技术和手段，比如以后可以见到的线程池、缓冲池、连接池等。

2. 进程的阻塞和唤醒

一个正在运行的进程，由于发生等待事件，如申请设备没有申请到，或等待设备完成数据传输，或等待用户进行干涉，而不能继续运行下去，它就不得不放弃CPU，从而进入阻塞状态。运行态的进程转换为阻塞态是通过调用进程阻塞原语自发进行的。

进程阻塞的主要步骤如下。

（1）停止调用者进程自身的执行，将现场信息保存到PCB。

（2）修改 PCB 的相关内容，如进程的状态由运行态变为等待态，并且还要指出等待的原因等。

（3）将修改后的 PCB 加入到相应的进程等待队列中。

（4）转入进程调度程序，调度其他进程运行。

当执行的进程在释放了某个资源时，就要担负起唤醒由于该资源而进入等待态的进程。显然，进程的唤醒不是自发的，而是通过占有该资源的其他进程运行释放该资源时。进程的唤醒由进程唤醒原语实现。

进程唤醒的主要步骤如下。

（1）根据唤醒的原因找出相应的等待队列，在队列中找到进程的 PCB。

（2）将该进程从等待队列出队。

（3）修改该进程的 PCB，如将进程状态由等待改为就绪。

（4）将该进程的 PCB 插入到就绪队列。

进程的阻塞和唤醒是通过进程的切换来实现的。进程的阻塞原语和唤醒原语的作用恰好相反，一个进程由于等待事件通过阻塞原语将自己阻塞起来，它必须等到与它相关的进程（占有该资源）释放该资源将它唤醒，否则，该阻塞进程就永远处于等待状态。

3. 进程的挂起和激活

在具有挂起功能的系统中，进程的挂起和激活也是由相应的原语实现的。进程挂起原语的工作主要有：当系统的资源紧张（如内存）或系统性能下降时，可以通过进程挂起原语，将处于活动就绪的进程调出内存，成为挂起就绪进程；或将处于活动等待态的进程调出内存，成为挂起等待态的进程。当某进程被挂起时，该进程的 PCB 非常驻部分也要对换到磁盘对换区中。进程挂起原语可以由自己或其他进程来调用。

当系统资源充裕或需要激活某个进程时，就需要通过进程激活原语来实现，进程激活原语的工作主要有：首先将该挂起的进程的 PCB 非常驻部分调进内存，然后修改进程的状态，将挂起就绪态改为活动就绪态，将挂起等待态改为活动等待态。进程激活原语只能由其他进程来调用。

4. 进程的撤销

一个进程在正常运行结束或者在运行过程中出现了严重异常或故障，这就需要通过操作系统或者其父进程调用进程撤销原语撤销该进程，回收它占有的 CPU 和其他系统资源。进程在被撤销时，该进程的子进程也被撤销。进程撤销可以分成正常撤销和非正常撤销。进程撤销的主要原因有进程正常运行结束、进程执行了非法指令、进程中出现了算术运算错误、地址越界、在目态下执行了特权指令、I/O 故障、对内存的非法使用等。

一个进程被撤销的步骤如下。

（1）根据被撤销进程的标识号，从相应的 PCB 队列中寻找到该进程的 PCB，获得该进程的状态以及资源占用情况。

（2）归还资源。撤销时，把属于父进程的资源归还给父进程，把属于自己申请的资源归还给操作系统，清除它的资源描述清单。

（3）若该进程还有子进程，则需要先撤销所有它的子孙进程，以防止这些子孙进程脱离控制。

（4）撤销进程出队，该进程的 PCB 被操作系统回收，加入 PCB 池。

2.4 进程调度

进程调度就是从就绪队列中选取一个进程到 CPU 上去执行。从就绪队列中选择哪一个进程，是进程调度策略（即进程调度算法）问题；在什么情况下进行调度，这是进程调度原因问题；具体怎样进行调度，则是调度过程问题。由于进程调度是选一个进程到 CPU 上去执行，但从处理器角度看，是处理器如何分配给各进程的问题，因此进程调度也被称为处理器调度。

2.4.1 进程调度简介

一个作业从提交到最后运行，需要经过处理器两级调度，即作业调度和进程调度。作业调度的任务就是将作业从外存调入到内存形成就绪态的作业进程，然后通过进程调度占有处理器运行。因此，作业调度也称为高级调度，进程调度也称为低级调度。对于具有挂起功能的系统，还存在着中级调度，即根据内存使用和系统性能状况，对进程实现进程挂起和激活。因此，处理器调度共分三个层次，即低级调度、中级调度和高级调度，进程调度是低级调度，本章主要介绍进程调度。

进程调度按照进程运行是否可以被抢夺，可以分为两种，一种是不可抢夺式，即进程在运行中不能被其他进程抢占，除非自己运行完成或发生等待事件或运行时间片到；可抢夺式是指当有其他更紧迫的进程时，当前运行的进程必须让出 CPU。可抢夺式的调度方式更加灵活，系统性能更高，得到广泛应用。

产生进程调度的原因有哪些？一般来说，当有下列情况之一时，就会产生系统的再次进程调度：① 当前的进程运行结束或者异常终止；② 当前运行进程转入等待态；③ 在分时环境下，时间片已经用完；④ 在抢夺方式下，产生了更高优先级的就绪进程；⑤ 产生了中断事件。

进程调度过程中，要进行现场信息的保护和恢复工作。当一个进程运行结束需要调度下一个进程运行，或系统刚开始时调度进程运行，这时不需保护现场。其余的情况下，要将当前放弃 CPU 的进程的现场保护起来，即将该进程的 PSW 寄存器内容、通用寄存器内容和控制寄存器内容写入该进程的 PCB 的对应栏目内，将新调入的进程的 PCB 中的有关现场信息如 PSW 寄存器、通用寄存器和控制寄存器内容写入 CPU 相应的寄存器中。

进程调度中，进程调度算法的选择是一个很重要的问题。由于进程调度是低级调度，调度频率很高，因此不同的算法对于系统的性能和效率有着直接的影响，调度算法的选择需要从资源利用率、公平性、计算时间和等待时间、响应时间以及单位时间完成的进程个数等方面进行综合考虑，力求采用的算法简单实用，总体效率高。

2.4.2 进程调度的算法

进程调度的算法很多，常用的有三种，即先来先服务调度算法、优先级调度算法和时间片轮转调度算法，也有的系统采用这三种算法的综合，即多级反馈队列轮转调度算法，此外，彩票调度算法是一个很有特色的算法，具有很多优点。下面对这五种算法进行介绍。

1. 先来先服务调度算法

先来先服务调度（First Come First Service，FCFS）算法几乎在所有的操作系统的调度算法中都有。这种调度算法总是调度最先成为就绪态的进程，并且该进程一旦被调度占有 CPU 就一直运行下去，直到运行结束或者由于等待某个事件不得不让出处理器。先来先服务算法属于不可抢夺式调度算法。该算法的优点是简单易懂，实现起来也很方便，但这种算法的缺点是效率不高，偏重了计算型的进程，对 I/O 型的进程不利，该算法的公平是“表面性”的，不能对就绪进程区别轻重缓急。当前这种调度算法一般只作为辅助调度算法，例如在优先级调度算法中，当两个进程级别完全相同时，则采用先来先服务策略进行调度。这种算法实现时，当有新的就绪进程创建时，总是将该新进程插入到就绪队列的末尾，每次调度时，进程调度总是把处理器分配给就绪队列中的第一个进程。

2. 优先级调度算法

优先级（Priority）调度算法中，对系统中的每一个进程都设定一个优先级，在进程调度时，总是选择就绪队列中优先级最高的进程获得处理器去运行，这就是优先级调度算法。优先级是一个整数，即优先数，有的系统约定优先数越大，优先级越高；也有的系统，如 UNIX，则是优先数越小，优先级越高。因此，为了避免混淆，统一采用优先级，而不采用优先数的概念。

优先级调度算法中，根据是否可以抢夺，还可以分为不可抢夺式优先级算法和可抢夺式优先级算法。在不可抢夺式优先级调度算法中调度时，总是调度当时系统中优先级最高的就绪进程，该进程只要占有处理器，就一直运行下去，除非运行结束或由于自身原因而等待，在该进程运行过程中，如果有优先级更高的进程进入就绪队列，对该进程没有影响；而在可抢夺式优先级调度算法中，总是严格保证让具有最高优先级的就绪进程使用 CPU，也就是说，在这种方式下，一个进程正在 CPU 上运行，如果系统中有另一个就绪进程的优先级更高，则该进程就不得不让出 CPU，也即新的进程将正在运行的进程的 CPU 抢夺了过来。因此，在这种调度算法中，CPU 上运行的进程总是当前系统中优先级最高的就绪进程。这种调度算法在实时操作系统中特别有用。在实时系统中，首先强调的是实时性，其次再考虑系统效率等因素。采用这种调度算法，总是将一些紧迫的报警进程赋予最高的优先级，当紧急情况发生，需要紧急处理的进程马上可以抢夺 CPU 而得到及时响应。

优先级调度算法中，优先级的确定是一个很重要的问题，不同的系统处理方法也不相同。根据优先级是否可以不断变化，优先级调度算法可以分为静态优先级和动态优先级。静态优先级就是在系统产生进程时，根据资源使用等情况对该进程设定一个优先级，以后在该进程的生命周期内，优先级是固定的，不可改变；动态优先级就是随着进程的不断推进，优先级会进行相应的调整而不断变化。采用动态优先级算法的系统性能要高点，但经常定期计算进程的优先级的开销较大。优先级的设定一般可以根据进程所使用资源的情况、进程的计算时间、进程的等待时间、进程的紧迫程度、系统性能和效率等方面加以考虑。例如，UNIX 系统中，就采用动态优先级调度算法，设定系统进程的优先级高于用户进程的优先级；等待时间长的进程优先级不断提高，在 CPU 上运行的进程的优先级随着时间推移不断降低；对于外围设备使用频繁的进程或交互式用户的进程优先级较高，等等。

优先级调度算法可以和先来先服务调度算法结合使用。在一般情况下，采用优先级调度算法，当有优先级相同的进程进行调度时，则采用先来先服务调度算法。优先级调度算法可以这样实现：当一个就绪进程需要加入就绪队列，需要根据 PCB 中的优先级进行按序插入，优先级大的进程总是插在队列的前面，调度时，总是选就绪队列的第一个进程出队，占用处理器运行。

3. 时间片轮转调度算法

时间片轮转（Round Robin，RR）调度算法的典型应用是在分时操作系统中，该算法属于可抢夺式调度算法。在分时系统中，每个终端用户的进程一次使用处理器的最长时间称为“时间片”。在该调度算法下，系统将就绪进程按照先来先服务的方式进行排队，进程调度时，每次调度就绪队列的第一个进程，但该进程运行时间不得超过一个时间片。当时间片到了，系统产生时钟中断，该进程就得让出处理器（CPU 被抢夺），重新插入到就绪队列的末尾，等待下一轮次的调度，然后进程调度选择当时就绪队列的第一个进程占用处理器。当占用处理器的进程运行结束或者发生等待事件，就会引起新的进程调度。这样，就绪队列的每个进程循环往复进行调度，每次最多运行一个时间片，那么所有进程经过若干次调度，都会相继完成任务。

在时间片轮转算法中，时间片的选择是个很重要的问题。时间片的选择既不能太长，也不能太短，而应该是一种统计学上的折衷。时间片的大小设定关系到计算机系统的效率，用户的反应以及进入系统的进程数目等因素。如果时间片太长，则用户感觉到的响应会有所迟钝，如果时间片大到让每个进程在一个时间片内就能完成任务，则时间片轮转就退化为先来先服务调度算法了；如果时间片太短，以至于大多数进程在一个时间片内完成不了，系统在进程的切换上花费的开销较大，不利于系统效率的发挥。因此，时间片的设定要根据多方面因素进行综合考虑，如系统效率、响应时间、进程切换开销以及进程的个数等。

时间片也可以分为静态时间片和动态时间片两种。静态时间片就是时间片始终固定，这种方式简单，但有时一个计算时间较长的进程会需要调度很多次。例如，当时间片是 20ms（毫秒）时，一个需要计算 20s（秒）的进程，就需要调度 1000 次，花费在进程切换上的开销是很大的。对于这种情况，有些系统采用动态时间片，有一种动态时间片调度是这样的，当第一次调度时间片用完后，以后每次调度，时间片加倍。这样，对于一个 20s 的进程，在初始时间片为 20ms 时，只需要被调度 10 次。

4. 多级反馈队列轮转调度算法

多级反馈队列轮转（Round Robin with Multiple Feedback）调度算法是一种综合的进程调度算法，该算法是时间片轮转法、优先级调度算法和先来先服务算法的综合应用。该算法的综合性能比较好，能够满足各类用户的需要。该算法与以上几种算法不同之处在于，系统设置多个就绪队列进行调度，它的主要思想是：系统将就绪进程按优先级设置成多级，每一级就绪队列对应一个不同的时间片，较高优先级的队列一般分配给较短的时间片。从第一级队列到最后一级队列，优先级越来越低，但时间片越来越大。处理器在进行调度时，总是从第一级就绪队列中选择一个进程占用处理器运行，在同一级就绪队列中调度采用先来先服务的原则进行。只有在高一级就绪队列为空时，才会从低一级进程就绪队列中进行选取。对于多级队列，一般将第一级就绪队列称为前台就绪队列，其余队列称为后台就绪队列。

可见，多级反馈队列轮转法，将就绪进程分成多个就绪队列，各个队列有不同的优先级，而同一个队列优先级相同，不同队列的时间片不同，调度时采用先来先服务，对每一个就绪队列来说，是时间片轮转法。

系统在调度时，总是从第一个就绪队列中进行调度，只有高一级就绪队列为空，才会调度下一级就绪队列。被调度到 CPU 上的进程，如果在分配的时间片（该时间片与该进程在调度时所在的就绪队列有关，是对应的）内完成，则终止进程离开系统；假如在运行过程中，发生了等待事件，就不得不放弃 CPU，而转入到相应的等待队列中；如果该进程在规定的时间片内没有完成，就放弃 CPU，转入到下一级的就绪队列队尾（下一级就绪队列优先级相应降低，但时间片相应增长）。

在系统的运作过程中，假如有新的进程产生进入第一级就绪队列，或者以前被阻塞的进程由于等待事件的满足而从等待态转为就绪态，从而要被加入到原先就绪队列的队尾时，假如这时的就绪进程的优先级比当前正在 CPU 上运行的进程的优先级高，则系统就会抢占正在 CPU 上运行的进程，将该进程放回到它调度前所在就绪进程队列的队尾，然后进行新一次的处理器调度，调度高一级的进程就绪队列。采用这样的可抢夺式的优先级调度算法，可以提高系统的效率，保证在 CPU 上正在运行的进程总是当前系统中具有较高优先级的进程。

当前各种主流的操作系统，如 UNIX、Linux、Windows 2000 等均采用这种多级反馈队列轮转调度算法。

多级反馈队列轮转调度算法示意图如图 2-7 所示。

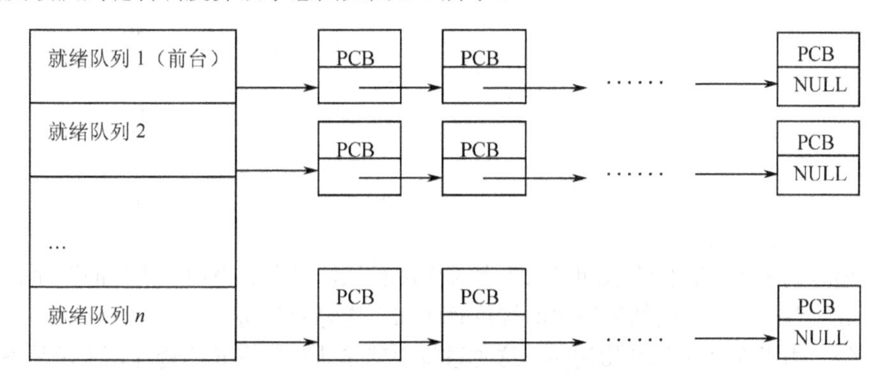

图 2-7　多级反馈队列轮转调度算法示意图

5. 策略驱动调度算法

该算法是根据对各个用户的承诺进行调度的一种算法，因此也称为面向用户承诺调度算法，这种算法的思想与前面几种进程调度算法具有很大区别。当一个用户在工作时，假如这时系统中总共有 n 个注册用户，则该用户应该获得 $1/n$ 的 CPU 处理时间。因此，系统需要记录每个用户从注册以来已经获得的 CPU 时间（这很容易算出），同时还要计算出每个用户应该获得的 CPU 处理时间（用该用户登录以来的时间除以 n，就是该用户应得的 CPU 时间，这样策略驱动比率 r=某用户实际拥有的 CPU 时间/某用户应得的 CPU 时间。例如，若 r=0.5，表示该用户实际运行的时间只是应该拥有 CPU 时间的一半，若 r=2.0，表示该用户实际运行的时间已是应该拥有 CPU 时间的 2 倍。因此，在该种调度算法下，每次调度总是选择策略驱动比率 r 最小的用户占有 CPU 运行。

以上分析是基于用户的，对进程同样有效。假如系统中有活动进程 n 个，那么每个进程就应该获得 $1/n$ 的 CPU 权利。策略驱动调度算法的一个简单实现即彩票调度算法。

彩票调度算法是一种很有特色的调度算法，并且具有一些很有趣的特性。它的基本思想是：对于每个就绪态的进程，系统根据它对 CPU 的使用要求，而向该进程发放一定数量的彩票。进程拥有的彩票，可以参与“抽奖”，每张彩票对应 CPU 的一个固定长度的运行时间。中奖的进程，就可以占有 CPU 运行。例如，系统总共发出了 100 张彩票，进程 P 中奖了，则进程 P 占有 CPU 运行一个单位时间（如 20 ms）。假如系统有 5 个进程，P_1 有 10 张彩票，P_2 有 15 张彩票，P_3 有 20 张彩票，P_4 有 25 张彩票，P_5 有 30 张彩票，系统共发出了 100 张彩票，那么由于彩票抽奖的“绝对随机性”，则系统中 P_1 有 10%的概率占有 CPU，P_2 有 15%的可能性占有 CPU 运行……

彩票调度算法与优先级调度算法是不同的。在优先级调度算法中，一个优先级是 8 的进程，是不知道可能占用 CPU 的时间的，关键要看该进程的级别在系统中所处的地位；但在彩票调度算法中，一个进程拥有的彩票占总发出彩票的比例，就是该进程占有 CPU 的概率。在彩票调度算法中，很容易实现类似动态优先级的功能，当一个进程需要更多的运行机会时，就增加该进程的彩票数；当要降低某进程的"级别"时，就减少该进程的彩票数。彩票调度算法在实现中，反应非常迅速。当一个新创建的进程获得了彩票后，就可以参与下次"抽奖"（调度），被调度到的可能性与该进程所拥有的彩票成正比。

【例 2-5】 假如有以下 6 个就绪态进程，它们进入内存的时间，需要计算的时间以及优先级如下。优先级共 10 级，用 1～10 这 10 个整数表示，数值越大级别越高。不考虑进程调度所花的时间，调度采用不可抢夺式，时间单位：单位时间。简单起见，设系统调度从 8 时刻开始。

进程名	进入就绪队列的时刻	计算时间	优先级
P_1	0	2	3
P_2	2	3	4
P_3	3	5	8
P_4	5	4	1
P_5	6	3	4
P_6	8	6	7

（1）写出分别采用静态优先级和先来先服务调度算法，以上进程调度执行的顺序。

（2）计算出各个进程在就绪队列中的等待时间和平均等待时间。

解答：（1）由于在 8 时刻开始调度，这时系统中就绪队列中有 6 个进程，采用静态优先级算法调度，则调度序列是 P_3，P_6，P_2，P_5，P_1，P_4（注：P_2 和 P_5 的优先数相同，则按先来先服务调度进行）；采用先来先服务算法，则调度序列是 P_1，P_2，P_3，P_4，P_5，P_6。

（2）各个进程的等待时间如下：

进程名	进入就绪队列的时刻	计算时间	静态优先级法等待时间	FCFS 等待时间
P_1	0	2	8+5+6+3+3−0=25	8−0=8
P_2	2	3	8+5+6−2=17	8+2−2=8
P_3	3	5	8−3=5	8+2+3−3=10
P_4	5	4	8+5+6+3+3+2−5=22	8+2+3+5−5=13
P_5	6	3	8+5+6+3−6=16	8+2+3+5+4−6=16
P_6	8	6	8+5−8=5	8+2+3+5+4+3−8=17

静态优先数算法的平均等待时间是：(25+17+5+22+16+5)/6=15

先来先服务算法的平均等待时间是：(8+8+10+13+16+17)/6=12

请思考，假如在时刻 3 进行调度，本题的答案会不会有所不同？为什么？

2.5 线程及其实现

在传统的操作系统中，进程是最重要也是最基本的概念。进程不仅是系统资源分配和保护的单位，同时也是调度和分派的单位。但是，随着计算机技术的发展和应用的深入，传统的进程概念已经越来越不适应新的需要了。特别是计算机网络技术、数据库技术以及并行技术的发展，进程的局限性越来越明显。当今，多线程技术已经广泛使用，多线程技术不仅在主流的操作系统如 Windows 2000、OS/2 和 Solaris 得到了实现，就是在一些数据库管理系统甚至应用软件中也引入了多线程概念。程序设计语言 Java 也在语言级上支持多线程。多线程的概念在现代计算机技术中具有重要意义。没有多线程技术，现在的网络服务是不可想象的，如果没有多线程技术，可以肯定地说，现在的计算机世界不可能如此精彩。在 Internet 中，开发网络应用程序，曾经使用的 CGI 技术（公共网关接口）就是基于进程概念的，当网络终端用户上网时，网络服务器就给该用户开个进程予以服务，这样，有多少个用户请求就会在服务器中产生多少个进程，最后服务器不堪重负，渐渐地，CGI 开发让位于 ASP、PHP 和 JSP 等，而这些新的网络开发技术都是基于多线程的，一个请求，在服务端就会产生一个线程（比进程小的能够独立运行的基本单位）予以处理，大大降低了服务器的负荷，效率得到了明显提高。

多线程概念产生于 20 世纪 80 年代中期，随着 Internet 的应用深入，得到了广泛应用。当今，多线程技术作为一项重要的技术，在计算机操作系统、计算机网络、数据库管理系统以及应用软件系统中具有十分重要的意义，有着非常好的发展前景。

2.5.1　为什么要引入多线程概念

我们知道，进程是系统进行资源分配和保护的基本单位，也是处理器进行调度和分派的单位。进程包括进程控制块、程序块、数据块和堆栈，系统要分配给进程进行映像所需的虚地址空间、执行所需要的内存空间以及完成任务所需要的其他各种外围设备资源和软件资源（文件）等。传统的进程，在任一时刻只能有一个执行序列，这种单一的执行序列也称为单线程进程。

随着 Internet 的发展，用户的急剧增加，一个网站或服务往往有成千上万的用户同时访问，如果采用一个请求一个进程予以处理的话，代价很大，服务器的负荷太重，甚至不堪重负而崩溃。传统进程的缺点表现在以下两个方面。

（1）进程既是资源分配的单位，也是调度的单位。进程状态的频繁转换以及现场的保护和恢复会浪费大量的处理器时间，同时，每个进程需要运行所需的必要空间限制了系统中可以容纳的进程总数。这一点，在现代网络时代中表现非常明显。进程数目的增多，增加了系统的负担。

（2）进程的并发粒度太粗，并发度不高，并且进程的切换，进程之间或进程和操作系统之间的通信开销太大，特别对当今分布式系统、并行计算，以及 C/S 与 B/S 模式下的软件应用，效率很难提高，表现在应用上，效率难以忍受，可伸缩性弱。

可见，传统操作系统的进程概念已经不适合现代计算机应用的发展，迫切需要一种新的机制。这种新的机制需要满足以下一些要求：在一个进程中可以存在多个执行序列；这些执行序列可以并发执行；这些执行序列的切换是独立于进程的；这些执行序列之间可以共享进程资源，通信方便。因此，多线程概念就应运而生。

多线程概念的产生，实际上是从进程基础上发展起来的。为了使系统效率提高，将传统操作系统的进程的两个功能，即独立分配和保护资源和调度与分派功能分开，将传统进程的第一项功能保留给进程，第二项功能则由线程来。这样的好处是，在多线程环境下，进程只负责资源分配和保护，不需要频繁的调度和切换；而线程只负责执行，能够轻装上阵，可以被频繁地调度和切换。可见，多线程环境下，有了进程和线程的概念，系统效率将会大大提高。

2.5.2　多线程环境下的进程和线程

1. 进程和线程的定义

多线程环境下的进程定义，很显然，进程是系统进行资源分配和保护的基本单位。进程包括容纳进程映像的一个虚拟地址空间，以及对 CPU、I/O 资源、文件以及其他资源的有保护有控制的访问。

多线程环境下进程的内部布局如图 2-8 所示。

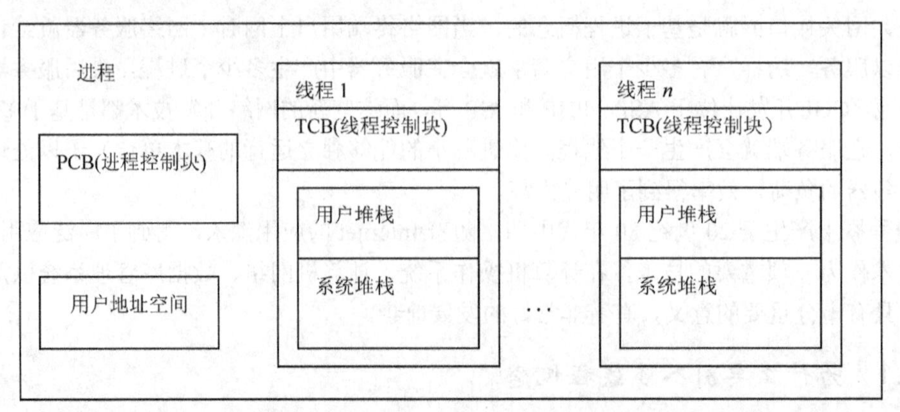

图 2-8 多线程环境下的进程的内部布局

可见，一个进程可以划分为两个部分：一部分是资源部分，一部分是线程部分。

多线程环境下线程的定义是：线程是处理器调度和分派的基本单位，是进程中能够并发，独立执行的控制序列。线程是进程的组成部分，每个进程可以有多个线程，但至少有一个线程（即主线程）。各个线程之间关系紧密，所有线程共享它们所属进程拥有的资源，它们驻留在相同的地址空间中，可以存储相同的数据。虽然同一个进程中的所有线程共享进程获得的内存空间和资源，但每个线程都不拥有资源。

线程由线程控制块（Thread Control Block，TCB）、用户堆栈、系统堆栈以及一组处理器状态寄存器和一个私用内存存储区组成。

线程也具有状态，线程的基本状态有运行态、就绪态和等待态。这里需要注意的是，虽然提出了新的线程概念，但是线程的概念是从进程概念发展起来的，只要区别出线程是传统进程中的调度与分派功能的分离和发展，对理解的线程就很简单了。线程的状态转换类似于进程的状态转换，前面章节讲的进程调度，也同理，进程调度在现代多线程环境下的操作系统中应该是线程调度，也称为低级调度。只要把握住线程和进程的区别和联系，传统中的进程概念对理解线程非常有帮助。例如，进程有挂起状态，但线程就没有挂起状态，这是因为线程不是资源的拥有单位，因此线程的挂起是没有意义的。当一个进程由于系统性能原因被挂起，则它的所有线程由于共享了进程的地址空间，而必须全部对换出去。挂起状态是进程级的状态，而不是线程级的状态。

线程的特性，同传统的进程类似，也具有并发性、共享性、动态性和结构性，但制约性和独立性需要进行说明。线程的独立性主要体现在线程是系统调度和分派的基本单位，线程的制约性主要是由于同一个进程的线程为了共享了某个资源而导致的一种协作或竞争的关系，而产生线程制约性的原因与传统进程有所不同。

线程的控制原语主要有创建（Spawn）线程、阻塞（Block）线程、活化（Unblock）线程、结束（Finish）线程。

思考：线程的基本控制原语为什么没有类似于进程的挂起和激活控制原语？

2. 进程和线程的比较

线程是从传统进程发展起来的，是对传统进程的调度和分派执行功能的独立和发展。线程具有传统进程的很多特征，因此线程也称为轻量级（Light-Weight Process，LWP）进程，而传统的进程也称为重量级（Weight Process）进程。在多线程环境下，线程离不开进程，一个进程可有多个线程，并且至少有一个线程（主线程）。为了对线程和进程有进一步理解，下面对进程和线程从以下 4 个方面进行比较，也是对进程和线程做个总结。

（1）并发性

系统中进程可以并发运行，线程也可以并发运行，这样，操作系统具有更好的并发性，更加充分利用系统资源，提高系统效率。进程间的并发是粗粒度的，线程的并发更加“细”，二者的结合使得系统效率大大提高。

（2）资源分配与占有

在系统中，进程是资源分配和保护的基本单位，线程几乎不拥有资源，但线程可以访问本进程的资源，这样使得某进程下的各个线程之间进行共享、通信很方便，同时，线程不必对资源进行分配和管理，从而线程很“轻”，能够轻装上阵，专注于自己的执行序列，从而更加灵活，效率得以提高。

（3）系统开销与效率

系统中的进程在创建或者撤销时，系统需要对该进程进行分配资源和回收资源，而线程的创建和撤销，由于线程不拥有资源，因此线程的创建和撤销相对于进程而言，开销要小得多。同样操作系统进程的切换所需的开销要比该进程内的各个线程之间的切换所需的开销要大得多。特别是同一进程的各个线程，它们可以共享进程的资源，如代码段、数据块、I/O 设备以及已打开的文件等，因此线程之间的通信很容易实现。

（4）调度效率与灵活性

操作系统中，进程主要是资源分配和保护的基本单位，进程拥有资源；而线程是系统调度和分派的基本单位，线程不拥有资源，但可以访问该进程的资源。这样，线程的调度和切换，非常简单易行，并且在同一进程中的线程的切换不会导致进程切换，因此系统效率很高，并且并发程度也大大提高。

2.5.3　多线程的优点及其应用

线程是系统调度和分派的单位，是轻量级进程，它共享所属进程的内存空间和资源，但不拥有资源，线程具有以下优点。

（1）节省内存空间。这是因为多个线程共享进程的地址空间。

（2）并发粒度小，并发程度高。线程不拥有资源，只是进程中的一个执行序列，因此一个系统中可以存在好多线程，甚至线程的数目没有限制。

（3）线程之间通信方便。同一个进程的各个线程之间关系很密切，它们自动共享所属进程的地址空间，对于进程中的全局数据可以自由访问，实现自然共享。

（4）线程切换简捷。同一个进程中的各个线程由于共享同一地址空间，而线程不拥有资源，因此线程的切换开销很小，速度很快。

（5）线程的管理开销很小。线程的创建以及终止所需的系统开销非常小。这是因为线程只负责执行，不拥有资源。因此，在具有多线程功能的系统中，相比只具有传统进程的系统有很高的系统效率。

线程的特点以及诸多优点，使得线程在现代软件开发中得到了广泛应用。下面是多线程的一些应用实例。

（1）提高文件下载速度。网络应用中下载速度的提高具有重要意义，可以将需要下载的一个

大文件分割成 n 个相等的小文件，采用 n 个线程同时下载，下载完毕后再拼接成原来的文件。这样的下载速度会大大提高。早期著名的下载软件网络蚂蚁就采用了这个技术。

（2）采用查询方式进行数据采集。传统地，在数据采集中，采用查询方式，效率是很低的。但如果将查询方式的数据采集设计成一个线程，则效率就会大大提高。可以设计一个线程专门进行数据采集，一个线程专门运算，一个线程专门用来输出。

（3）C/S 和 B/S 网络服务离不开多线程。一个网络服务没有多线程，是不可想象的。网络服务启动时，就在监听，如有请求就接受（Accept），然后在服务端产生一个线程，该线程专门负责与该客户端进行通信，而网络服务可以继续在端口上进行监听。

多线程的例子在现代计算机应用中可以说是无所不在，无处不在。多线程技术具有广泛的应用前景。

2.5.4 多线程实现的三种方式

多线程的实现有三种方式，下面简单予以介绍。

1. 内核级线程

内核级线程（Kernel Level Threads，KLT）的实现，它的思想是线程管理的所有工作都是由操作系统内核来完成的。这种方式的优点有：如果进程中的一个线程被阻塞了，内核可以调度同一进程中的其他线程运行，当然也可以调度其他进程中的线程来运行；在多 CPU 环境下，操作系统内核可以同时调度同一个进程中的多个线程并行执行；内核线程具有很小的数据结构和堆栈，并且切换速度快，这样内核本身也可以采用多线程技术来实现，从而大大提高操作系统的性能和效率。内核级线程的缺点是：由于线程的管理和调度在内核（核心态）中进行，而应用程序在用户态下运行，因此，以后同一个进程中的线程切换总会引起系统从用户态到核心态，核心态再到用户态的转换，这会加重内核的开销和负担。

Windows 2000/XP、OS/2 等操作系统是属于内核级线程的例子。

2. 用户级线程

用户级线程（User Level Threads，ULT）就是线程的所有管理和控制任务全部由应用程序来完成，在用户空间内实现，操作系统的内核感知不到线程的存在。因此，在 ULT 线程实现方式下，需要一个特定的线程库，线程库负责完成线程的管理和控制工作，线程库是线程运行的环境支持。用户级线程方式的优点有：线程的管理、调度、切换等工作不需要在内核的管理态下进行，这样，节省了模式切换的开销，内核也不需要对线程进行管理，节省了内核宝贵的资源，减轻了内核的开销和负担；在应用级程序中可以对线程进行管理和控制，这对程序员来说，增加了对线程的控制，能够更加灵活地运用线程，甚至可以根据应用的需要来设定线程的调度算法、优先级等。用户级线程的缺点是：当某个进程中的一个线程被阻塞时，该进程的其他线程也会被阻塞，这时，效率很低；在用户级线程中不能充分利用多线程的并发处理能力，因此，这种方式下还是一种较初级的多线程机制。

Java 程序设计语言的线程是基于语言级的，是属于用户级线程的例子。

3. 混合级线程

SUN 公司的 Solaris 操作系统是混合式线程的例子。在混合式线程方式下，内核支持对线程的管理和控制，同时也提供线程库使得用户也可以对线程进行建立、调度和管理。这种方式下，如果设计得巧妙的话，可以最大地发挥内核级线程和用户级线程的优点，降低它们的弱点。

2.5.5 Java 环境下多线程设计举例

Java 程序设计语言是在语言级基础上支持多线程设计的。在 Java 中，设计多线程有两种方式，一种是继承 Thread 类，另一种是实现 Runnable 接口。由于 Java 只支持单一继承，如果采用继承 Thread 类的方式设计多线程，则该线程类不能再继承其他类了，因此设计多线程，采用实现 Runnable 接口具有更强的通用性；但通过继承 Thread 类的方法实现多线程比较简单。下面以 Java 为例，设计一个程序，该程序运行时，除了一个主线程外，有两个子线程，一个线程负责判别一个大数是否为素数，另一个线程负责将一个数组用冒泡法进行排序。该程序，对理解多线程的概念和工作方式具有重要意义。

```
package Threads;
class IsPrime extends Thread{   //定义一个判别素数的类 IsPrime
  int n;
  public IsPrime(int n){
    this.n=n;
  }
  public void run(){              //线程的执行任务
    boolean is=true;              //判别素数
    for(int i=2;i<n;i++)
      if(n%i==0)
      {
        is=false;
        break;
      }
    System.out.println(n+(is?"是素数":"不是素数"));
  }
}
class Sort extends Thread{
  int a[],len;
  public Sort(){
    a = new int[10];
    len = 10;
    for (int i = 0; i <= 9; i++)
      a[i] = (int) (Math.random() * 100);//产生 10 随机数 0~99 的整数，用来排序
  }
  public void run(){//线程的执行任务
    boolean exchanged=true;//冒泡排序
    for(int i=1;i<len && exchanged;i++){
      exchanged=false;
      for(int j=0;j<=len-i-1;j++){
        if(a[j]>a[j+1]){
```

```
                int t=a[j];
                a[j]=a[j+1];
                a[j+1]=t;
                exchanged=true;
              }
            }
          for(int j=0;j<len;j++){
            System.out.print(a[j]+" ");
          }
          System.out.println();
        }
      }
    }
    public class ThreadTest {
      public static void main(String[] args) {
        Thread t1=new IsPrime(1234567);//建立判别素数的子线程
        Thread t2=new Sort();
        t1.start();              //启动判别素数的子线程
        t2.start();
        t2.setPriority(8);   //设置t2的优先级为8,线程优先级共1 0级，从1到10
        System.out.println("当前共有"+t2.activeCount()+"个线程");
        //共有3个线程，一个主线程，两个子线程
      }
    }
```

2.6 并发进程的概念

系统中存在着许多并发进程，它们需要相互合作或联系才能完成特定的功能，同时，各个进程的运行又是"走走停停，停停走走"，进程的推进速度是不可预测的。因此，并发进程的这种复杂性成为进程管理中理论性最强的研究课题，对理解现代操作系统具有重要意义。

2.6.1 相关进程及其关系

在多道程序设计的系统中，存在着若干进程，这些进程，它们同时运行，是"并发进程"。这些并发进程中，有的进程之间可能是没有任何关系的，它们不共享任何的系统资源，因此这些进程互为无关进程。无关的并发进程之间，它们的运行是独立的，一个进程的运行不会影响另一个进程；但在并发进程中，有些进程相互之间是有联系的。例如，两个进程在运行中都需要申请打印机，由于打印机是独享设备（独占设备），那么这两个进程对打印机的使用就存在着一种排他性；再如，有两个进程 P_1 和 P_2，P_1 负责产生文件，P_2 负责将 P_1 产生的文件进行处理，显然这两个进程之间存在着一种接续的关系。因此，有联系的并发进程共享某些资源，如前面的例子中共享打印机或共享某个文件，这些共享某些资源的进程就是互为相关进程。

由于进程运行的动态性，在某些时刻，两个进程可能是无关的，因为这时它们没有共享某个资源，但随着进程运行的推进，就有可能共享某个资源，它们就变为相关进程，当对共享资源的

访问结束后，这些相关进程又变为无关进程。

从相关进程的特点和运作过程上看，相关进程间的联系和合作可以分为以下两种进程间的关系，一种是竞争，另一种就是协作。

进程间的竞争关系：这种竞争关系在操作系统内部十分普遍。例如，上面的例子中两个进程对打印机的使用就是一种竞争关系，除此以外，两个进程对共享变量的访问、对独享设备的使用等都是这种进程竞争的关系。进程竞争的关系在并发进程中是通过进程互斥来解决的。进程互斥在后面章节会详细介绍，也是并发进程中的重点内容。

进程间的协作关系：这种协作关系在操作系统内部也十分普遍。例如，上面的两个进程通过一个文件来进行合作，就是这种协作关系。生产者/消费者问题是进程间协作的典型例子。协作的各个进程间必须达到某种“默契”才能使进程得以顺利、正确运行下去。进程间的协作是通过进程间同步机制来实现的。进程同步机制在后面章节会详细介绍，也是并发进程中的另一个重点内容。

进程间的竞争和协作关系，广义地说，进程的竞争关系是一种特殊的进程协作关系，也即进程互斥也是一种特殊的同步。由于无关进程的运行，互不影响，因此下面只讨论相关进程。

2.6.2　与时间有关的错误

系统中的多个并发进程，它们的推进速度是不确定的，何时由于自身或外界的原因被中断，是不可预料的，并且当一个进程被阻塞进入等待态后，系统选择哪一个进程去占用处理器运行，被阻塞的进程何时再去占用处理器运行，这要取决于进程调度策略。正因为在多道程序设计环境下，进程执行的相对速度不能由进程自己来控制，这样就会出现错误。在顺序程序设计环境下，程序运行的简单性、确定性、封闭性和可再现性就受到了挑战。显然，各个相关的并发进程由于共享资源而变得互相排斥或协作，失去了顺序环境下的简单性，同时，由于各个进程会共享资源，运行而不再独立，从而也就不具有封闭性，特别是在多道环境下，程序运行的确定性和可再现性，如果不采取一种机制，很难得到保证。一个不具有确定性和可再现性的程序是没有用户敢使用的。很难想象，一个程序，在相同运行的环境下，一会儿运行输出的是这个结果，一会儿运行输出的是另一种结果，这样的程序还有用户敢使用？在多道环境下，发生的这种错误被称为“与时间有关的错误”，意思就是一个程序在同一个数据集下，不同时间运行的结果可能不同。下面通过 3 个例子来说明与时间有关的错误，特别要认真体味为什么会发生与时间有关的错误？发生与时间有关的错误的本质原因是什么？你根据对原因的分析，能不能提出一种解决与时间有关的错误的办法来？

【例 2-6】　（公园游客计数问题）一个公园用计算机进行管理，简单起见，只管理游客人数，也就是说，能够记录当前在公园中游客的人数。完成这个功能的程序如下（类 C 语言）。

```
int  count=0;
//下面两个进程并发运行
process  PersonIn (void) //游客进入的处理进程
{  int temp;
   temp=count;           //1
   temp++;               //2
   count=temp;           //3
}
process  PersonOut (void) //游客离开的处理进程
```

```
{ int temp;
  temp=count;       //4
  temp--;           //5
  count=temp;       //6
}
```

下面对该用计算机进行管理游客人数的程序进行分析，来指出该程序的不确定性和不可再现性。假设某一时刻，公园中有 3 人，即 count 为 3，这时，有一个新的游客进来，另一个游客要离开。当游客进入时，要进入 PersonIn 进程处理，假如执行了两条语句后，该进程被中断（中断发生是不确定的），这时 temp 为 4，count 还是为 3，进程 PersonOut 开始运行，经过 4、5、6 三个语句，最后，count 为 2，然后，被阻塞的 PersonIn 进程继续运行，经过语句 3，得到 count 是 4，显然这是错误的，因为本来公园有 3 人，一个游客离开，一个游客进来，人数应该还是 3 人才对。对于这个例子，稍微改变一下分析，会得出结果是 2 的错误。例如，出去的进程 PersonOut 先被处理，在语句 5 处理完毕后，PersonOut 进程被打断，这时，count 为 3，temp 为 2，然后 PersonIn 进程开始运行，经过语句 1、2、3，得到 count 为 4，当 PersonIn 运行完毕后，PersonOut 中断结束，继续运行，经过语句 6，得到 count 是 2，显然是错误的。考虑另一种情况，假如 PersonIn 和 PersonOut 两个进程在各自的运行中，都没有被打断，则最后的 count 是 3。可见，同一个程序，在同样的环境下，运行得出了不同的结果。这是多道环境下并发进程运行产生的新问题。在多道环境下，程序运行的结果变得不确定，不可再现了。本例的结果是属于结果不唯一的错误。

【例 2-7】　（飞机航班联机售票系统）假设有一个飞机航班售票系统，有 n 个售票处，每个售票处可以共享系统的公共数据库中的飞机航班信息，设某一天的航班的剩余票数分别存放在公共数据区域的一些单元 M_j（j=1,2,3,…m；m 为航班数）。本例共有 n 个进程，记为 $Sale_i$（i=1,2,…，n）。temp 是每个进程的局部变量。售票的某一个进程的程序算法如下：

```
process Sale_i (i=1,2,…,n)
{ 根据旅客的订票要求找到 M_j;
  temp=M_j;           //1
  if(temp>=1){       //2
    temp--;           //3
    M_j=temp;         //4
    将这张票打印出来，给旅客;
    }
    else
   printf（"对不起，票已经售完"）;
}
```

有了上例的分析方法，对本例的分析不难。下面分析当某航班只有一张票时，会不会将该张票卖给好多旅客。设某一航班只有一张余票，有三名旅客同时来买同一航班的这张余票。假如第一个旅客来买，系统执行 $Sale_1$ 进程，第二个旅客来买票时执行 $Sale_2$ 进程，第三个旅客执行 $Sale_3$ 进程，假如这三名旅客都经过了语句 1、2、3，这时，每个进程各自的 temp 局部变量都是 0，然后将 temp 赋给 M_j，最后 M_j 是 0，这样，导致了同一张票卖给了三名不同的旅客。这也是一种与时间有关的错误。本例和上例都属于结果不唯一的，与时间有关的错误。除了这种错误外，还有一种会导致进程永远互相等待的错误发生。

【例 2-8】　假设有两个并发进程 NewMem 和 DeleteMem，NewMem 进程负责申请内存资源，DeleteMem 进程负责回收内存资源。下列是内存管理的程序算法，在该算法中，f 是可用的内存大小，r 是申请或回收的内存大小。

```
process  NewMem(int r)
{  if (r>f)
        申请进程由于申请不到内存资源而进入相应等待队列;
    f-=r;
    //申请到内存资源后，修改内存分配表
}
 process  DeleteMem(int r)
{
     f+=r;;
     //对内存分配表进行相应修改
     //唤醒由于等待内存资源而被阻塞的进程
}
```

在以上算法中，有可能会出现进程 NewMem 永远等待的问题。例如，当 NewMem 进程申请内存时，假如申请量 r 比可用量 f 大，则不能被分配，假设正在这时，该进程被中断，而另一个进程 DeleteMem 开始运行，该进程将所借内存资源回收，然后修改内存分配表，并且唤醒等待内存资源的阻塞进程，但由于这时 NewMem 进程还没有进入等待态，因此 DeleteMem 进程无等待进程可唤醒。这样，NewMem 进程假设再没有别的内存回收进程运行的情况下，就会发生永久等待。这也是一种与时间有关的错误。

以上介绍了 3 个例子，都是说明在多道程序设计环境下，会出现与时间有关的错误。发生与时间有关的错误，使得在并发环境下的程序运行变得复杂起来，不再具有顺序运行环境下的封闭性、确定性和可再现性，究其原因，主要是因为并发进程由于中断的原因而导致运行的相对速度不可预测，而对具有共享资源（硬件资源或软件资源，如共享变量）的一段程序区域的间断访问，从而导致了与时间有关的错误的发生。

2.6.3　临界区概念及其管理要求

多道程序设计的概念是现代操作系统建立和发展的基础，这样可以充分发挥操作系统的效率，提高资源使用率，但是，在多道环境下，进程的执行变得复杂，同时还会发生与时间有关的错误。这种错误如果不予以解决，那现代操作系统就不可能形成了。通过对 2.6.2 节三个例子的分析和介绍，可以看出，与时间有关的错误，是由于对共享变量所在的一段代码在运行中被打断而导致的，因此有必要对这段特殊的代码段进行分析，从而提出解决与时间有关的错误的思路和方法。

于是，众多的计算机科学研究人员对该问题进行了研究和探索。Dijkstra 于 1965 年提出了临界区的概念。Dijkstra 是卓越的计算机软件大师，操作系统中许多著名的问题及其算法都是他首先提出来的，如信号量和 PV 操作、哲学家就餐问题以及银行家算法等。Dijkstra 能够将复杂的操作系统内部问题变通为日常生活中非常直观的问题，便于理解和接受。

所谓临界区（Critical Section），就是并发进程中与共享变量有关的程序代码段，而把该共享变量代表的共享资源称为临界资源（Critical Resource）。例如，在公园人数问题中，进程 PersonIn 和 PersonOut 的临界区分别是：

```
PersonIn 的临界区                    PersonOut 的临界区
temp=count;                          temp=count;
temp++;                              temp--;
count=temp;                          count=temp;
```

而在飞机航班联机售票系统中存在 n 个进程，各进程的临界区则为：

```
temp=Mj;
   if (temp>=1)
{  temp- -;
Mj=temp;
}
```

以上两个例子，比较简单，因此临界区的确定也比较容易。但是，在一个多进程或分布式系统中，临界区的确定需要认真仔细，反复验证。这时因为，如果临界区设定小了，仍然会发生与时间有关的错误；如果临界区设定得大了，进程的并发度会降低，极端情况，将整个进程执行代码设定成一个大的临界区，那么进程间的运行就又退化到顺序程序设计了。

众多的计算机科学研究人员，为了解决与时间有关的错误（因为这个错误是致命的，如果不解决，现代操作系统无法使用），耗费了大量的心血，提出了众多的解决方法和手段，有的是正确的，有的最后被证明是错误的；有的算法十分复杂，有的比较简单、有效、易用；有的效率很高，有的效率低下。在对这个问题探索的过程中，有着很多的经验和教训，最后得出一致的结论，就是要有效解决与时间有关的错误问题，对临界区的管理必须要满足以下 4 个要求。

（1）不存在有关进程间相对推进速度、系统内有多个 CPU 的假定。

（2）一次最多只能有一个进程进入临界区，也即没有两个或两个以上的进程能够同时进入临界区，当有一个进程在临界区内，其他想进入临界区的进程必须等待，这一点充分说明了临界区的互斥访问特性。

（3）不能让一个进程在临界区内无限制地运行下去，在临界区中的进程必须在有限时间内运行结束而离开临界区。

（4）等待进入临界区的进程，在时间上不能被无限推迟。

以上是在解决与时间有关的错误的过程中，得出的临界区管理的 4 个公认的管理要求。因此，一个好的解决方法必须能够满足以上 4 个条件。

2.6.4 临界区管理的尝试

1. 关中断

关中断是实现临界区管理的一种最简单的方法。该方法的实现思想是，当一个进程进入临界区后，就关闭所有中断，当该进程离开临界区后，再重新开启所有中断。由于进程的切换是由时钟或其他中断导致的，当所有中断被屏蔽后，其他进程不可能有运行的机会，因此，自然地，也不会进入到该进程的临界区去执行。

这种方式的缺点是明显的：一是这种方式下用户进程需要有开关中断能力，但开关中断指令是特权指令，这样做，系统内核的安全会发生严重问题；二是该方法只能对单 CPU 系统有效，对多 CPU 环境下，一个用户进程关闭了中断，但运行在其他 CPU 上的进程仍然可以进入它的临界区，从而仍然会发生与时间有关的错误。

从以上分析可以看出，关中断这种纯硬件方式实现对临界区的管理，只能对单处理器环境下的内核进程有效，而对于多处理器或用户进程则不适用。

2．纯软件互斥算法

多道环境下的相关的并发进程在运行中可能会发生与时间有关的错误，从而严重影响了新一代操作系统的设计和开发，因此迫切需要提出一种简单有效的手段或机制来解决这一致命的问题。众多的计算机科学研究人员从纯软件角度进行了广泛而深入的研究，提出了很多种纯软件的算法，有的确实能够解决临界区的管理问题，也有的最后被证明是错误的。下面对这些纯软件实现临界区管理的算法做一个介绍，共介绍 3 个典型的算法，其中前两个算法是错误的，第三个算法是正确的。介绍的次序采用从简单到复杂、循序渐进的方式，这样有助于读者深刻理解并发环境下临界区管理的复杂性，从而对后面将要讲解到的信号量机制和管程以及消息传递机制有比较深刻的认识和感悟。

（1）简单的软件实现算法（注：该算法是不正确的）

该算法是一个纯软件实现临界区管理的简单算法。该算法的思想是：不妨设有两个进程 P_0 和 P_1，它们共享一个变量 InTurn，该变量只有两个值，即 0 或者 1。设定，只有 InTurn 等于 i，才允许对应的 P_i 进程进入临界区去执行。该算法的类 C 语言代码如下：

```
//Pi 进程的代码，并设 InTurn 的初值为 0
    while(1)
    {
        while(InTurn<>i)  ;  //1
        临界区;              //2
        InTurn=1-i;         //3
    }
```

对上述算法的过程进行介绍。当进程 P_0 想进入临界区，首先执行语句 1，如果这时只有 P_0 进程，则语句 1 的循环条件不成立，于是 P_0 直接进入临界区执行，当 P_0 在临界区时，假设 P_1 进程也需要进入临界区，则 P_1 在执行它对应的进程代码的语句 1 时，由于这时 i 是 1，而 InTurn 为 0，循环条件满足，于是 P_0 只能在循环中等待，不断地测试循环条件，假如 P_0 经过一段时间在临界区执行完，然后执行语句 3，这时 InTurn 变为 1，于是进程 P_1 测试到循环条件已经为假，于是进程 P_1 可以继续运行进入临界区去完成自己的工作。

从以上的分析可以看出，这种算法能够解决临界区的管理。但是，实际上，只要深入、细心地去分析，该算法存在着严重的问题。该算法的缺点主要体现在下面两个方面。

① 该算法必须保证两个进程 P_0 和 P_1 始终交替访问临界区。这种限制显然是不现实的，很不适用。对于上面的算法，假如一开始 P_1 要访问临界区，则 P_1 无法访问，这是因为如果 P_0 不访问临界区，那么 P_1 永远不能访问临界区。这显然不符合临界区管理的第 4 个条件。

② 该算法存在忙碌等待的缺点。在进程等待进入临界区时，需要反复测试循环条件，严重浪费了系统 CPU 的效率。一个好的算法应当尽量避免忙碌等待这一现象。

（2）考虑了进程访问状态的纯软件实现算法（注：该算法也是不正确的）

上面介绍的算法，主要的缺点是没有考虑到进程对临界区的访问状态，而只记录了哪一个进程有资格进入临界区。为此，需要记录进程对临界区的访问状态，即进程当前在不在临界区内。这可以通过设定一个数组来描述。为了简单，还是假定有两个进程 P_0 和 P_1，设定一个数组，例如，

int InCS[2]；该数组的初值为 0，表示起始没有进程处于临界区；当 InCS[i]为 1 时，表示进程 P_i 当前将要进入临界区或在临界区内。

```
//Pi 进程的代码如下：
while(1)
{
   while(InCS[1-i]==1) ;          //1 测试另一个进程在不在临界区
   InCS[i]=1;                     //2 进入临界区前，置当前进程在临界区中
   临界区;                        //3
   InCS[i]=0;                     //4 离开临界区前， 置当前进程不在临界区中
}
```

表面上看，以上算法非常巧妙。设计思路很清晰，例如，一个进程要进入临界区，首先测试一下另一个进程在不在临界区，如果在，则忙等；否则，将本进程的状态置为在临界区内，然后进入临界区，离开临界区时，再将状态置为不在临界区内。但是，该算法却有着严重的错误。例如，假如 P_0 和 P_1 两个进程几乎同时执行各自的语句 1，都发现对方的状态值是 0，即对方不在临界区中，于是两个进程都将自己的状态置为 1，并且都进入了临界区。这样，就会发生与时间有关的错误。可见，本算法不满足临界区管理的第 2 个条件，即互斥条件。本算法还可以举出其他的执行序列，来证明此算法不满足互斥条件。本算法的另一个缺点是与前一个算法一样，仍然存在忙碌等待问题，消耗宝贵的 CPU 资源。

（3）Peterson 算法

通过以上的分析，可以看出，设计出一种正确有效的临界区管理算法是很不容易的。第一个能满足临界区管理的全部 4 个条件的纯软件算法是由数学家 Dekker 提出来的，很复杂，在 1981 年 Peterson 提出了一个简单的纯软件算法，思想与 Dekker 提出的很类似。下面对 Peterson 算法予以介绍。

Peterson 算法仍然以两个进程举例，但很容易可以推广到多个进程的并发执行中去。

```
int InTurn=0; //Inturn 只取值 0 或 1
int InCS[2]={0，0}；//InCS 的元素的值为 0 或 1
//进程 Pi 执行的代码
while(1)
{
   InCS[i]=1;                            //1
   InTurn=i;                             //2
   while(InCS[1-i]==1 && Inturn==i) ;    //3
   临界区;                               //4
   InCS[i]=0;                            //5
}
```

该算法的思想很简单，也很巧妙。一个进程 P_i 要访问临界区，首先将 InCS[i]置为 1，表示该进程准备访问临界区，以展示自己的状态，然后将 Inturn 置为 i，表示当前的请求进程是该进程，然后判断该进程有没有资格进入临界区，这时的判别条件是首先有没有对方进程在访问临界区，即 InCS[1-i]==1，再看一看 InTurn 是否为 i，如果两个条件都是真的，则该进程需要等待，否则进入临界区执行。离开临界区时，将该进程的状态 InCS[i]置为 0，表示该进程不准备进入临界区。

假如一开始 P_0 想进入临界区，则首先将 InCS[0]置为 1，InTurn 置为 0，如果此时 P_1 不想进入

临界区，则 InCS[1-i]为 0，那么进程 P_0 立即进入临界区；这时，假设 P_1 要求进入临界区，通过测试循环条件 InCS[0] &&InTurn==1 为真，从而 P_1 等待，当 P_0 退出后，循环条件为假，P_1 可以进入临界区。

再如，P_0 和 P_1 两个进程几乎同时想进入临界区。P_0 和 P_1 都经过语句 1 和语句 2 将 InCS[i]置为 1，InTurn 置为对应的进程下标。这样，最后的 InTurn 的值应该是两个进程稍慢的那个进程设置的值。设 P_0 稍快了点，P_1 稍慢了点， 那么最后 InTurn 的值是 1。然后，两个进程执行各自的语句 3，这时，InCS[i]都为 1，关键看另一半条件 InTurn==i，由于这时 InTurn 是 1，对于 P_1 来说这个循环条件是真的，于是 P_1 循环等待，而 P_0 的这个循环条件是假的，于是 P_0 可以立即进入临界区。

读者可以仔细验证，该算法可以满足临界区管理的 4 个条件。但是该算法仍然具有忙碌等待的毛病，并且该算法有点复杂，应用起来不方便，因此，在实际系统中该类算法很少使用。

3. 测试并设置指令

测试并设置指令（Test and Set，TS）是一种软件和硬件相结合的解决临界区互斥的一种方法。这种方法的思想是：采用一个原子操作，记为 TS，用该 TS 操作对进程的共享变量进行测试和设置，TS 的功能用类 C 语言描述如下：

```
int   TS(int & flag)      //这里是 C/C++的引用，表示在函数内部改变的 flag 变量
                          //对调用函数的实在参数有影响
{  int t;
   t=flag;
   flag=1;
   return t;
}
```

以上是 TS 原子操作的功能。TS 操作首先查询出当前的共享变量的值，作为参数返回，同时将该值置为 1，特别地，TS 是原子操作，该函数的执行不允许被打断。下面利用 TS 操作，来实现临界区互斥。

首先设置一个各进程共享的变量 flag，初值设为 0。进程在进入临界区之前，需要通过 TS 原语对共享变量进行测试。如果 flag 为 0，则将 flag 设置成 1，然后该进程进入临界区；假如 flag 已经被别的进程设置为 1，则该进程需要忙碌等待；当进入临界区的进程执行完毕离开时，要将共享变量 flag 置为 0。算法的类 C 语言代码如下：

```
//进程 Pi 的代码，flag 是共享变量
while(1)
{
   while( TS(flag));
   临界区;
   flag =0;
}
```

这种算法仍然存在忙碌等待而浪费 CPU 宝贵时间的毛病，因此，这种算法在实际系统中也很少使用。在实际系统中，广泛采用的是 PV 操作和信号量机制、管程机制和消息传递机制，这在下面章节中予以介绍，是本章的重点内容。当然，通过本节临界区管理的尝试的学习，为理解后面的内容打下了良好的基础。

2.6.5 信号量与PV操作

在以上介绍的种种方法中，不是效率不高，就是缺乏实用性，或者就是使用起来感觉很复杂。一种方案，如果不仅正确有效，而且理解、使用起来非常简单直观，那就会很容易得到推广和掌握，并且在实际应用中出错的概率小。因为，“伟大的理论往往很简单”。

杰出的软件大师 Dijkstra 根据对城市交通和信号灯的观察与分析，创造性地提出了信号量和 PV 操作，这种方法直观形象，并且理解起来简单，实现起来也很容易，现在得到了广泛的使用。Dijkstra 根据城市交通灯能够将一个城市的车辆交通问题解决得井井有条这一事实得到启发，进行抽象和数量化，提出了信号量和 PV 操作的概念。

信号量（Semaphore）s：是对进程而言的，代表可以使用的资源的个数。信号量在定义初始化后是一个整数，当 s 为正数时，表示该类资源可以被使用的个数；当信号量 s 为 0 时，表示该类资源已经全部分配完毕；当信号量 s 为负数时，仍然表示该类资源的个数，但这时的资源，已经分配完毕，并且还“欠”进程若干个资源，所欠资源的个数为信号量的绝对值 abs(s)，这时的信号量，也可以看成当前有 abs(s)个进程在等待使用该类资源。简单地说，信号量可以看成对相关进程而言，当前可以使用的资源的个数。

P 操作：P 操作是原语操作，P 操作在执行中，不能够被中断。P 操作的内部过程表示为：

```
void P(Semaphore s) {
  s--;
  if(s<0)
     wait(s); //进程调用 wait 进行自我封锁，转入等待状态
}
```

P 操作的含义是，将信号量 s 减去 1，如果这时 s 小于 0，表示原先 s 最多是 0，已经没有可用资源了，因此这时的进程就在 s 信号量上等待，自己进入等待状态。

V 操作：V 操作是原语操作，V 操作在执行中，不能够被中断。V 操作的内部过程表示为：

```
void V(Semaphore s) {
  s++;
  if(s<=0)
    Revoke(s); //该进程担负起唤醒在信号量 s 上等待的进程
}
```

V 操作的含义是，将信号量 s 加上 1，如果这时 s 小于等于 0，表示原先 s 最多是-1，表示有 abs(s)个进程在等待使用该资源。因此，这时的进程，需要唤醒在信号量 s 上等待的进程。

下面对信号量和 PV 操作进行总结。

信号量是一种特殊的量，有特殊的含义，记录着当前该类资源可用的个数，在定义信号量时可以对它进行初始化，以后，对信号量的操作只能由 PV 操作原语进行，在进程进入临界区之前，需要对信号量作 P 操作，在进程离开临界区时，需要对信号量作 V 操作。对于进程互斥问题，假如有两个进程访问一个资源，可以将该资源对应的信号量 s 设置为 1，在进程需要进入临界区时，要做一个 P 操作，于是 s 变为 0，假如还有其他进程想进入自己的临界区，它也需要做 P 操作，这时，s 变为-1，根据 P 操作原语的功能，该进程就会进入阻塞状态，从而实现了进程间的互斥；当第一个进程在临界区完成后，对信号量 s 作加 1，是变为 0，表示此时在信号量上有一个进程在等待进入临界区，于是该进程担负起唤醒的义务，从而处于等待态的进程进入临界区内运行。可见，信号量和 PV 操作机制完全满足对临界区管理的 4 个要求，即进程相对速度和 CPU 个数不定，无

空则等，有空让进，互斥进入，并且算法简单，易于理解，实现起来很容易。从PV操作的内部过程来看，很简单，在具体实现时，只要将PV这两个原语设计成原语即可，原语的设计可以通过关中断实现。

信号量和PV操作机制在解决与时间有关的错误方面非常有效。下面从进程互斥和进程同步两个方面来深入理解该机制解决复杂问题的思想。从以下的各个示例和例子中，可以深刻体会到信号量和PV操作机制的“形式简单，内容丰富”。

现在信号量和PV操作机制已经得到广泛使用，但在有些教科书或系统中，PV操作又被称为up和down、wait和signal、sleep和wakeup、lock和unlock等，这些都是名称不同，原理类似。为了统一和叙述方便，在本书中，信号量和PV操作机制全部采用Dijkstra最早提出的形式，即统一采用P操作和V操作的形式。此外，当前在Windows系统和VC++环境下，以及Java环境下，可以开发出进程（或线程）的互斥和同步的应用程序，在这些环境下，虽然不是采用P操作和V操作这种形式，但所采用的思想还是一致的，有兴趣的读者可以参考有关书籍，这样可以对进程（或线程）的互斥和同步机制的实现以及程序设计思想有很深的理解，从而提高多线程程序设计的基本素养。

最后提一下，P、V操作是Dijkstra的母语“上锁”、“解锁”这两个单词的首字母。

2.7 进程的互斥和同步

并发进程间的关系表现为进程之间的互斥和同步关系，下面对进程的互斥和同步问题进行深入分析和探讨。

2.7.1 进程的互斥

进程互斥（Mutual Exclusion，Mutex）是并发进程间的一种普遍的关系，进程互斥是指对于某个系统资源，当有一个进程正在使用时，其他进程如果想使用，则必须等待，即该资源不得同时使用。直到使用该资源的进程释放了该资源，其他进程方可使用。

日常生活中进程互斥的例子有很多，如相对方向的两个人要通过一个独木桥，就是一个典型的进程互斥问题。

有了信号量和PV操作机制，能够很有效地解决进程互斥的问题。例如，对于前面的公园游客计数问题，采用PV操作解决后的程序如下。

```
int  count=0;
Semaphore s=1;
//下面两个进程并发运行
process  PersonIn (void) //游客进入的处理进程
{  int temp;
   P(s);                //1
   temp=count;          //2
   temp++;              //3
   count=temp;          //4
   V(s);                //5
}
process  PersonOut (void) //游客离开的处理进程
```

```
{ int temp;
  P(s);            //6
  temp=count;      //7
  temp--;          //8
  count=temp;      //9
  V(s);            //10
}
```

对于上面的这种解决方案，能够确保不会再发生与时间有关的错误。假如当前公园内有 3 个人，即count为3，这时，一个游客要出去，还有一个新游客准备进来。假如新游客的进入进程PersonIn先执行，首先，经过语句 1，则此时的 s 变为 0，根据 P 操作的定义，该进程可以继续下去，于是执行语句 2、语句 3，假如语句 3 执行完毕后，该进程被中断（这里特别注意的是：PV 操作是原语，是不可中断的，但除了 PV 操作外的语句，都有可能被中断，并且何时被中断是不确定的）。在 PersonIn 进程被中断后，假设 PersonOut 开始运行，则 PersonOut 进程需要执行语句 6，由于信号量s已经被PersonIn设置成0了，PersonOut在做语句6时，s变为-1，根据P操作的定义，PersonOut进程不可继续运行下去，而转入等待状态。同理，假如还有新的游客需要进来或老游客需要出去，它们都需要运行 PersonOut 或 PersonIn 进程，在进入各自的临界区前，都要执行 P 操作，这样的结果就是信号量 s 有一个进程进行 P 操作，就会减一，然后根据 P 操作的定义，这些进程都会转为等待态，从而插入到该信号量 s 对应的进程等待队列中去。当第一个在临界区运行的进程，运行结束，离开临界区时，需要执行语句 5，使信号量 s 增加 1，表示可用资源个数多了 1 个，同时判别信号量是否小于等于 0，如果是，表示有进程在信号量 s 上等待要进入临界区，于是该将要离开临界区的进程要担负起唤醒在信号量 s 上等待的进程。当然，在信号量 s 上可能没有等待进程，则该进程做空操作；假如在信号量 s 上有多个等待进程，唤醒哪一个进程，则可以通过一种具体的策略来进行。离开临界区的进程必须担负起唤醒的义务，否则可能会出现等待进入临界区的进程永远等待。被唤醒进程的次序，不会引起进程的永久等待，只会影响系统效率。

对于飞机航班联机售票系统，采用信号量和PV操作机制的解法如下：

```
Semaphore s=1;
//下列各进程并发执行
process  Sale_i (i=1,2,…,n)
{  根据旅客的订票要求找到M_j;
   P(s);                    //1
   temp=M_j;                //2
   if (temp>=1){            //3
      temp--;               //4
      M_j=temp;             //5
      V(s);                 //6
      {将这张票打印出来，给旅客};
      }
      else  {
      printf("对不起，票已经售完");       //7
      V(s);                              //8，若无此语句，会出现什么情况？
      }
}
```

对于上面的程序，我们看看会不会出现同一张票卖给两个人的情况。假如某日期的某航班只剩余一张票，这时有两个旅客在不同售票处同时购买。当第一个旅客购买时，进入他对应的 Sale 进程，然后执行语句 1，于是信号量变为 0，根据 P 操作定义该进程可以继续运行下去，从而完成购票，假设该进程在语句 4 处被打断，这时，另一个旅客来买同样的飞机票，同样，该旅客也是进入他对应的进程，也需要执行语句 1，这时 s 从 0 变为-1，该进程转入等待态，该进程一直等待下去，除非从临界区退出的进程来唤醒它。同理，这时，假如有第 3、第 4 个旅客来购买同样的飞机票，都转入信号量 s 对应的进程等待队列。在临界区中被中断的那个进程，在中断事件结束后，可以继续运行，于是可以成功买到一张飞机票，然后执行语句 5，将该班次的票数改为 0，离开临界区前，担负起唤醒一个在 s 上等待的进程。被唤醒的进程，继续执行语句 2，得到 temp 为 0，于是执行语句 7，输出票已经售完，然后执行语句 8，唤醒其他在 s 上等待的进程，以此类推。当最后一个进程离开后，s 恢复为 1。

从以上两个例子中可以看出，用 PV 操作和信号量机制解决进程互斥非常简单，可以形式化地描述成以下三个步骤。

（1）精心确定每个进程的临界区。

（2）在进入临界区前，执行 P 操作。

（3）在离开临界区时，执行 V 操作。

可见，进程互斥的解决就是这么简单有效，易于实现。通过 PV 操作和信号量机制，进程互斥的复杂性，都被封装到 PV 操作的过程和含义中去了。虽然采用信号量和 PV 操作如此简单有效，但 PV 操作也具有“危险性”，假如程序员比较粗心，就会导致进程的永久等待。例如，在飞机联机售票系统中，假如程序员马虎了一下，将语句 8 忘了写，当几个旅客同时购票，并且某张票只剩一张的情况下，只有一个旅客对应进程开始时能够进入临界区，其余旅客的对应进程则在信号量上等待，但当第一个进入临界区的旅客完成购票时，该进程会唤醒一个在 s 上的进程，但被唤醒的进程由于无票可售，经过语句 7，然后离开临界区，但此时可能还有其他的旅客进程在 s 上等待，则这些旅客购票进程再也不会被唤醒了，从而这些进程在系统中永久等待。这种情况是严重的，在实际售票中表现为来了一个旅客买那张飞机票，提出购买要求后，就再也得不到合理的答复，如“对不起，票已经售完”，这显然是不合理的。

进程互斥的信号量和 PV 操作解法，一般地说，信号量初值总是为 1，并且在同一个进程代码中，P 操作和 V 操作总是成对出现，一一对应，缺一不可。但有人会说，在飞机联机售票系统中，P、V 操作没有成对出现啊？那里不是有一个 P 操作，两个 V 操作吗？实际上，飞机售票系统中的 P、V 操作仍然是成对出现的。因为，我们注意到，虽然有两个 V 操作，但这两个 V 操作恰好分散在 if 和 else 语句中，因此，任何一次临界区的执行，V 操作只执行一次，不是吗？因此，在飞机联机售票系统中，P、V 操作仍然是成对出现，一一对应的。

经过以上分析，进程互斥得到了简单有效的解决，单纯的进程互斥问题就是这么简单。但是，在下面马上要讲到的进程同步问题中也通常存在着进程互斥问题，那么进程互斥的解决就显得复杂了，需要一定的构思和创造性。

【例 2-9】　（进程互斥的例题）假如有一个小型超市，能够最多容纳 30 人进行同时购物，该超市有一个入口，一个出口。入口处有购物篮，每个购物者可以拿一个篮子进行购物，购物完毕，到出口处结账。试用信号量和 PV 操作机制求解购物者购物的同步算法。（注：入口和出口处禁止两人或两人以上同时通过。）

解答：本题是一个典型的进程互斥问题。对于该问题，首先需要设置一个互斥信号量 mutex，初值为 30，然后再设置两个互斥信号量 s1 和 s2，s1 的初值为 1，用来对购物者在入口处进入时取购物篮的互斥（因为入口、出口处只能让一人通过）；s2 的初值也为 1，用来对购物者在出口处结账放下购物篮的互斥。该问题求解后的算法如下（某个购物者进程）：

```
typedef int Semaphore;
Semaphore mutex=30,s1=1,s2=1;
process client_i(void)
{
    P(mutex);
    P(s1);
    {从入口处进入超市，并且拿起一个购物篮};
    V(s1);
    P (s2);
    {到出口处进行结账，并放回购物篮};
    V(s2);
    {从出口处离开超市};
    V (mutex);
}
```

读者请思考：①为什么在本例中，进程代码内部没有写循环？②假如该超市的入口与出口在一起，如何修改程序？

2.7.2　进程的同步

所谓进程同步（Synchronization），指的是并发进程之间为了合作完成同一个任务而形成的一种制约关系，一个进程的执行依赖于另一个进程（合作伙伴）的消息，当一个进程没有得到合作伙伴进程的消息时，不得不等待，直到该消息到达被唤醒后，该进程才能继续向前推进。

进程同步是由于并发进程之间为了合作而形成的制约关系，也称为直接制约关系，相应地，进程互斥中所形成的不同进程之间的竞争关系，称为间接制约关系。

日常生活中，进程同步的例子普遍存在。例如，两个人下棋就是一种进程同步的例子。除此以外，你还能举出其他一些例子吗？

进程同步的经典例子有生产者/消费者问题、哲学家就餐问题、读者/写者问题和理发师问题。下面对这 4 个问题进行详细介绍，并再举几个例题，以深刻理解进程同步和互斥问题。

1. 生产者/消费者问题

生产者/消费者问题是一个典型的进程同步问题。为了让读者对进程同步有一个好的理解，我们循序渐进地来对生产者/消费者问题进行分析和探讨。操作系统内部很多进程同步问题都可以看做是生产者/消费者问题或它的简单变形。

（1）最简单的生产者/消费者问题：一个生产者、一个消费者和一个缓冲器。

该问题可以描述为：只有一个生产者、一个消费者、一个缓冲器，生产者生产的产品，只有放到缓冲器中，消费者才可以进行消费；只有消费了产品后，生产者才可以继续生产。生产者不可以连续两次进行生产（这样会将前面的产品冲掉）；消费者也不可以连续两次消费产品（这样就是“脏读”）。显然，该问题是个进程同步问题。下面采用 PV 操作和信号量进行解决。

首先需要设置两个信号量 sp 和 sc，sp 表示是否可以将产品放入缓冲器，一开始缓冲器是空的，因此初值是 1；sc 表示缓冲器中是否有产品可以被消费，一开始没有产品，显然初值应为 0。

对生产者来说，首先生产产品，但生产的产品要放入缓冲器，则必须要判断缓冲器是否为空，则需要对 sp 信号量作 P 操作，如果 P 操作后 sp 为 0，则可以将产品放入缓冲器，放入缓冲器后，需要对 sc 信号量作 V 操作，因为这时可以消费的产品个数增加了 1，因此要对 sc 作 V 操作，同时，V 操作还有一层作用就是假如有消费者等待，则生产者需要唤醒消费者；若 P 操作后 sp 小于 0，则该生产者生产的产品不能放入缓冲器，并且该生产者转入等待，直到消费者取走产品后唤醒生产者为止；对于消费者，消费产品之前，需要对 sc 信号量做 P 操作，看看有没有产品可消费，如果 P 操作后，sc 为 0，则可以取走产品，同时，需要对 sp 信号量做 V 操作，一方面对生产者而言，可用资源多了一个，同时，如果有生产者在等待放入产品，消费者还需要唤醒生产者；若 P 操作后，sc 小于 0，则表示当前无产品可取走，消费者必须等待，直到生产者生产了产品放入缓冲器后唤醒消费者为止。最简单的生产者/消费者问题的解法如下：

```
int buffer;
Semaphore sp=1,sc=0;
//下列进程并发执行
process  producer(void)
{  while(1)
   {
      {生产一个产品 product};
      P(sp);
      Buffer=product;
      V(sc);
   }
}
process  consumer(void)
{  while(1)
   {
      P(sc);
      {取走缓冲器中的产品};
      V(sp);
      {消费该产品（对该产品进行处理）};
   }
}
```

（2）一个生产者、一个消费者和 n 个缓冲器的生产者/消费者问题

这种情况下，只有一个生产者、一个消费者，但有 n 个缓冲器。这时，生产者可以连续生产 n 个产品，同时，消费者也可以连续消费产品（只要有产品可消费）。因此，该问题也比较简单。该问题主要是有 n 个缓冲器，可以采用数组来表示这个缓冲器，但生产者生产到数组最后一个元素时，采用取模（取余数）的方法转到第 0 个元素继续生产。生产者在生产了一个产品后，首先要判断是否能够放入缓冲器，需要对 sp 做 P 操作，这时的 sp 初值是 n，同时，为了能让生产者方便地将产品放入缓冲区的指定空闲位置，需要一个整型变量 k 用作位置指示，放入一个产品后，位置向后挪动一个，下一个位置可以通过语句 k=(++k)%n 得到。同理，消费者对应的 sc 信号量初值仍然是 0，一个位置指示 t，通过语句 t=(++t)%n 来调整消费者下一个消费的产品位置。该问题

的解法如下：

```
int   buffer[n],k=0,t=0;
Semaphore sp=n,sc=0;
//下面进程并发执行
process  producer(void)
{  while(1)
   {
   {生产一个产品product};
      P(sp);
      Buffer[k]=product;
      k=(++k)%n;
      V(sc);
   }
}
process  consumer(void)
{  while(1)
   {
      P(sc);
      {取走缓冲器Buffer[t]中的产品};
      t=(++t)%n;
      V(sp);
      {消费该产品（对该产品进行处理）};
   }
}
```

（3）典型的生产者/消费者问题：m 个生产者、r 个消费者和 n 个缓冲器

这是典型的生产者/消费者问题，对该问题有两种解法。

由于现在有 m 个生产者，r 个消费者，n 个缓冲器。m 个生产者在生产了产品向缓冲器中存放时，由于该 m 个生产者需要共享变量 k 这个位置指示，而这个 k 变量对于所有生产者而言，必须互斥访问；同理 r 个消费者对位置指示 t 也需要互斥访问。因此，生产者只能有一个可以进入缓冲器放产品，消费者也只可以有一个可以进入缓冲器取物品，但一个生产者在缓冲器放物品时，消费者是可以取物品的，因为生产者和消费者用了不同的位置指示变量。对该问题的解法，有两种，第一种是任何时刻，只能有一个生产者或消费者在缓冲器中；第二种是一个生产者在缓冲器中时，一个消费者可以进入缓冲器取产品。显然第二种解法的并发度比第一种要高点。

下面对第一种解法进行介绍，第二种解法可以在第一种解法上简单修改即可。读者请思考，第二种解法怎样从第一种解法进行修改而得到？

对于第一种解法，除了仍然有 sp、sc 信号量外，还要增加一个新的互斥信号量 s，s 的初值为 1。该问题的解法如下：

```
Int buffer[n],k=0,t=0;
Semaphore sp=n,sc=0,s=1;
//下面进程并发执行
process  produceri(void)   (i=1,2,3,…,m)
{   while(1)
```

```
        {
          {生产一个产品 product};
          P(sp);      //1
          P(s);       //2
          Buffer[k]=product;
          k=(++k)%n;
          V(s);
          V(sc);
        }
      }
      process  consumerj(void)  (j=1,2,3,…,r)
      {  while(1)
          {  P(sc);     //3
          P(s);      //4
          {取走缓冲器 Buffer[t]中的产品};
          t=(++t)%n;
          V(sp);
          V(s);
          {消费该产品（对该产品进行处理）};
        }
      }
```

下面对生产者进程进行分析，消费者进程可以同理分析而得。一个生产者生产了产品，能不能放到缓冲器中，现在需要进行两关测试。首先，需要缓冲器有空闲，这可以从 P(sp)判断得出，当这一关通过之后，还需要判断，有没有其他的生产者或消费者在缓冲器中，这需要通过 P(s)来得到。只有经过这两关，生产者才可以将产品放入缓冲器。放入产品后，调整生产者位置 k 指示，然后准备退出缓冲器，需要作 V(sc)，一方面可用产品增加，另一方面需要唤醒等待的消费进程（假如有的话），还要将对互斥信号量 s 作 V(s)，让其他生产者或消费者可以进入缓冲器了。

从上面的分析，可以很清楚地看出，该问题的第二种解法可以很方便地写出。前一种解法，主要因为生产者和生产者之间、消费者和消费者之间以及生产者和消费者之间都共享了信号量 s，使得生产者和消费者不能同时进入缓冲器，只要对生产者之间设置一个互斥信号量 s1，对消费者之间也设置一个互斥信号量 s2，s1 和 s2 的初值均为 1，这样第二种解法就简单地实现了。读者可以试着写写看。

在本问题中，再一次可以发现，PV 操作解决进程同步是简单有效的，但仍然会发生“危险”。就以上面的程序代码为例，假如一个程序员粗心，将语句 1 和 2 写反了，同时语句 3 和 4 也写反了，这样，假如开始时一个消费首先消费，该消费者经过语句 P(s)，可以下去，在执行 P(sc)时，由于没有可消费的产品，于是该消费者不得不等待，直到生产者生产了产品放到缓冲器后唤醒他为止；但是，这时，生产者要存放产品到缓冲器，首先执行 P(s)，而由于这时有一个消费者在缓冲器中，因此，任何生产者都不能进入缓冲器存放产品。这样，生产者、消费者都全部进入永久等待，并且这种等待永远不会结束。可见，P 操作的次序很重要，需要认真仔细斟酌。但 V 操作的顺序不会发生永久等待，只会影响效率，为什么？

（4）关于生产者/消费者的一个例题

实际工作中或日常生活中，生产者/消费者问题广泛存在。下面举一个例题。

【例 2-10】 桌子上只有一个空盘子，每次只能放一个水果。爸爸和妈妈（父母）向盘子中放水果，如果父母放的是苹果，则儿子可以拿去吃；如果父母放的是橘子，则女儿可以拿去吃。试用信号量和PV操作机制实现父母、儿子和女儿这三个进程的同步。

解答：该问题是一个日常生活问题，在操作系统内部很有用。本问题可以简单改为：系统中有三个进程 P_1、P_2和 P_3，P_1进程产生整数，如果产生的是奇数，则由 P_2进程取出打印；若产生的是偶数，则有 P_3进程取出打印。这两个问题虽然形式不同，但实质是一样的。

实际上该问题是生产者/消费者问题的一个变形。该问题中，有一个生产者（父母），两个消费者（女儿、儿子）。对该问题可以建立三个信号量，分别是 sp（parents）、ss（Son）、sd(Daught)。

sp：表示父母是否可以将水果放入盘子，一开始盘子是空的，显然 sp 的初值为 1，父母要放水果，需要对 sp 进行测试。

ss：表示盘子中苹果的个数，儿子要吃苹果，需要对 ss 进行测试。

sd：表示盘子中橘子的个数，女儿要吃橘子，需要对 sd 进行测试。

有了以上的分析，该问题的求解就变得很简单了。解法如下：

```
Semaphore  sp=1,ss=0,sd=0;
//下列进程并发执行
process  parents(void)
{  while(1)
   {
      {准备一个水果（苹果或橘子）};
        P(sp);
        if(水果是苹果)
          V(ss);
        else
          V(sd);
      }
   }
process  Son (void)
{  while(1)
      {  P(ss);
        {从盘子中取苹果};
        V(sp);
        {吃苹果};
      }
   }
process  Daught (void)
{  while(1)
      {  P(sd);
        {从盘子中取橘子};
        V(sp);
        {吃橘子};
```

```
    }
}
```

读者请思考：假如在该问题中，爸爸专门往盘子放苹果，妈妈专门往盘子中放橘子，本题应怎样求解？

2. 读者/写者问题

读者/写者问题（Reader/Writer Problem）是由 Courtois 等于 1971 年提出来的另一个经典的进程同步问题，它为并发环境下访问一个文件或数据表的数据集建立了一个可以普遍适用的模型，对目前广泛运用的多用户或分布式数据库具有直接意义。在读者/写者问题中，读者之间是可以共享的，可以同时读一个数据集，而读者和写者、写者和写者之间应该不能同时对数据集进行操作，否则会发生数据不一致现象。

读者/写者问题可以分成两种类型，即优先读者的读者/写者问题和优先写者的读者/写者问题。对于优先读者的读者/写者问题的求解必须满足以下几个要求。

（1）读者可以共享。

（2）写者互斥。

（3）除非已经有一个写者在访问共享数据集，其他情况下，读者不应该等待。

（4）写者执行写操作前，应该让所有的读者和写者退出。

本问题的求解，对于写者来说，只要设置一个写者与写者之间、读者与写者之间共享的一个信号量 w 即可，w 的初值为 1；对于读者，需要特殊处理，要求对读者进行计数，因为，读者对文件是可以共享的，对于第一个访问数据集的读者，需要对该数据集“加锁”，防止写者对数据集进行访问，而其他读者则可以直接进入访问数据集；对于最后一个读者，需要“解锁”，以便让写者或后面的读者能够访问数据集。由于读者需要计数，而这个读者的数目 ReadCnt 对于读者来说是个共享变量，每个读者需要对该变量进行互斥访问，否则会发生与时间有关的错误，因此，还需要一个对读者计数变量 ReadCnt 的互斥访问的信号量 mutex，初值为 0。优先读者的读者/写者问题的算法设计如下：

```
typedef  int Semaphore;
Semaphore mutex=1,w=1;
int  ReadCnt=0;
//下面读者和写者进程并发执行
process  Reader (void)
{  while(1)
    {
    P(mutex);
    ReadCnt++;
    if (ReadCnt==1)
    P(w);
    V(Mutex);
    {对数据集进行读操作};
    P(mutex);
    ReadCnt--;
    if (ReadCnt==0)
        V(w);
```

```
        V(mutex);
        }
        process  Writer(void)
        {  while(1)
        {  P(w);
           {对数据集进行写操作};
           V(w);
        }
        }
```

在上述算法中，如果一个写者在临界区中，有 n 个读者等待读数据集，那么恰好有一个读者在信号量 w 上等待，其余 n-1 个读者在信号量 mutex 上等待，该写者在对数据集写入时，可能会有其他写者访问数据集，这些其他的写者都在信号量 w 上等待，当执行写入的写者退出临界区时，唤醒的可能是读者，也可能是写者，这和调度程序有关。上述算法是优先读者的，当一个读者进入临界区读数据集时，假如后面的读者源源不断时，写者就会长时间等待，甚至会被饿死。

该问题的另一种求解就是优先写者，可以设定，当有一个写者提出想写的要求后，就不允许有新的读者再进入临界区访问文件。优先写者的读者/写者问题留为作业，希望本书读者在优先读者的基础上能够求解出来。

值得注意的是，读者/写者问题的变形。如有一个文件 F，有两组读者用户 A 和 B，A 组中的读者可以共享对 F 的读取，B 组中的读者用户也可以共享 F 的读取，但 A 组与 B 组之间的用户是不能对 F 的共享读取。实际上，这个问题可以看做是一个“读者/读者”问题。

3. 哲学家就餐问题

哲学家就餐问题是由 Dijkstra 于 1965 年提出并解决的一个经典进程同步问题。该问题在进程的同步中影响很大，每个学习并发进程的人员都对该问题很感兴趣，并且每个新设计出的进程同步原语的计算机研究人员都希望通过试图解决哲学家就餐问题来显示他们的同步原语的功能和性能。

哲学家就餐问题是这样的：有 5 个哲学家，他们围坐在一张圆桌旁。哲学家们生活非常简朴，他们除了思考问题，就是吃面条（注：Dijkstra 提出的原题是吃通心粉）。由于哲学家生活很简朴，每个哲学家面前有一只空盘子，每两个哲学家之间有一支筷子，共五支筷子。我们知道，由于面条很滑，哲学家只有拿到两支筷子才能够吃面条。因此，当一个哲学家思考饿了后，他就试图去拿他最近的两支筷子，每次只允许拿一支，次序不限。当他成功拿到两支筷子后，他就可以吃面条，吃完后，将筷子放下，就继续思考。

根据上面对哲学家就餐问题的介绍，做个简单的分析。显然，在本问题中，最多只有两个哲学家同时吃面，因此，该问题的最大并行度是 2。假如每个哲学家都拿起了一支筷子，而等待拿另一支筷子，这时，每个哲学家都拿不到第二支筷子，因此，显然发生了永久等待（死锁）。假设再规定，哲学家每次拿筷子，总是先拿左边的筷子，然后再拿右边的筷子。这种情况下，仍然会发生死锁。这是因为，假如哲学家们同时感到饥饿，同时拿起了左边筷子，都在等待拿右边的筷子。再进一步，规定假设哲学家先拿起自己左边的筷子，当发现右边的筷子不可用时，则马上放下自己左边的筷子。这种方案表面上看，很合理，但是，会存在这样一种概率瞬间，假如所有的哲学家同时拿起左边的筷子，都同时发现右边的筷子不可用，于是都放下左边的筷子，过一段时间，又同时拿起左边的筷子，如此这样，循环往复，这样所有的哲学家都在做“无用功”，这样会被“饿死（长时间进程的要求得不到满足）”。因此，哲学家就餐问题还是有点难度的。

哲学家就餐问题的解法有好几种。例如，对筷子编个号，如 K1、K2、K3、K4、K5，规定哲学家拿筷子时总是先拿编号小的筷子，然后再拿编号大的筷子，这样可以解决哲学家问题。这种解法留给读者自己思考。下面介绍一种能够保证最大并行度并且能够适应任意数目的哲学家就餐问题的解法。该种解法的类 C 语言代码如下，根据注释读者不难看懂。

```
typedef  int Semaphore;      //定义信号量 Semaphore 类型是整型的别名
const int  N=5;  //定义哲学家的数目，该数目可以根据需要修改
const  LEFT   (i-1) %N;      //哲学家 i 的左邻
const  RIGHT   (i+1) %N;     //哲学家 i 的右邻
enum  status{Thinking,Hungry,Eating}; //哲学家所处的三种状态的常量枚举
Semaphore mutex=1;           //定义一个互斥信号量，实现对临界区互斥
Semaphore s[N]={0};          //每个哲学家对应的信号量，初值为 0
int state[N];                //每个哲学家的状态数组
void TakeChopstick(int i)    //第 i 个哲学家试图拿筷子的函数
{    P(mutex);              //进入访问共享变量 state[i]的临界区前对 mutex 作 P 操作
     state[i]=Hungry;        //设置该哲学家为饥饿状态
     test(i);                //测试该哲学家能不能吃面条
     V(mutex);               //离开临界区对 mutex 作 V 操作
     P(s[i]);                //如果得不到筷子，则该进程阻塞
}
void PutChopstick(int i)     //哲学家 i 放下筷子的函数
{  P(mutex);                 //进入临界区前作 P 操作
   State[i]=Thinking;        //哲学家完成进餐，进入思考状态
   test(LEFT);               //测试左边哲学家能否进餐
   test(RIGHT);              //测试右边哲学家能否进餐
   V(mutex);                 //离开临界区作 V 操作
}
void test(int i)
{  //如果当前哲学家饿了并且左边和右边的哲学家都没有进入进餐状态
   if (state[i]==Hungry && state[LEFT]!=Eating &&state[RIGHT]!=Eating)
   {   State[i]==Eating;     //该哲学家进入就餐状态
     V(s[i]);                //
   }
}
process Philosopher(int i)  //哲学家 i 运行的代码，哲学家就餐问题的进程
{ while(1)
  {    思考;
     TakeChopstick(i);       //想就餐，试图拿筷子
     吃面条;
     PutChopstick(i);        //就餐后放下筷子
   }
}
```

以上算法的基本思想是，采用一个状态数组 state[N]来记录一个哲学家的状态，如是在就餐、

思考还是饥饿（试图拿筷子）。一个哲学家只有在他的两个邻居都不在进餐时才能够进入进餐状态；另外该算法采用一个信号量数组 s[N]，每一个哲学家对应一个信号量，信号量的初值为 0，这样，当哲学家所想取的筷子不可用时，想就餐的哲学家就可能需要进入等待状态。

4. 理发师问题

理发师问题也是一个经典的进程同步的例子。理发师问题是这样的：一个理发店，只有一个理发师，一张理发椅，以及 n 张给等待理发的顾客坐的普通椅子。当没有顾客的时候，理发师就在理发椅上睡觉；当一个顾客来理发时，他必须要叫醒理发师；假如顾客来理发时，理发师正在为别的顾客理发，那么这个顾客如果有椅子可坐，就坐下来等，如果没有椅子可坐，那么他就离开理发店。

理发师问题的解法如下：

```
typedef int Semaphore; //定义信号量类型
const  CHAIRS  10 ;     //设为顾客准备的椅子数
int waiting=0;          //还没有理发的顾客数
Semaphore mutex=1,customers=0,barbers=0;
//互斥信号量 mutex、等候理发的顾客数 customers、等待理发的理发师数 barbers
void Customers()
{  P(mutex);//进入临界区
   if(waiting < CHAIRS) //判别椅子够不够坐
   {  ++waiting;        //椅子数够坐，则等候的顾客增加 1
      V(customers);     //如果有必要唤醒理发师
      V(mutex);         //离开临界区
      P(barbers);       //如果没有理发师，顾客就坐着等
      一个顾客坐下等待理发;
   }
   else//椅子数不够
   {
      V(mutex);         //离开
   }
}
void  Barber()
{  while(1)
   {  P(customers);     //对顾客数目作 P 操作
      P(mutex);         //进程互斥，主要 waiting 是共享变量
      --waiting;        //等待的顾客数减少 1
      V(barbers);       //理发师准备为一个顾客去理发
      V(mutex);         //离开临界区，对互斥变量作 V 操作
      理发师为顾客理发;
   }
}
```

下面对理发师问题的解法进行简单介绍。在上述算法中，设计了 3 个新信号量：信号量 mutex 是互斥信号量，初值为 1，用来对临界区的互斥访问；barbers 是用来记录正在等候顾客理发的理

发师人数，在本题中，值为0或者1；customers是用来记载除了正在理发的顾客外的所等待理发的顾客人数。除了以上的三个信号量外，设计了一个常量CHAIRS，表示理发店内可以供顾客等待的普通椅子数目；设计了一个变量waiting，用来记载等待理发的顾客人数，在该算法运行过程中，waiting的值与customers相等，但customers是信号量，waiting是整型值。当理发师开始工作时，首先对customers信号量做P操作，如果P操作后customers不小于0，则可以继续运行，对mutex做P操作，如果没有顾客进程在临界区，则理发师可以进入，这时，顾客数waiting减少1，然后对barbers做V操作，对mutex做V操作离开临界区，于是对该顾客进行理发；假如理发师开始检查customers，发现customers经过P操作之后小于0，则理发师在理发椅上睡觉。对于顾客而言，当一个顾客到来时，首先执行进程customers，检测信号量mutex判断能否进入临界区，如能，则判断此时等待人数是否小于椅子数，如果是，则该顾客进入等候，等待人数增加1，对customers做V操作，离开临界区对mutex做V操作，然后对barbers做P操作，测试当前有没有理发师能提供服务，最后该顾客找张椅子坐下，进行等候；假如顾客进入临界区，发现理发店已满，则离开理发店，特别注意的是，离开理发店前一定不能忘了要对mutex做V操作。不同的顾客和理发师对临界区的访问是互斥的。如果有一张椅子可以坐，顾客进程就会增加waiting变量，然后对customers作V操作，这样，理发师和顾客都可以继续。然后顾客释放mutex信号量，这时理发师就有可能获得mutex，理发师将waiting减1后，对barber作V操作，然后释放临界区，最后对顾客进行理发；顾客理完发，就离开理发店。

对于理发师问题，读者请思考两个问题：①为什么要设置一个waiting变量来记载顾客的人数？②在该算法中，为什么理发师的进程中用循环，而顾客进程中没有用循环？

2.7.3　进程互斥和同步的关系

进程同步和互斥是并发进程间的两种重要关系，进程互斥反映了进程间的竞争关系，进程同步反映了进程间的协作关系。从以上对进程互斥和同步的分析和讨论中，可以看出进程互斥是一种特殊的进程同步。例如，进程的互斥是进程之间对临界区的一种排他访问，当有一个进程在临界区时，其他进程不允许进入临界区，也可以这样看，当在临界区中的进程完成任务离开临界区时，该进程归还了“临界资源”后，该进程通过V操作唤醒了其他等待进入临界区的进程，被唤醒的进程可以进入临界区，因此，互斥的进程也是存在一个进程依赖于另一个进程发出的消息而形成的一种制约与协作关系。因此，互斥是一种特殊的同步，进程互斥和同步可以简称为同步，用来解决进程同步的方法和手段称为进程同步机制。进程同步机制有很多，主要有PV操作和信号量、管程以及消息传递等。

进程互斥和进程同步也具有一些内在的不同。例如，当一个临界区是空闲的，进程互斥条件下，进程就可以立即进入临界区去使用临界资源，而在进程同步环境下，当没有进程在共享资源中时，进程就不一定能够使用该共享资源，例如在生产者/消费者问题中，当生产者没有生产产品时，消费者就不能消费产品，即使这时共享资源只有消费者一个进程在使用。

进程同步是操作系统内进程间的一种普遍而重要的关系。除了进程同步外，进程之间还需要通信。进程同步与进程通信是并发进程之间交互的两个基本要求。关于进程通信，在后面会讲到。进程同步机制也是一种进程通信的手段。

2.8 管程

2.8.1 管程的概念

信号量和 PV 操作是一种有效、简单易用的进程同步机制，得到了广泛的应用。但是，信号量机制有两个重要的缺陷，一是在该机制中，P、V 操作的使用是分散在各个进程之中，很不利于对临界资源的统一管理；另一个缺点更严重，就是 P、V 操作原语的使用需要十分小心，假如一个程序员粗心或马虎，就会出现不可理解的结果，甚至发生死锁。关于这两点缺陷，读者应该很有体会。因为在讲解前面各种例题时，确实发现，P、V 操作是分散在各个进程中，特别是在飞机联机售票系统和生产者/消费者问题中，对于忘记了写 V 操作或 P、V 操作如果写反了的情况下，可能发生的后果都做了分析。因此，我们可以得出结论，信号量机制确实简单有效，但在管理上不那么高效，在使用上不那么安全。假如对临界区或共享资源的管理，能够集中统一，并且对共享资源访问的操作也不是像 PV 操作那样由程序员自由使用的话，那么就会更好地编写出并发环境下的正确的程序。

为此，汉森（Brinch Hansen）和 Hoare（霍尔）于 1974 年和 1975 年首先提出了一种崭新的进程同步机制即管程。

管程（Monitor）的基本思路是：将分散在各个进程中的临界区集中起来进行统一控制和管理，并且将系统中的共享资源用数据结构抽象地描述出来。然后对临界区的访问通过“管程”进行统一管理。所谓管程，就是由若干个数据结构、变量以及方法（函数）所组织成的一种特殊的结构，它的形式表现为一种特殊的模块或软件包。进程可以使用管程中的方法，但是不允许直接使用管程中的内部数据结构，管程内部定义的数据结构只可以由它内部所定义的方法（函数）直接访问。

通过以上管程的思路和定义，可以粗略地打个比方，信号量机制与管程机制，从思想上看，有点像面向过程的程序设计与面向对象的程序设计之间的关系。管程机制的思想有点面向对象程序设计（OOP）的味道。

管程有一个至关重要的特性，就是对于管程，在任一时刻，只能允许最多一个进程在管程内活动，其他想进入管程的进程必须等待。这是管程的重要特性——互斥性。并且管程的这一特性，是由管程的编译器实现的，而不需要程序员来实现，这样就大大降低发生错误的可能性，因此，从外观来看，管程的互斥是管程自身的特性，比信号量机制更加安全，使用起来更方便。

管程机制是从信号量机制发展而来的，二者具有相同的表达能力，关于这一问题，后面章节会有论述。但是，从实现角度来看，管程机制的实现要比信号量和 PV 操作机制要困难很多。这是因为管程是一种程序设计语言成分或结构，必须有专用的编译器才能够识别，对于一个程序语言，如果需要支持管程，就必须重写该语言的编译器；而对于信号量和 PV 机制而言，假如一个程序语言不支持信号量和 PV 操作概念，那么只需要写两个系统调用级的 P、V 操作即可，PV 操作的实现，内部很简单，只需要开始时关中断，结束时开中断即可。这样，程序语言的编译器可以不做任何改动。正因为如此，目前支持信号量机制的软件系统很多，在进程同步中得到广泛应用，而管程机制则要求开发新的程序语言，相对来说，应用受到限制，现在 Java 等语言已经实现了管程的概念和机制。相信未来，管程机制在进程同步中会得到更广泛的应用。

2.8.2　管程的特点及其组成

管程是实现进程互斥的一种重要手段，管程具有以下三个特性。

（1）互斥性：这是管程的一个重要特性。该特性表明，任何时刻只能最多有一个进程进入管程活动，其他想进入的进程必须等待。管程是程序设计语言的一个成分或结构，因此，在支持管程的编译器环境下，管程的互斥是管程的固有特性，应用程序员可以直接利用该特性。

（2）安全性：管程中的局部变量只能由该管程的方法或函数来访问，其他进程或管程是不能够对该局部变量进行直接访问；一个管程中的方法或函数也不允许访问非局部于它的变量。

（3）共享性：管程中的特定的方法或函数可以被其他管程或进程访问，这样的方法或函数，在管程内有特殊说明。

现代操作系统中进程、线程和管程是三个重要的概念。进程和线程的比较在前述章节已做过比较，下面对进程和管程做个比较，以深刻理解这三个重要概念。管程是程序语言的成分或结构，依赖于编译器，不必创建或撤销；而进程是动态的生命实体，需要创建和撤销。

（1）管程提出的一个目标就是将跟共享资源相关的同步操作统一管理，而跟共享资源相关的临界区是分散在各个进程代码之中。

（2）管程是为了安全高效实现进程同步而引入的概念和机制，而进程是为了实现资源分配和保护而引入的概念。

（3）管程定义的是公共的数据结构，由各个进程在互斥下共享，而进程定义的是私有的数据结构，只能由本进程进行访问。

（4）管程是由对应的进程所调用，管程与调用它的进程是不能并发工作，而进程具有并发性，可以并行执行。

需要注意的是，以上比较有点牵强。管程和进程在中文中都有个“程”字，似乎有很多联系，总希望比较一下。实际上，管程的术语是 Monitor，进程的术语是 Process，二者的提出背景、意义和使用环境都有很大的不同，严格来说，不是一个层面的概念，是不适合拿来做比较的。

为了对管程有一个直观和深入的了解，下面给出管程的一般结构：

```
struct Monitor {
    管程内部的变量说明;
    condition  条件变量列表;
    define  函数或方法;
    use    函数或方法;
    void  函数名() {}
    …
    void  函数名() {}
    void init(){
      对管程中的局部变量进行初始化;
    }
};
```

从以上可以看出，管程的结构是类似于 C 语言的结构体的一种结构（实际上，更像现在面向对象程序设计中的类 class）。在管程内部，有属于管程的局部变量列表，也有 define 定义的函数或方法，这类方法可以被进程或其他管程使用，没有被 define 定义的方法只能在管程内部使用；在管程中要引用外部的方法或函数，需要用 use 说明。由 define 定义的函数以及管程内使用的函数必须在管程内部予以实现。在管程中，有一类特殊的变量称为条件变量，即 condition 变量。理解 condition 变量对理解管程的工作过程具有重要作用。

为什么要引入条件变量？这是因为管程的访问具有互斥性，管程必须要解决进程由于管程的互斥而不能访问管程然后进行阻塞的问题。为了实现这一点，在管程中引入条件变量，条件变量是管程中的一种特殊的数据结构，在条件变量上有两个相关的操作 wait()和 signal()。wait()操作和 signal()操作都是原语，执行中不可被中断。当一个管程中的函数发现无法运行下去的时候，就在对应的条件变量上作 wait()操作，于是该进程阻塞，这时可以允许原来被禁止进入此管程的另一个进程进入管程执行。另一个进程可以通过在同一个条件变量上执行 signal()操作来唤醒阻塞进程。条件变量也是一种信号量，但条件变量不同于 PV 操作和信号量机制中的信号量，条件变量没有数量上的含义，它的作用主要用来维护等待进程队列。一般来说，wait()操作在 signal()操作之前。假如在一个条件变量上执行 signal()操作，而在该条件变量上并没有等待的进程，那么 signal()操作只作了一个空操作，signal()上的信号丢失，这个信号是不进行积累的。

有了 wait()原语和 signal()原语，执行 wait()原语的进程被阻塞，同时开放管程；执行 signal()原语，唤醒在对应条件变量上的进程。但是，这样就会导致一个问题。例如，当一个进程在管程中时，执行了 signal()操作，这样被唤醒的进程就有可能进入管程，这样就有可能有两个进程同时在管程中活动，而管程是必须互斥访问的，这显然破坏了管程的互斥特性。为了避免这种错误现象的发生，可以采用两种方式来解决这个问题。一种是 Hoare 提出的方法，Hoare 认为被唤醒的进程应该立即退出管程；另一种是 Brinch Hansen 提出的方法，Hansen 从公平性出发，认为应该让执行 signal()操作的进程立即退出管程。Hansen 规定管程中的函数所执行的 signal()原语是函数体的最后一个操作。由于 Hansen 提出的方法较公平，并且简单易行，下面对 Hansen 方法实现管程进行介绍。至于 Hoare 方法实现管程，有兴趣的读者可以参考一下相关书籍。

2.8.3　汉森（Brinch Hansen）方法实现管程

Hansen 提出的方法是从公平性出发，规定管程中的函数所执行的 signal()操作一定是函数体中的最后一个操作，提出应该让执行 signal()操作的进程立即退出管程。Hansen 方法简单易懂好实现。为了对管程进行方便有效的管理，Hansen 提出了 4 个原语，分别是 wait()、signal()、check()、release()。

（1）wait()原语：即等待原语，当一个进程由于自身原因运行不下去了，就执行该原语，从而放开管程，让其他想进入管程的进程能够进入，自己则进入阻塞态。

（2）signal()原语：即发信号原语，一个进程执行了 signal()原语操作后，就会唤醒在相应条件变量上的等待进程队列中的一个进程，该进程就可以进入管程。至于唤醒等待队列中的哪一个进程，则由系统的唤醒策略或算法决定。假如等待队列没有进程，则 signal()操作没有任何影响。在 Hansen 方法中，执行 signal()原语的进程需要立即离开管程。

（3）check()原语：即检查原语。执行这条原语，假如管程可用，则该进程进入管程，同时将管程关闭；假如执行这条原语，管程是不可用的，那么执行这条原语的进程就进入等待调用状态。

（4）release()原语：即释放原语。当执行了这一条原语的进程，此时没有其他进入管程并且不处于阻塞态的进程，那么在有等待调用状态的进程时，就唤醒一个等待调用状态进程；假如没有等待调用状态的进程时，就将管程开放。

对于上面 4 个原语的理解，要注意阻塞态和等待调用态的区别。以上 4 个原语中，wait()原语和 signal()原语跟前面介绍的一致。check()原语和 release()原语是 Hansen 方法中用来实现管程互斥调用的。有了这两个原语，Hansen 方法下的管程互斥可以简单实现，并且形式一致。进入管程前，执行 check()原语，关闭管程；离开管程时，执行 release()原语，开放管程。

2.8.4　汉森方法实现管程的实例

下面以两个例题，来说明 Hansen 方法下利用管程来解决进程同步的方法和思路。

1. 用管程来解决生产者/消费者问题

我们在 PV 操作和信号量机制中对生产者/消费者问题进行了循序渐进的分析和解决。下面用管程机制来解决有 m 个生产者、r 个消费者、n 个缓冲器的生产者/消费者问题。

（1）设计管程

```
Struct Monitor
{
  condition   NF,NE;
  int Buffer[n];
  int k=0,t=0,count=0;
  define  Add(int),Remove(int);
  use wait(),signal(),check(),release();
  void init()         //初始化局部变量和条件变量
  {
  count=0;k=0;t=0;NF=0;NE=0;
  }
  void Add(int i)
  {
    check();
    if(count==n) wait(NF);
    b[k]=i;
    k=(k+1)%n;
    count++;
    signal(NE);
    release();
 }
void Remove(int &i)
    {
    check();
    if(count==0) wait(NE);
    i=b[t];
    t=(t+1)%n;
    count--;
    signal(NF);
    release();
 }
}
```

（2）设计生产者和消费者进程代码

```
        //下面的生产者、消费者进程并发执行
process  produceri()//i=1,2,…,m
{
   int x;
   x=产生一个整数;
   Add(x);
}
process  consumerj()//j=1,2,…,r
{
   int x;
   Remove(x);
   消费该产品x（整数);
 }
```

有了信号量和 PV 机制以及管程的特点，理解该算法并不难。管程在解决进程同步问题时，先设计管程，然后通过该管程来设计并发进程。通过生产者/消费者问题的管程解法，可以体会出管程的安全、高效。

2. 用管程来解决优先写者的读者/写者问题

我们在 PV 操作和信号量机制中解决了优先读者的读者/写者问题。下面用管程机制来解决优先写者的读者/写者问题。优先写者的读者/写者问题的要求是：读者共享；写者互斥；有读者在读，写者不可写；写者在写，读者不可读；当读者在读时，写者提出写的要求，后面的读者就不允许进入读文件；当里面的读者读完后，由写者进入写；当写者写完后，优先唤醒等待的写者，如果没有写者等待，才唤醒等待的读者进行读。

解决该问题的管程代码的类 C 语言算法如下。

（1）设计管程

```
   struct Monitor
{  condition  RR,WW;
   int ReaderCnt,WriterCnt;
   define  StartRead,EndRead,StartWrite,EndWrite;
   use wait,signal,check, release;
   void StartRead()
   {  check();
      if(WriterCnt>0)
  wait(RR);
         ReaderCnt++;
         signal(RR);
         release();
  }
  void EndRead()
  {  check();
     ReaderCnt--;
```

```
        if(ReaderCnt==0) signal(WW);
        release();
      }
      void  StartWrite()
      { check();
        WriterCnt++;
        if(ReadCnt>0 || WriterCnt>1) wait(WW);
        release();
      }
      void  EndWrite()
      { check();
        WriterCnt--;
        if(WriterCnt>0) signal(WW);
        else
          signal(RR);;
        release();
      }
      void init()//该功能可以通过当前的面向对象程序设计的构造函数（方法）来实现
      {  ReaderCnt=0;WriterCnt=0;RR=0;WW=0;
      }
   };
   Monitor ReaderWriter;
```

（2）设计读者与写者的进程代码

```
   //下列进程并发执行
   process  reader()
   {  ReadWriter.StartRead();
      读文件;
      ReadWriter.EndRead();
   }
   process  writer()
   {  ReadWriter.StartWrite();
      写文件;
      ReadWriter.EndWrite();
   }
```

以上算法有了信号量机制和以前对读者/写者（优先读者）的算法为基础，以及管程机制的特点和基本思路，理解起来不难。但通过对优先写者的读者/写者问题的解决，可以看出管程解决问题很“规整”，当管程设计好后，读者、写者进程形式非常简单，并且写法形式上很一致。因此，管程比信号量与 P V 操作机制要更“高级”一点，并且更加安全、可靠。

思考：在生产者/消费者问题中，管程内写有两个函数即 Add()和 Remove()，而在读者/写者问题的管程中，管程内写有 4 个函数即 StartRead()、EndRead()、StartWrite()和 EndWrite()，为什么？

2.9 进程通信

并发进程在执行过程中，不仅会发生进程的互斥和同步的关系（可以统称为进程同步），也会需要进行进程间的通信。进程通信就是指并发进程在运行过程中，相关进程之间交流信息。从这一定义可以看出，进程同步也是一种进程通信方式，前面介绍的进程同步机制如信号量机制和管程机制都可以看做是进程间通信的手段。但是信号量机制和管程机制的通信量很小，不适合进程间传递大量的信息，因此，将进程同步机制称为低级通信方式，该种方式主要协调进程间的执行速度；而将交换大量信息的方式称为高级通信方式。

信号量机制和管程机制除了交换的信息量较少这一缺点外，还有一个重要的缺点。信号量机制和管程机制的实现都是通过共享存储器来实现的，如信号量、管程中的条件变量等都是存储在共享缓冲区中的共享变量。但是，在网络环境或分布式环境下，基于共享存储器方式的信号量和管程机制就不能使用，这就需要实现新的通信原语和手段来实现进程（可能在同一机器或不同机器）之间的数据交换。

进程的高级通信方式的目的主要是为了交换信息，而不是协调进程的推进速度。以下主要讨论进程的高级通信，简称进程通信。进程通信的方式主要有三种：管道文件通信方式、共享存储器方式和消息传递方式。

（1）管道文件通信方式：管道文件是连接两个命令的一个打开文件。一个命令向该管道文件写入数据，另一个文件从该管道文件读出数据。该管道文件成为两个命令交换信息的桥梁。在UNIX操作系统中，在命令级的管道机制具有很强大的功能。

（2）共享存储器方式：在内存区域开辟一个共享存储区，需要交换信息的进程将该共享存储区纳入到进程自己的地址空间中去，这样进程之间通信成为可能，当不需要进行通信时就把该共享存储器取消。

（3）消息传递方式：该方式以消息为单位在各个进程之间进行信息交换。

当前的操作系统以及网络系统中，消息传递方式得到了广泛的使用。实际上，管道方式也可以看做是消息传递方式的一种变种。消息传递方式实现进程间的通信，不仅可以传递大量信息，而且该种方式下，不仅可以使用在本计算机系统的共享存储器中，还可以使用在分布式的非共享存储器环境。并且，从使用上看，在分布式环境下的消息传递机制，使用起来就像在本机上一样简单。

管程、信号量以及消息传递这三种进程通信的手段和机制，它们的功能是等价的，具有同样的表达能力。管程是属于程序语言结构成分，要支持管程，需要对程序语言做改进和扩充，但是消息传递和信号量机制一样，是系统调用级的功能，只要适当设计出消息传递原语，就可以在不改变编译器的情况下，实现出消息传递机制。

下面对消息传递机制进行介绍和分析。

2.9.1 消息传递概述

消息传递是以消息为单位进行进程间通信的一种手段。消息是由一组信息组成的集合，包括消息头和消息体。消息传递的实现需要通过两个原语 Send()和 Receive()，Send()负责发送消息，Receive()负责接收消息，当没有消息可接收时，接收的进程进入等待状态，直到有消息到达可用为止。可见消息传递不仅具有信息交换功能，同时也具有进程同步能力。

由于消息传递机制不仅使用在共享存储器中，也可以使用在分布式的非共享存储器中。因此，消息传递在实现上需要考虑到网络中信息传播的特点。例如，网络通信中需要通过确认机制、重传机制、防重复接收机制等，防重复接收可以通过对消息进行编号来解决。除此以外，还要考虑到消息寻址问题，消息要指出来自哪一个进程，现在常用的方法是采用这种格式来表示进程：进程名.机器名.域名，该格式指出了网络中的某个域下的某个主机下的某个进程。除此以外，在网络的消息传递中还要考虑安全性问题，如假冒等，这需要通过加密解密机制、数字签名、数字认证等技术来解决，此问题不予讨论，有兴趣的读者可以参考相关书籍。消息传递中进程通信的数据量较大，需要在性能上进行设计和优化。

当前 Windows 系统的 RPC（远程过程调用）、Java 系统的 RMI（远程方法调用）、UNIX 系统的管道机制以及 UNIX 和 Windows 上广泛使用的 Socket 通信机制等，都是消息传递的应用。现在，使用消息传递，甚至就像在本机使用系统调用一样简单。

2.9.2 消息传递的两种方式

消息传递机制现在广泛使用，但常用的有两种方式，下面进行介绍。

1. 直接消息传递方式

这种方式下，通信双方直接进行信息交换，这样，每个进程在发送或接收消息时，需要指出消息往哪儿发送或消息从哪儿接收。这种方式下的 Send()原语和 Receive()原语格式如下：

`Send(Target,Message);//`将消息 `Message` 发送给目标进程

`Receive(Source,&Message);//`从源进程 `Source` 处接收一个消息，存入 `Message`，如果 `source` 没有给出，表示接收进程只管接收消息，不关心消息从何而来

直接消息传递方式下，由于没有采用缓冲机制，该种方式的通信过程是：假如发送进程先进行发送，执行 Send()原语，则发送进程阻塞，直到接收进程执行了 Receive()原语进行了接收，这样接收进程才将发送进程发送的消息接收下来，中间没有缓冲；假如接收进程先执行 Receive()原语调用，于是接收进程阻塞，直到发送进程执行了 Send()原语。可见，这种方式虽然简单，但由于没有缓冲，发送进程和接收进程必须交替、步步紧接地运行，因此，这种方式缺乏灵活性。通常，将直接消息传递的这种无缓冲的通信方法称为会合（Rendezvous）。

2. 采用信箱的消息传递方式

采用信箱的消息传递方式是一种间接的通信方式。通信的双方通过信箱来交流信息，从而避免了直接通信方式下通信双方必须以会合的方式进行。采用信箱通信方式的 Send()原语和 Receive()原语的形式如下：

```
Send(MailBox,Message)
```

其中，MailBox 是信箱，具有一定的结构。该原语表示将信件 Message（消息）发送到信箱 MailBox 中去，具体过程是：首先检查指定的信箱 MailBox，如果信箱已经满了，不能够再存放新的信件，则发送信件的进程被阻塞，进入“等待发信件”状态；假如信箱没有满，则将信件 Message 存入信箱内，如果有进程在等待信箱 MailBox 中的信件，则将等待取信件的进程唤醒。

```
Receive(MailBox,&Message)
```

其中，MailBox 是信箱，该原语的执行过程是：首先检查信箱 MailBox，如果信箱中有信，就取出信件存放到 Message 中，假如这时有进程在等待将信件存入信箱 MailBox 中，则将该等待发

信件进程唤醒；如果信箱 MailBox 中没有信件，则该接收进程被阻塞，进入“等待取信件”状态。

上面两个进程都是通过信箱来交换信息的。信箱具有一定的结构，为了管理的方便，信箱的结构可以设计成如图 2-9 所示的形式。

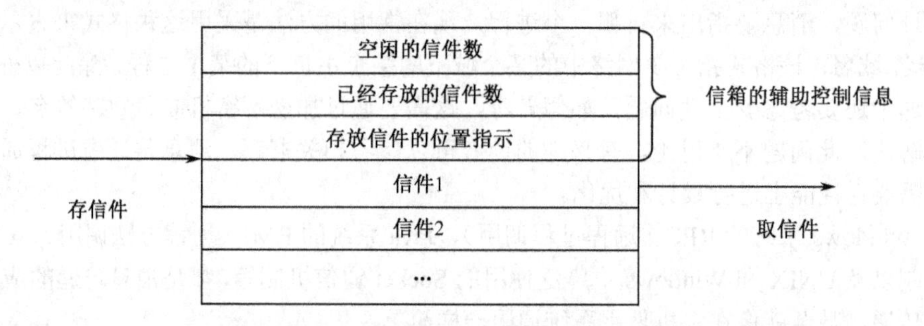

图 2-9　一种信箱的结构示意图

从图 2-9 可以看出，信箱由信箱辅助控制信息和存放的信件两部分组成。信箱的辅助信息有信箱的空闲数、可用的信件数以及存放新信件的位置指示三部分内容，这样，一个进程很容易知道当前的信箱是否已满或是否已空状态，当发送进程判断信箱有空闲可以存放信件时，可以方便地找到存放信件的位置。如果是取信件，首先判断已经存放的信件数是否大于 0，如果是，则可以取信。为了操作方便，从信箱取信总是取第一封信，然后信箱下面的信件依次上移。

有了上面的介绍，信箱以及 Send()和 Receive()原语的类 C 语言代码如下：

```
typedef int Semaphore;
struct MailBox
{
    int available;                  //信箱空闲大小
    int count;                      //信箱中的可用信件数
    int pos;                        //信箱的位置指示
    Message mail[available+count];  //信箱的总的信件空间
    Semaphore s1,s2;                //用于等待发送信件和接收信件的信号量
};
void Send(MailBox  &mb,Message m)
{
   int i;
   if(mb.available==0) wait(mb.s1); //如果发送进程信箱没有空间，则等待
   mb.available--;                  //可用空间减 1
   mb.count++;                      //信件数增加 1
   pos=mb.count;                    //pos 是存放信件指示
   mail[pos]=m;                     //将信件存入信箱对应位置
   Revoke(mb.s2);                   //唤醒等待取信件的进程
}
void  Receive(MailBox &mb,Message  &m)
{
    int i;
    if(mb.count==0) wait(mb.s2);    //如果没信件可取，则接收进程等待
    mb.count--;//信件数减少 1
```

```
        mb.available++;                      //可用存放信件的空间增加 1
        m=mb.mail[0];                        //取出第 0 封信
        for(i=0;i<mb.count;i++)              //如果有信件，则信件上移
          mb.mail[i]=mb.mail[i+1];
        Revoke(mb.s1);                       //唤醒等待发信件的进程
    }
```

以上算法读者借助注释，不难理解。

2.9.3　消息传递应用举例

消息传递是一种重要的进程通信方式。为了对消息传递有所理解，下面举一个例题，用带有信箱的消息传递方式来解决生产者/消费者问题。

```
const  int BufferSize=10;
int i;
void init()
{ 创建生产者进程使用的信箱 MailBoxP;
  创建消费者进程使用的信箱 MailBoxC;
}
void Producer()
{  Message mp;
   while(1)
   {
      生产者生产一个产品放到 mp 中;
      Receive(MailBoxP,mp);
      通过收到的 mp 构造一信件，放到 mp 中;
      Send(MailBoxC,mp);
      }
}
void Comsumer()
{
  Message mc;
  for(i=0;i<BufferSize;i++)
     Send(MailBoxP,NULL);
   while(1)
   {
     Receive(MailBoxC,mc);
     对收到的消息进行解析;
     Send(MailBoxP,NULL);
     对信件 mc 进行处理（消费);
   }
}
void main()
{
  init();//构造信箱
```

```
        //下面的两个进程并发执行
        Producer();
        Consumer();
    }
```

下面对上述算法进行简单分析。算法中假定所有的消息长度相等。开始时，首先由消费者发送给生产者 BufferSize 个空消息。如果生产者需要将生产的产品发送给消费者的话，生产者就接收一个空消息，将产品填入该空消息中，再发给消费者。当生产者的速度较快时，这样就有可能所有的消息都被填入了产品，因此，生产者在接收新的空消息时被阻塞，直到消费者接收了一个消息后再回送一个空消息为止；假如消费者较快，所有的消息均为空，消费者被阻塞，直到生产者将产品填入消息发送过来为止。

对于该算法，由消费者发送 BufferSize 个空消息的工作也可以放在 init()函数中，作为最后一条语句。在该算法中，采用了大小为 BufferSize 的生产者和消费者信箱。使用信箱具有很好的缓冲作用。信箱中存放的总是发送者已经发送，但消费者还没有接收的消息。

2.9.4 信号量机制、管程和消息传递机制的关系

信号量机制、管程和消息传递机制的关系，这里简要给出结论，不做详细分析，有兴趣的学生课后自己完成。

信号量与管程的功能是等价的：可以用信号量实现管程，也可以用管程实现信号量。

消息传递与管程的功能是等价的：可以用消息传递实现管程，也可以用管程实现消息传递。

信号量与消息传递的功能是等价的：可以用信号量实现消息传递，也可以用消息传递实现信号量。

2.10 死锁

死锁是并发进程必须解决的又一个重要问题。死锁的概念最早由 Dijkstra 于 1965 年首先提出。死锁是由于系统中的进程不断推进，而形成的一种互相等待、停滞不前的状态。这种现象我们并不陌生。在讲解信号量和 PV 操作时，在分析飞机联机自动售票系统以及生产者/消费者问题时，当时就指出如果程序员马虎或粗心，就会出现进程之间的永久等待，实际上，这种永久等待就是死锁。死锁在日常生活中，也有不少例子，如城市中的交通阻塞；再如，两个人之间约定写信，一人写信，另一人回信，假如有一封信在路上丢失了，则这两个人之间的通信联系就会中断，形成永久等待的局面。本节对死锁从以下几个方面进行介绍。

2.10.1 死锁的定义与产生的原因

所谓死锁（Dead Lock 或 Deadly-Embrace），是两个或两个以上的进程中的每一个进程都在等待其中的另一个进程释放其资源而被阻塞，导致这些进程都无法推进，这种状态就称为死锁状态。处于死锁状态的进程就是死锁进程。

产生死锁的最根本的原因就是资源匮乏，不够使用。假如系统中某类资源有 8 个，共有 3 个进程，每个进程对该类资源最多只需要 2 个，那么这种情况下，永远不会发生死锁；假如系统某类资源共有 8 个，共有 5 个资源使用，每个资源最多需要使用 3 个，那么就可能会发生死锁；假如某个资源共有 2 个，有两个进程使用，每个进程至少需要 3 个这样的资源才能完成，这种情况

下，系统的状态不叫死锁状态，因为无论如何分配，任何一个进程都不能完成，这种情况不是死锁讨论的问题，这属于不可解问题，有点“无理取闹”的味道。

那么产生死锁的具体原因有哪几类呢？

1. 同类资源分配不当可能产生死锁

例如，设系统有 5 个资源，由 5 个进程共享，每个进程需要 2 个这类资源可以完成任务。假如这样分配资源，先给每个进程分配 1 个资源，这样资源分配完毕，但每个进程都完不成任务，于是发生了死锁。

2. 进程推进顺序不当会产生死锁

这可以用前面介绍的哲学家问题来举例。例如，假设所有哲学家都同时先拿起左筷子，这样，每个哲学家只有一支筷子，于是死锁；假如设定哲学家拿起左筷子后，发现右筷子不可用，则马上放下，会出现一种小概率事件，就是每个哲学家都同时放下左筷子，等了一会，又同时拿起左筷子。这样每个哲学家都在不断地拿起左筷子、放下左筷子的无用循环，这也发生了死锁。

PV 操作和信号量机制在解决进程互斥和同步时很有效，但 PV 操作不能解决死锁。不恰当的 P 操作次序会导致死锁。

【例 2-10】　有两个进程 P 和 Q，共享两个资源 R1（输入机）和 R2（打印机）采用 PV 操作实现请求和归还后，可能会发生死锁吗？

解答：该问题实际上是两个哲学家就餐问题。该题的 PV 操作解法如下：设计两个信号量 S1、S2，分别代表 R1 和 R2 资源。

```
typedef int Semaphore;
Semaphore s1=1,s2=1;
//下面进程并发执行
process P()                                   process  Q()
{                                             {
  P(S1);                                        P(S2);
  P(S2);                                        P(S1);
  {使用 R1 和 R2 工作};                          {使用 R1 和 R2 工作};
  V(S1);                                        V(S2);
  V(S2);                                        V(S1);
}                                             }
```

为了对上述算法有个好的理解，这里介绍一种进程资源分配图。在进程资源分配图中，进程用圆圈表示，资源用矩形框表示。从资源到进程的箭头表示该资源已经被进程占用，从进程到资源的箭头表示该进程正在申请和等待该资源。对于上面的这种算法，假设进程 P 和 Q 速度相当，则可以用进程资源分配图表示，如图 2-10 所示。

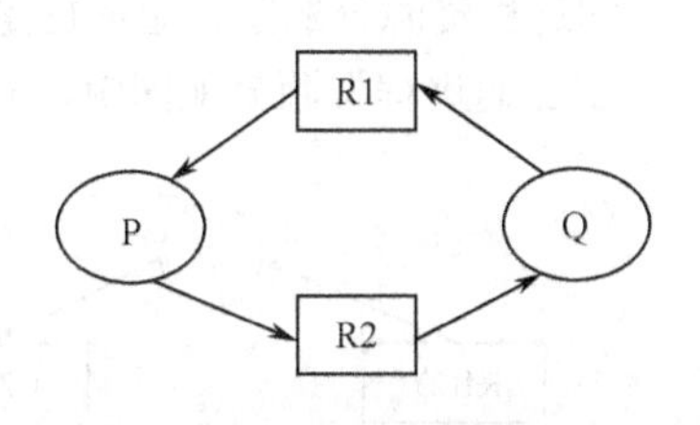

图 2-10　进程资源分配图

从进程资源分配图中可以明显发现，这时，P 占有了 R1，正在申请 R2；而 Q 占用了 R2，正在申请 R1。可见，这时，进程 P 和进程 Q 进入永久等待，处于死锁状态。在本例中，如果将进程 Q 代码中的 P 操作交换一下，就不会发生死锁了。因为，当进程 P 和 Q 中任一个进程申请了 R1 后，另一个进程就不能继续分配，必须等待。

2.10.2 死锁的防止

死锁防止、死锁避免和死锁的检测和解除都是对死锁采取的策略。死锁防止条件最强，系统采取适当措施，使死锁不可能发生；死锁的避免条件稍弱，死锁避免就是每次在进行资源分配时，测试一下系统会不会发生死锁，如果不会，就执行分配；而死锁的检测条件最弱，通过某些方法来测试系统有没有发生死锁，如果发生死锁，就进行解除。

死锁防止的解决方法就是破坏死锁产生的必要条件，这样死锁就不可能发生。1971 年，Coffman 对死锁进行研究，提出了产生死锁的 4 个必要条件，这 4 个必要条件分别如下。

（1）互斥使用资源条件：每一个资源任一时刻只能由一个进程使用，如果进程想申请被其他进程占用的资源，则该进程必须等待。

（2）占有且申请资源条件：一个进程占有了资源还需要申请新的资源。

（3）不可抢夺式分配：一个进程不能从其他进程抢夺资源，一个资源只能由拥有该资源的进程使用完后主动释放。

（4）循环等待条件：必然存在着一个进程循环等待链，链中的每一个进程都在等待它前一个进程所占用的资源。

以上 4 个条件是产生死锁的必要条件。如果能破坏上面 4 个条件中的一个或几个，那么死锁就不会发生。死锁防止就是根据这个思路进行的。破坏第一个必要条件是不现实的，因为一个资源的互斥性质无法改变。下面介绍三种死锁防止的方法。

1. 资源的按序分配

资源的按序分配的思想是：将系统所有资源编号，规定进程申请资源时，总是从编号小的开始，然后再申请编号大的。这种分配策略破坏了死锁产生的第 4 个必要条件，这可以通过反证法很容易得到证明。利用该策略可以解决哲学家就餐问题，对筷子进行编号，规定每个哲学家拿起筷子必须先拿编号小的，然后拿编号大的。实际上，例 2-10 也是采用该策略来防止死锁的。

但是该策略的缺点也是明显的，给资源编号本身就是一项很费时的工作，并且资源的多少也是不断变动的。此外，进程申请使用的资源与系统资源编号往往次序不一致，这样就可能会出现先申请到的资源在相当长的时间内不使用，降低了资源的利用率。

本节对死锁产生的 4 个必要条件进行了分析和介绍。关于死锁的第 4 个必要条件，很多读者可能会想不通，这个条件怎么不是死锁产生的充分条件呢？实际上，当一类资源只有一个时，循环等待是死锁产生的充分必要条件。但如果一类资源有多个资源时，就不一定产生死锁了。请看下列的进程资源分配图。矩形框是资源类，括号中数字是资源个数。

上面的进程资源分配图中，有 4 个进程，分别为 P、Q、R、S，有两类资源 R1 和 R2，各有两个资源。图 2-11 中明显看出存在进程循环等待链，但不会发生死锁。在图 2-11 中，进程 R 申请 R1，但 R1 的两个资源被进程 P 和 Q 占有，进程 P 申请 R2，但 R2 的两个资源已被进程 R 和 S 占有，但是进程 S 和进程 Q 由于得到了所需资源，能够运行结束，然后将所占资源释放，最后进程 R 获得了资源 R1，进程 P 获得了资源 R2，于是所有进程都可以完成任务。因此，该状态虽然存在进程

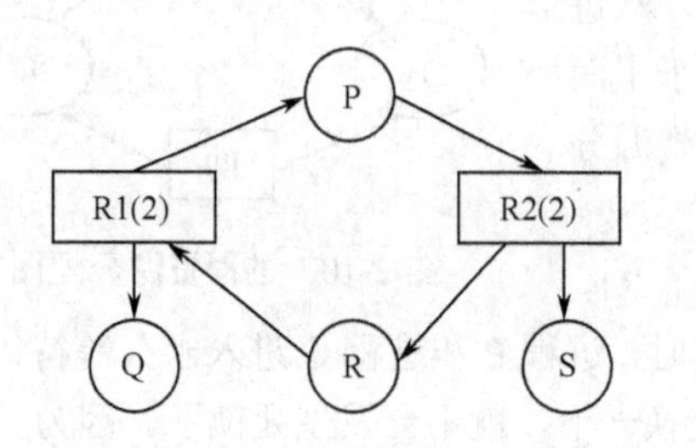

图 2-11 存在循环等待链而不会死锁的示意图

循环等待链，但没有发生死锁。

这里再介绍一下有些操作系统书上称为死锁定理的一个规则。就是对进程资源分配图，找出该图中能够获得所需资源的进程，然后从图中去掉该进程结点和对应的边，将该进程所占有的资源分配给申请它的进程。这样一直继续下去，如果能够将该图中所有的边都去掉，则该图称为可化简的，否则称为不可完全简化的。死锁定理就是：一个进程资源分配图是不可完全简化的，那么就一定发生了死锁。

2. 资源的静态分配

资源的静态分配是指在进程运行之前，就将所需资源分配给它，这样进程在运行的过程中就不会再提出资源申请要求，因此，就不可能发生死锁，因为死锁的第 2 条件、第 4 条件不可能满足了。资源的静态分配使得资源的利用率大大降低，并且一些进程至于需要哪些资源也是不好确定的。

3. 可抢夺式分配

显然这种策略破坏了死锁的第 3 个必要条件。当一个进程申请资源得不到满足，就可以从其他进程那里去抢夺。这种策略只能适用于 CPU 和内存资源的分配，对其他资源不能使用。当一个系统中某个进程由于内存空间不够，无法运行下去，该进程就可以去从别的进程那里去抢夺，然后得到了内存资源就可以运行下去，当该进程运行完毕后，将所有内存资源归还。归还的内存资源就可以分配给被抢夺的进程，让该进程继续运行以完成任务。这样，死锁得到了防止。

2.10.3　死锁的避免与银行家算法

死锁防止通过破坏产生死锁的一个或几个必要条件，使得死锁绝对不可能发生。但是以上各种死锁防止的方法，都存在着严重缺陷，因此在实际系统中很难实现。例如，可抢夺资源目前只能对 CPU 和内存资源适用，资源静态分配法的资源利用率很低，虽然资源有序分配法的资源利用率比静态分配法要好点，但仍然存在资源浪费的情况。因此，除了死锁防止之外，还必须要采取另外的一些方法和措施来对付死锁问题。

死锁避免就是对付死锁的另一种方式。死锁避免就是当系统估计到有可能会产生死锁时，设法避免死锁的发生。显然，死锁避免的条件要比死锁防止弱。系统只要能够掌握并发进程对资源的使用情况，分配资源前先测试系统状态，然后再决定资源分配是否执行。死锁避免中最有名的算法是由 Dijkstra 于 1965 年提出的银行家算法。

1. 银行家算法

银行家算法的模型是基于一个小城镇的银行家，该银行家将一定的资金供多个客户周转使用。当顾客对资金最大申请量不超过银行家的所剩资金时，该客户的要求就可以满足；顾客可以多次借款，但借款总额不能超过该顾客的最大申请量；银行家对顾客的借款可以推迟满足，但使顾客总能在有限的时间内得到借款；当顾客得到他运作的所有资金后，他一定能够在有限时间内将所借资金归还。将银行家算法中的银行家变为操作系统，资金变为资源，则银行家算法是一个典型的并发进程资源分配与释放问题。

要理解银行家算法，需要对下面几个系统状态有所了解。

（1）安全状态：系统的安全状态是指现在的系统资源能够满足当前一个进程的需要，该进程在有限时间内可以运行完毕，归还该资源后，该进程归还的资源以及原来所剩的资源，又可以满足另一个进程的运行需要，然后另一个进程也可以运行完毕，这样剩余的资源又可以分配给另一个进程，这样下去，系统中所有进程都能够在有限时间内运行完毕，那么就称当前系统状态是安全状态。安全状态肯定不是死锁状态。

（2）不安全状态：假如当前系统的可用资源，找不出一种进程申请序列，能够使所有进程都能在有限时间内完成，那么这种状态称为不安全状态。不安全状态不一定是死锁状态，这是因为，并不是所有进程都需要达到最大需求量的资源才能运行完毕。

（3）死锁状态：如果系统的一个进程集合中的每个进程都在等待只能由该进程集合中的另一进程才能引发的事件，这时系统就处于死锁状态。死锁状态肯定是不安全状态。

有了以上三种状态，那么银行家算法的思想可以表述为：当进程申请资源时，系统先试探地将该资源分配给该进程，如果分配后，系统的状态还是安全状态，则执行（Commit）这次分配；如果试探分配后，系统处于不安全状态，则撤销（RollBack）这次分配，回到最近的没有执行这次分配的状态。由于银行家算法每次执行的分配都要保证系统处于安全状态，安全状态肯定不是死锁状态，因此，银行家算法可以避免死锁。

2. 银行家算法应用举例

为了对银行家算法有深刻了解，下面介绍两个例题。一个是多进程单类资源的银行家算法，一个是多进程多类资源的银行家算法，二者没有本质的区别，原理上是一回事的，只不过处理单类资源的银行家算法用的是向量，处理多类资源的银行家算法则用矩阵。

【例 2-11】 假设当前系统有 12 个资源，3 个进程，当前的资源分配如下：

进程	已占有资源数	最大资源需求数	还需资源数
P_1	2	4	2
P_2	2	9	7
P_3	5	10	5
剩余资源数		3	

这时系统还剩 3 个资源，可以满足进程 P_1，进程 P_1 运行结束，释放的 5 个（2+3）资源能够满足进程 P_3，若进程 P_3 结束后，则系统有 10 个资源，可以满足进程 P_2，这样，每一个进程都能够完成，这时系统处于安全状态。

解答：假设这时进程 P_2 申请一个资源，能否分配？先看假设分配后的资源分配情况如下：

进程	已占有资源数	最大资源需求数	还需资源数
P_1	2	4	2
P_2	3	9	6
P_3	5	10	5
剩余资源数		2	

这时系统还剩 2 个资源，这 2 个资源只能满足 P_1 进程的最大需求，假设分配给进程 P_1，当进程 P_1 完成归还资源后，则系统有 4 个可用资源，但这 4 个可用资源已经不能满足进程 P_2 和 P_3 任一个进程的最大需求，所以此时系统处于不安全状态。因此，这时进程 P_2 申请一个资源不能够分配，进程 P_2 必须等待。

【例 2-12】 假设在某系统中有 5 个进程 P_1、P_2、P_3、P_4、P_5，有 4 类资源，进程的最大资源数需求向量和已经分配到的资源向量如下：

进程名（号）	已占有资源	资源最大需求
P_1	(2,0,1,2)	(3,0,2,2)
P_2	(3,2,1,1)	(4,3,1,2)
P_3	(2,2,3,1)	(3,5,5,3)
P_4	(3,3,4,2)	(4,6,7,3)
P_5	(5,1,2,1)	(6,3,4,3)

系统当前可用资源向量为(2,1,2,1)。请完成下列问题：

（1）当前系统是否处于安全状态？

（2）如果进程 P1 发出资源请求(1,0,0,0)，系统能不能将资源分配给它？

（3）如果进程 P4 发出资源请求(1,1,0,0)，系统能不能将资源分配给它？

解答：（1）用进程最大资源需求数减去进程已经分配的资源数，就是进程还需要的资源数。于是得到各个进程还需要的资源向量为：

P_1:(1,0,1,0)，P_2:(1,1,0,1)，P_3:(1,3,2,2)，P_4:(1,3,3,1)，P_5: (1,2,2,2)；而系统的可用资源向量是(2,1,2,1)，这时可以找出如下的进程执行序列（该序列可以不唯一），可以使各进程在有限的时间内顺利执行完毕，因此，当前系统处于安全状态。

进程（假设完成后）	可用资源数
P_1	(4,1,3,3)
P_2	(7,3,4,4)
P_5	(12,4,6,5)
P_4	(15,7,10,7)
P_3	(17,9,13,8)

（2）如果在进程 P_1 发出资源请求(1,0,0,0)后，假设系统将资源分配给进程 P_1，则进程已经分配的资源数为：P_1(3,0,1,2)，P_2(3,2,1,1,)，P_3(2,2,3,1)，P_4(3,3,4,2)，P_5(5,1,2,1)；这时系统可用资源数为(1,1,2,1)。各进程仍需的资源量是 P_1(0,0,1,0)，P_2(1,1,0,1)，P_3(1,3,2,2)，P_4(1,3,3,1)，P_5(1,2,2,2)。可以找到一个进程执行序列能够在有限的时间内完成，因此进程 P_1 的资源请求(1,0,0,1)系统能够满足。

该序列中的一个是：P_2 完成后可用资源(4,3,3,2)，P_1 完成后(7,3,4,4)，P_4 完成后(10,6,8,6)，P_3 完成后(12,8,11,7)，P_5 完成后(17,9,13,8)。

（3）如果进程 P_4 发出资源请求(1,1,1,1)后，假设系统将资源分配给进程 P_4，则进程已经分配的资源数是 P_1(2,0,1,2)，P_2(3,2,1,1,)，P_3(2,2,3,1)，P_4(4,4,6,3)，P_5(5,1,2,1)；这时系统可用资源数是（1,0,1,0）,这时各进程仍需的资源量是 P_1(1,0,1,0)，P_2(1,1,0,1)，P_3(1,3,2,2)，P_4(0,2,2,0)，P_5(1,2,2,2)。这时，剩余的可用资源只能满足 P_1 的最大要求，假设 P_1 完成后，资源是(3,0,2,2)，但是这个可用资源数不能满足其余任意一个进程的最大需求。因此，此时系统处于不安全状态，系统拒绝进程 P_4 的资源请求。

3. 银行家算法的数据结构及算法设计

通过上面对银行家算法的执行过程以及相关例题的介绍，可以设计出银行家算法的数据结构及算法。

（1）银行家算法的数据结构

为了实现银行家算法，系统中必须要设置一些数据结构（向量、矩阵，以数组表示）。为了讨论问题的方便，设一个系统中进程的个数为 N，表示为 P1、P2、…、PN，资源种类为 M，表示为 R1、R2、…、RM。

系统中每种资源的总数 Resource[M]：每个元素 Resource[i]（1=<j<=M）代表系统中该类资源的个数。

当前可用的资源向量 Available[M]：每个元素 Available[M] (1=<j<=M)代表该种资源当前还可以使用的个数。初始值与 Resource 向量相等，随着进程对资源的分配与回收不断改变。

最大需求矩阵 Claim[N][M]：每个元素 Claim[i][j](1=<i<=N,1=<j<=M)表示进程 Pi 对资源 Rj 的最大需求，这个矩阵信息根据需要必须事先设定。

已分配矩阵 Allocation[N][M]：每个元素 Allocation[i][j] (1=<i<=N,1=<j<=M)表示进程 Pi 已得到资源 Rj 的个数。

尚需资源矩阵 Need[N][N]：每个元素 Need[i][j] (1=<i<=N,1=<j<=M)表示进程 Pi 还需要资源 Rj 的个数。矩阵可以从最大需求矩阵 Claim[N][M]和已分配矩阵 Claim[N][M]导出，即 Need[i][j]=Claim[i][j]-Allocation[i][j]；为了处理方便，设置尚需资源矩阵 Need。

（2）银行家算法设计

在系统工作过程中，进程不断对资源进程申请。设进程 Pi 的请求向量为 Requesti[M]。根据银行家算法（资源分配拒绝法）的思想，系统按如下步骤进行检查。

① 若 Requesti>=Need[i]，即进程 Pi 的请求超过了该进程所需要的资源最大值，则发生错误，此次申请无效；否则，继续执行。

② 若 Requesti>=Available[i]，即进程 Pi 的当前请求超出了当前系统中能够使用的最大资源向量 Available[i]，则发生错误，此次申请不能满足，该进程必须等待；否则继续执行。

③ 系统对进程 Pi 的申请进行试探性分配，即假设分配后的情况，对相关数据结构中的数值进行调整。

当前系统的可用资源会减少，即：

```
Available-=Requesti
```

当前进程 Pi 的已分配资源会增加，即：

```
Allocation[i]+=Requesti
```

当前进程尚需资源会减少，即：

```
Need[i]-=Requesti
```

④ 经过步骤③的资源试探性分配，对系统的当前状态进行安全性检查。若此时系统处于安全状态，则这次试探性分配可以进行，就完成此次分配（“提交”，commit）；若此时系统处于不安全状态，就撤销这次试探性分配，系统恢复到该次试探性分配前的安全状态（“回卷”，rollback），进程 Pi 进入等待态。

上述银行家算法执行的 4 个步骤中，步骤④的系统安全性检查还需要进一步细化，这也是银行家算法的核心所在，也是银行家算法比较耗时的部分，也是值得优化的部分。

安全性检查算法步骤如下。

① 定义一个工作向量 CurrentAvailable[M]，该向量的值初始化为 Availbale[M]向量的值，表示系统在有可能进程成功运行完成后假设释放的资源累计。

定义一个进程集合 ProcessSet，初始化为所有的进程，即 ProcessSet={P1，P2,…，PN}。

② 在进程集合 ProcessSet 查找是否有这样的进程 Pi，满足 Need[i]<= CurrentAvailable。若找不到这样的 Pi，则转步骤④；若找到，则继续执行步骤③。

③ 当进程 Pi 获得资源后继续执行，早晚会完成而释放它所占用的资源，这些资源又会被其他进程所用，即 CurrentAvailable+=Allocation[i]；此时 Pi 可以假设完成从进程集合 ProcessSet 删去，即 ProcessSet-=Pi。

④ 若 ProcessSet 是空集，返回安全状态（safe）；否则返回不安全状态（unsafe)。

该安全性检查算法明显可以看出需要大量的通路测试与试探，时间复杂度还是比较高的，可以借助于离散数学和数据结构中的图论对时间复杂度予以降低。

有了以上对银行家算法数据结构及算法过程的描述，相信读者可以画出程序设计流程图并用 C/C++、Java 等程序设计语言进行实现。

银行家算法从理论上看，对死锁避免很有效，但银行家算法有一个很重要的缺点，就是系统必须要知道一个进程最大的资源需求量，这一点往往很不现实，此外，银行家算法在执行过程中要对资源进行频繁的请求、拒绝试探，大大降低系统的效率，因此，银行家算法在实际系统中的使用很受限制，要权衡利弊。

2.10.4 死锁的检测与解除

死锁的鸵鸟策略是一种对死锁不采取任何措施的方法，该方法认为，死锁毕竟是一种小概率事件，如果采取死锁的防患措施，可能要花费较高的代价或用户在方便性上受到影响。因此，采用鸵鸟策略的系统当死锁发生时，对待该死锁就像鸵鸟遇到危险时将头埋入沙滩一样装作没看见。早期的 UNIX 系统就采用了这种方式。

采用死锁防止和死锁避免，有时并不现实，因此在有的系统中还采用一种方式来处理死锁，即死锁的检测和解除。

1. 死锁的检测

死锁的检测是监视系统的资源和进程，找出是否有死锁存在。当系统发生了资源申请或资源分配后，进程资源分配图就发生了改变，这时就需要对进程资源分配图进行检测，可以检测该图中是否存在进程循环等待链，如果存在，则说明可能发生了死锁；再如，如果系统中存在长时间被阻塞的进程，也可能是产生了死锁。死锁的检测程序需要定期经常运行，可能会影响系统效率，因此，死锁的检测频率应该要考虑系统的效率。

2. 死锁的解除

发生了死锁，系统检测到后，就予以解除。一般常用的死锁解除有以下方法。

（1）进程撤销法

撤销所有死锁进程，但被撤销的进程前面所做的工作作废了，这种方式代价较大。常用的进程撤销手段可以采用一种叫做“最小代价撤销法”，也就是在撤销进程时总是选择代价最小的进程予以撤销，不断进行。代价小的进程往往与进程的优先级、进程运行的时间等因素有关。可以将占用 CPU 时间最少、预计剩余执行时间最长的、优先级最低的、产生输出最少的、分得的资源数量最少的进程往往被认为代价最小的进程，应先予以撤销。

（2）进程回退法

在系统中设定一个检查点（Checkpoint)，当发生死锁时，让所有进程回退，直到将所有死锁解除。

（3）进程挂起法

将处于死锁状态的进程暂时挂起，并剥夺它们所占有的系统资源，然后解除死锁，当系统的可用资源充裕时，再将被挂起的进程激活，继续运行。

（4）系统重启法

就是将操作系统重启。该方法能够解除系统所有死锁，但该种方法使当前执行的结果未保存的全部作废，损失最大，应该慎重。

死锁防止、死锁避免和死锁检测与解除，它们的条件不断减弱，它们各有优点和缺点，在实际系统中，根据实际需要选择一种合适的策略，也可以将这三种策略结合起来使用。由于死锁的这三种解决办法在实际工作中都会花一定的时间和代价去处理，而死锁并不是经常发生，在有些系统中若死锁发生的频率很低的话，甚至对死锁可以采取“鸵鸟策略”进行，即当死锁发生时，系统就像鸵鸟遇到危险时，将头埋进沙堆里，对死锁不进行处理，这样可以降低对死锁进行处理的频繁且高昂的代价。

本章小结

CPU 是计算机系统中最宝贵的资源。CPU 管理及并发进程是操作系统最重要的功能。

多道程序设计技术的发展是操作系统形成的标志。多道程序设计技术的优点是：降低了作业平均周转时间，提高了 CPU、主存和 I/O 设备的利用率，增加了系统的吞吐率（单位时间内完成的作业个数），使得 CPU 与外围设备的并行性得以提高；缺点是对于某个作业而言，该作业的周转时间会被延长（最好的状态是该作业申请资源都能立即满足，这时的周转时间没被延长，但这种情况在多道程序设计中极为少见）。

进程是操作系统中最基本、最重要的概念。进程是程序在某个数据集上的一次执行，传统进程既是资源分配与保护的单位，也是执行的单位。程序与进程既有联系，也有区别。程序与进程最本质的区别是：静态性和动态性的区别。进程有 6 个属性：并发性、独立性、结构性、动态性、制约性和共享性。为了提高进程执行的效率，降低传统进程的负担，现代操作系统中将进程中执行的功能改由线程完成，这样就形成的多线程（两个线程以上）的概念，而进程仍然保留对资源的分配与保护功能。

进程的基本状态有运行态、就绪态和等待态，它们之间的转换关系构成进程的三态模型；若增加两种过渡状态：新建态和终止态，则会形成进程的五态模型。当主存空间很紧张等情况发生时，为了提高系统效率，会将当前暂不运行的进程换出到辅助存储器中，需要的时候再把它们调进来，这就是进程的挂起与激活。

进程实体及支持进程运行的环境称为进程上下文（Context），有系统级上下文、用户级上下文和寄存器上下文。进程的组成构成进程的映像，包括进程控制块、进程程序块、进程数据块以及堆栈（系统堆栈和用户堆栈）。

进程控制块（PCB）是进程存在的唯一标志，是操作系统管理和控制进程的依据。进程控制块包括标识信息、描述信息、现场信息和管理信息。为了管理方便，将进程控制块构成进程队列，根据进程状态以及原因不同，可以构成就绪进程队列以及等待进程队列。

进程控制通过原语进行。进程控制原语有进程创建、进程终止、进程撤销、进程阻塞、进程唤醒、进程挂起、进程激活等。

处理器调度有三级调度：高级调度也称为作业调度；中级调度也称为中程调度；低级调度也称为进程调度。常用的进程调度算法主要有先来先服务调度算法、优先级调度算法、时间片轮转调度算法、多级反馈队列调度算法以及彩票调度算法。

现代操作系统必须要解决相关并发进程的同步与互斥问题，互斥是一种特殊的同步。解决不好会出现与时间有关的错误。临界区及其管理的四个原则对理解同步进程有很大帮助。本章讲解了解决进程的同步问题的三种方法：PV 操作与信号量机制、管程机制和消息传递机制。这三种机制在解决进程同步问题时功能等价。同步问题需要掌握对生产者/消费者问题、读者/写者问题等问题的分析与解决办法。

计算机系统中的进程会发生资源的争夺，它们“走走停停、停停走走”，如有时处理不好，会发生死锁现象。对于死锁问题的分析，从死锁的预防（防止）、死锁的避免以及死锁的检测与解除三个方面进行，这三个方面是条件越来越弱的。死锁防止是破坏死锁的 4 个必要条件中的一个或几个，条件很强，很多时候不可行；死锁避免采用银行家算法进行，即资源分配—拒绝法进行，但需要知道资源的种类以及频繁的资源是否能够分配的测试，影响系统效率；死锁的检测与解除则条件较弱，就是在可能死锁发生时进行检测，若发生死锁，则采取相应的措施。一个进程资源分配图是不可完全简化的，那么就一定发生了死锁，这就是死锁定理。

习题 2

1．什么是多道程序设计？它有什么优缺点？

2．什么是进程？它与程序有什么区别？进程有哪些属性？

3．进程有哪三种基本状态？画出进程及其状态转换图，并标明必要的原因。

4．什么叫处理器调度？处理器调度有哪三个层次？

5．什么是进程调度？进程调度有哪些常用的算法？

6. 什么是并发进程？什么是进程的互斥？什么是进程的同步？为什么说进程的互斥是一种特殊的同步？

7．什么是临界区？什么是临界资源？临界区管理有哪三个基本要求？

8．什么是 PV 操作？什么是信号量？信号量在数量上有什么含义？

9．什么是管程？为什么要提出管程？管程有哪些特点？有哪两种实现管程的方法？

10．试述消息传递的工作过程。

11．什么是死锁？死锁的 4 个必要条件是什么？

12．有哪些死锁预防的方法？这些方法的优点、缺点是怎么样的？

13．银行家算法的思想是什么？银行家算法为什么能避免死锁？

14．什么是死锁定理？

15．写出生产者/消费者的第二种解法，即一个生产者生产时，一个消费者可以试图去消费。

16．写出优先写者的读者/写者问题的 PV 操作与信号量的程序。

17．有一个文件 F，有两组进程 PR1 和 PR2，每组进程中有若干个进程。已知 PR1 组的进程可以对文件 F 进行同时读写，已知 PR2 组的进程也可以对文件 F 进行同时读写，但不允许 PR1 组和 PR2 组的进程同时对文件 F 进行同时读写。请写出 PV 操作与信号量的程序。

18．某计算机系统中有 R_1、R_2、R_3、R_4 等 4 种资源，在某时刻有 5 个进程 P_1、P_2、P_3、P_4、P_5 对资源的需求与占有情况如下：

进程(Process)	Allocation(已分配)				Claim(最大需求)				Available(可用)			
	R_1	R_2	R_3	R_4	R_1	R_2	R_3	R_4	R_1	R_2	R_3	R_4
P_1	0	1	3	1	0	1	4	4	2	7	3	3
P_2	1	0	1	1	2	6	4	1				
P_3	1	2	4	3	3	5	9	9				
P_4	0	2	3	2	0	7	6	5				
P_5	1	0	2	3	1	5	5	9				

请完成以下问题：

（1）系统当前处于安全状态吗？为什么？

（2）若此时 P_2 请求 Request2(1，2，3，2)，系统能否实现这次分配？为什么？

（3）若此时 P_3 请求 Request3(1，2，3，4)，系统能否实现这次分配？为什么？

（4）若此时 P_3 请求 Request3(1，2，3，2)，系统能否实现这次分配？为什么？

19．在公共汽车上，有一个司机与一个售票员。为保证乘客的安全，司机和售票员应协调工作：停车后才能开门，关车门后才能行车。用 PV 操作和信号量来实现他们之间的协调。

第 3 章　存储管理

计算机之所以能够得到如此广泛的普及，一方面归功于计算机高效的运算能力，另一方面则是强大的存储容量。现代计算机系统中的存储容量已相当大，但仍然不能满足功能不断增强的系统程序和大型应用程序的使用，因而有效地管理计算机系统中的存储器，仍是操作系统的重要管理任务。本章主要讨论如何在主存储器空间中存放用户的程序和数据，使得主存空间利用率更高，程序执行效率更快。本章从存储器相关基本概念着手，将存储管理划分为简单存储管理和虚拟存储管理两部分，分别介绍两种管理技术，内容包括了每一种存储管理技术的原理、逻辑描述、经典案例，详述了操作系统的存储管理所实现的主存的分配和去配、地址转换和存储保护、主存空间的共享以及扩充。

3.1　存储系统的基本概念

计算机最突出的特点是存储记忆功能，存储器在计算机系统的组成中占有非常重要的位置。计算机的存储系统由不同的存储器组成，每种存储器具有其自身的特点和作用。从作业的逻辑地址空间到存储设备中的物理地址空间需要地址转换，在多道程序设计系统中，允许多个作业驻留内存，存储空间的利用和管理就变得尤为重要。

1．存储器的分类

目前计算机的存储系统主要由三级存储器组成，分别是高速缓冲存储器（也称为缓存）、主存储器（也称主存或内存）和外存储器（也称为外存或辅存）。这三级存储器的性能各异，容量上依次增加，访问速度上依次减慢。

存储在外存中的程序必须进入内存才能被处理器执行，所以内存是一个非常重要的中转站。一方面内存中信息的存取必须满足处理器处理速度的要求；另一方面在多道程序设计系统中，多道作业同时驻留内存，就要求能够很好地管理内存资源。

高速缓冲存储器的访问速度快于内存，利用它存放内存中一些经常访问的信息可以大幅度提高程序执行速度。为了实现多道作业同时驻留主存，操作系统通常采用内存分区的方法，作业按分区存取。随着实际应用的需求，应用程序的容量远远超出主存的容量，同时考虑到程序运行的顺序性、局部性、循环性和排他性，所以程序执行时不需全部装入内存，只需部分性的装入。这需要将内存和外存相结合，给用户提供一个比实际内存容量大得多的虚拟的存储器。

2．物理地址和逻辑地址

按址存取是存储器存取信息的基本方法。物理地址是指内存单元的地址，又称为绝对地址、实地址。物理地址的集合称为物理地址空间，又称为绝对地址空间、实空间、存储空间。物理地址一般是按字节从 0 开始连续编码的，物理地址空间的大小就是内存容量的大小。

逻辑地址是指用户程序使用的地址，又称为相对地址、虚地址。逻辑地址的集合称为逻辑地址空间，又称为相对地址空间、虚空间、地址空间。用户编写的源程序通过编译、链接生成的可执行程序就构成了逻辑地址空间，起始地址一般也从 0 开始编码。

可执行程序在运行时要装入内存，这时逻辑地址空间往往和实际存储的物理地址空间不一致，如一个作业运行时装入起始地址为 10MB 的内存区，那么原来的逻辑地址 0 单元实际存储的物理地址就是 10MB 主存单元，处理器是按物理地址访问指令的，所以这里就有从逻辑地址向物理地址转换的过程。

3. 地址重定位和存储保护

为保证程序运行的正确性，当作业装入内存运行时必须将其逻辑地址转换成物理地址，这样的转换过程称为地址重定位。具体有两种实施方式：静态重定位和动态重定位。在程序运行之前由装入程序一次性完成的地址转换称为静态重定位；而在程序运行过程中，对要被访问的程序和数据部分进行地址转换的方式称为动态重定位，一般由硬件地址转换机构来实现。

静态重定位和动态重定位除了实施重定位的时机和主体不同外，它们对程序运行和系统管理的影响也是不同的。采用静态重定位的系统中，由于地址转换发生在运行之前，因此程序运行前后存储在外存中的副本是不一样的，外存中是逻辑地址，而内存中则是转换后的物理地址；而采用动态重定位的系统中，由于地址转换发生在运行过程中，因此程序运行前后存储在内外存中的副本是一样的，外存中是逻辑地址，内存中也是逻辑地址。逻辑地址又称为相对地址，所以程序在内存中可以方便地移动。由此可见，静态重定位简单易实现，程序运行速度快，但程序在内存中的存储空间必须是连续的、受限制的，不可移动，不利于程序的共享；而动态重定位需要硬件支持，程序运行速度较慢，但程序在内存中的存储空间可以不连续，而且可以移动，有利于程序的共享。

多道程序设计系统中，允许多个作业驻留内存，存储空间的利用和管理就变得尤为重要。动态重定位所支持的程序在内存不连续存放，程序的移动技术等均有利于提高存储空间的利用率，便于系统的管理，所以现代操作系统中通常采用动态重定位技术。

3.2 存储管理的基本概念

程序和数据可以保存在容量较大的外存中，但必须进入主存储器才能被处理器执行。而主存储器的容量是有限的，如何很好地管理主存储器资源，以满足现代操作系统多任务、安全高效、共享等特点的要求，是操作系统必须提供的一个重要功能，存储管理技术的优劣也直接影响系统的性能。存储管理负责管理计算机系统的重要资源——主存储器，尽可能地方便用户使用、提高主存储器的利用率、支持多道程序设计系统。

3.2.1 存储管理的功能

存储管理的主要管理对象是内存，也提供对外存的管理功能。为了提高内存的利用率和便于管理，操作系统提供的存储管理要具有以下方面的功能：内存的分配和回收、地址转换、内存的共享和存储保护、内存的扩充。

1. 内存的分配和回收

现代操作系统基于多道程序设计思想，允许多道作业驻留内存，那么存储管理首先必须解决内存空间如何分配的问题。当内存中某个作业释放所占有的内存空间时，系统应该及时回收以便于再利用。

内存的分配和回收工作是相联系的，采用有效的分配策略同样有利于内存的回收。通常采用软件与硬件相结合的方法，使用合适的数据结构，如表，来描述内存的分配和回收情况。

2. 地址转换

程序必须装入内存才能运行，而用户程序使用的是逻辑地址，处理器则是按照物理地址访问内存，所以存储管理应当提供地址转换功能，保证程序的正确执行。

3. 内存的共享和存储保护

在实际应用中，多道作业通常共享程序和数据，如共享编译程序、编辑程序、解释程序、公共子程序以及公用数据等，从节省内存空间的角度考虑，不能为每个作业存储一个副本，而是在内存中只提供相应程序或数据的一个副本，某个作业需要时，就去访问那个内存区。

实现共享必须解决存储保护的问题。不同作业之间要防止相互干扰，破坏信息，操作系统必须对内存各区中的信息进行保护，这就是存储保护。存储保护通常由软件和硬件相结合完成，硬件主要有界地址和存储键，操作系统将程序可访问的区域传递到硬件，程序执行时由硬件检查是否允许访问，是否越界或核对存储保护键，若允许则执行程序，否则产生中断，执行相应的中断处理程序。界地址方式在后面的存储管理方案中具体介绍。

4. 内存的扩充

内存的扩充是存储管理中非常重要的功能。随着计算机应用的不断深入，内存容量的不足成为一个不可避免的问题，增添更多的内存条不一定能解决所有问题。现代操作系统通过软件的方法来对内存进行扩充，也就是说内存的实际容量并没有改变，只是在逻辑上扩充了内存的容量，给用户的感觉是在使用一个容量更大的内存空间，所以我们也称这种内存的扩充技术为逻辑扩充内存技术。

逻辑上扩充内存必须借助外存，当容量较大的程序要运行时，只需装入部分程序，其余部分仍在外存中，需要时通过移出内存中的程序，装入外存中的部分程序的方法，达到小内存运行大程序的效果。

3.2.2 内存扩充技术

目前操作系统通常采用逻辑扩充内存的技术来解决内存容量不足的问题，主要有覆盖、交换和虚存技术。覆盖和交换技术扩充内存的容量有限，一般只用于实存管理系统中；虚存技术扩充内存的程度是巨大的，几乎是无限的，一般用于虚存管理系统中，是现代操作系统通常采用的内存扩充技术。

1. 覆盖技术

解决资源有限的最简单思想就是一物多用，将同一个内存空间分配给不同的作业或同一作业不同的程序段。如系统分配给某作业一指定的内存空间，程序运行时，首先将某些子程序装入内存，程序执行过程中，操作系统根据请求动态地将其他部分装入该程序所分配的内存空间，覆盖以往的程序，这就是覆盖技术。

覆盖技术的优点是一定程度上扩充了内存空间；并且覆盖管理由操作系统自动完成。

覆盖技术的缺点是用户必须描述程序的覆盖结构，给用户编程带来不便；扩充内存的程度有限。

2. 交换技术

覆盖技术的着眼点是提高内存空间的利用率，解决资源有限的另外一种策略是以时间换空间。即将内存中暂时不用的信息以文件形式写入外存，将指定的信息从外存读入内存，这就是交换技术，也称为滚进/滚出或对换，在作业调度中也称为挂起调度或中级调度。交换是要花费时间的，考虑到计算机系统的运行效率，交换技术必须注意其使用频率和每次交换的信息量，交换频率太高或每次交换的信息量太大都会影响系统的效率。

同覆盖技术的优点相类似，交换技术能够有限的扩充内存空间，提高内存作业道数。缺点是以时间为代价；如果要交换出的信息选取不当，将造成短时间内频繁的滚进/滚出的现象，也称为抖动现象，将严重影响系统的执行效率。

3. 虚存技术

虚拟存储（简称虚存）使用软硬件技术，借助外存，向用户提供一个任意大的虚拟存储器，理论上实现了任意大的程序均能被运行，不受内存空间大小的限制了。

虚存技术的基本思想是：作业运行时首先在内存中装入部分程序，当要访问的程序段不在内存时，将产生中断，由存储管理程序将要访问的程序段装入内存。在执行装入工作中，如果内存没有空，则采用交换技术移出部分暂时不用的内存信息；如果被移出的内存信息和要移入的程序段是同属相同的内存空间，我们就称这个过程采用了覆盖技术。

虚存技术的优点主要表现为极大地扩充了内存，彻底解决了小内存运行大程序的问题；同时提高了内存驻留作业的道数，有利于多道程序的运行；另外，虚存技术是由操作系统程序自动完成的，用户编程时不需考虑内存实际容量大小。

但虚存技术也存在非常明显的缺点，那就是代价大，主要表现为需要的硬件设置多，存储管理软件复杂，所以实现虚存管理要花费时间。但随着处理器运行速度的迅速提高，这种以牺牲时间来换取空间的做法还是可取的。虚存技术自从 20 世纪 70 年代开始，至今仍被广泛使用。

3.2.3 存储管理的分类

存储管理的实施方案遵循由简单到复杂的发展规律。早期计算机应用中程序偏短小，一般将程序全部装入内存运行，随着计算机应用的发展，内存容量不足的问题日益突出，大容量的程序运行时就不能全部装入内存，而采用部分装入内存的原则。正是沿着这个发展过程，存储管理的模式可以分为两大类：实存管理和虚存管理。实存管理要求作业运行时全部装入内存；虚存管理只要求作业运行时部分装入内存。也有书籍将存储管理分为连续存储管理、离散存储管理和虚拟存储管理三大类。

两大类存储管理模式各有具体的实施方案。实存管理模式主要有分区式存储管理、简单分页式存储管理、简单分段式存储管理；虚存管理模式主要有请求分页虚拟存储管理、请求分段虚拟存储管理以及请求段页式虚拟存储管理。

1. 分区式存储管理

操作系统对内存进行分区，规定每个分区只能装入一个作业，属于连续存储管理。分区式存储管理又分为单一连续区、固定分区和可变分区三种存储管理。

单一连续分配方式：这种存储管理方式把内存划分成系统区和用户区两个分区，用户区仅被一个用户所独占。例如，MS-DOS 就是采用的单一连续分区管理方式。

分区式分配方式：这种存储分配方式适用于多道程序的存储管理，可以分为固定分区式和可变分区式。固定分区式是将内存的用户区预先划分成若干个固定大小的区域，每个区域中驻留一道程序。可变分区式是根据用户程序的大小，动态地对内存进行划分，所以每个分区的大小不是固定的，分区数目也不是固定的。可变分区式显著地提高了存储器的利用率。

2. 简单分页式存储管理

在这种存储管理方式中，用户地址被划分成若干大小相等的区域，称为页或页面；而内存空间也相应地划分成若干个物理块（也称为页架），页和块的大小相等。这样，就可以将用户程序离散地分配到内存中的任意一块中，从而实现内存的离散分配，这时内存中的碎片不会超过一页。

3. 简单分段式存储管理

这种管理方式是从逻辑关系考虑，把用户地址空间分成若干个大小不等的段，每段可以定义一个相对完整的逻辑信息。在进行内存分配时，以段为单位，段与段之间在内存中可以不相邻接，实现离散分配。

4. 请求分页虚拟存储管理

请求分页系统是在简单分页式存储管理技术的基础上，增加了请求调页功能和页面置换功能所形成的分页式虚拟存储系统。它只需把用户程序的部分页面（而非全部页）装入内存，就可以启动运行，以后再通过请求调页功能和页面置换功能，陆续把将要运行的页面调入内存，同时把暂不运行的页面置换到外存上，置换时以页面为单位。

5. 请求分段虚拟存储管理

请求分段系统是在分段系统的基础上，增加了请求调段功能和分段置换功能所形成的分段式虚拟存储系统。它只需把用户程序的部分段（而非全部段）装入内存，就可以启动运行，以后再通过请求调段功能和置换功能将不运行的段调出，同时调入将要运行的段，置换时以段为单位。

6. 请求段页式虚拟存储管理

这是分页和分段存储管理方式的结合，即将用户程序分成若干个段，再把每一段分成若干个页，相应地将内存空间划分成若干物理块，页和块的大小相等，将页装入块中。请求段页系统同样提供请求调页功能和页面置换功能。这种存储管理方式不但提高了内存的利用率，而且又能满足用户的要求。

3.3　分区存储管理

分区存储管理是把主存中的用户区划分成若干个连续区进行管理，每个要运行的作业只能装入一个分区中。根据主存分区的划分方法具体分为两种方式：固定分区存储管理和可变分区存储管理。

3.3.1 单一连续区

单一连续区又称为单分区存储管理模式。采用单一连续区存储管理时主存分配非常简单，仅划分为系统区和用户区。系统区存放操作系统驻留代码和数据，用户区全部划归一个用户作业所占有。所以在这种管理模式下，任一时刻主存储器中最多只有一道程序，多个作业的运行程序只能顺序地依次进入主存储器运行。

单一连续区存储管理的地址转换形式多采用静态重定位，即程序执行之前由装入程序完成从逻辑地址向物理地址的转换，如图 3-1 所示。

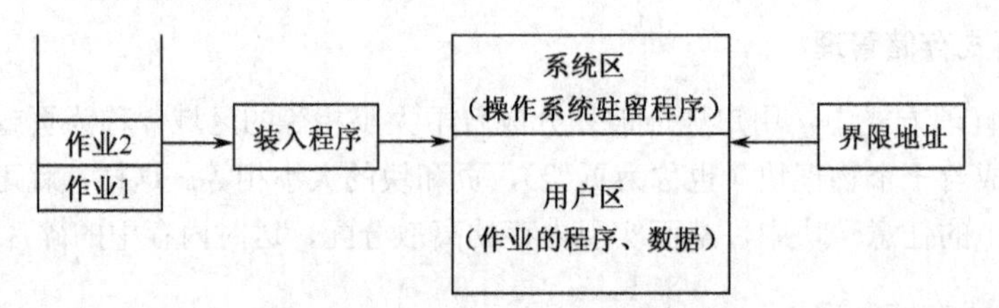

图 3-1　单一连续区存储管理模式下的静态重定位地址转换示意图

对于单一连续分配方式，为了实现存储保护，防止操作系统受到有意或无意的破坏，需要设置界限寄存器。如果 CPU 处于用户态工作方式，则对于每一次访问，需检查其逻辑地址是否大于界限寄存器的值，如果大于界限寄存器的值，则表示已经越界，出现了用户程序对操作系统区域的访问，便产生中断，并将控制转给操作系统。如果 CPU 处于核心态工作方式，此时可以访问操作系统区域。

在早期的计算机及某些小型、微型计算机系统中，没有采用多道程序设计技术，采用的是单用户、单任务的操作系统（如 MS-DOS、CP/M 等），使用计算机的用户占用了全部计算机资源。这时的存储管理方案采用的是单一连续分配方案。单一连续分配方式的优点是方法简单，易于实现；缺点是它仅适用于单道程序，不能使处理器和内存得到充分利用。

3.3.2 固定分区存储管理

分区存储管理能够满足多道程序设计系统的要求，它的基本思想是将主存的用户区域划分为一个个连续区域，进入主存的用户作业可以分配一个连续存储区，各作业存储在各自的连续存储区域，从而支持多道作业的并发执行。

固定分区存储管理是把主存用户空间划分成若干个连续区域，每个区域的位置固定，但大小可以相同也可以不同，每个分区在任一时刻只能装入一道程序运行。一旦划分好区域之后，主存中分区的个数就固定了，所以这是一种静态分区法。

1. 主存分配表

为了说明各分区的分配和使用情况，该存储管理系统必须设置一种逻辑结构来记录主存中各分区的使用情况，通常称为“主存分配表”，如表 3-1 所示。

表 3-1　固定分区存储管理的主存分配表

分区号	起始地址	长度	占用标志
1	10KB	5KB	JOB1
2	15KB	10KB	0
3	25KB	15KB	JOB2
4	40KB	20KB	0

表 3-1 中主存被划分为 4 个分区，主存分配表为每个分区设置起始地址、长度以及占用标志信息。起始地址表明该分区在主存中的起始位置，在固定分区存储管理中，该信息确定后就不会变更；长度表示分区所占有的内存空间的大小，确定后也不会变更；占用标志表示该分区的使用情况，占用标志位如为 0 则表示该分区是空闲的，没有作业占用，如果标志位为非 0 信息，表示该分区已被某作业占用，其他作业就不能再使用。

2. 主存空间的分配和释放

当一个作业需要装入时，由存储管理程序检索主存分配表，按照一定的算法找出一个能够满足要求的、尚未使用的分区分配给该作业，同时修改主存分配表中该分区表项中的占用标志。例如，可以采用顺序分配算法，顺序查看主存分配表，直到找到一个标志为 0 的长度大于等于要装入作业的地址空间长度的分区，则把该分区分配给此作业，同时将该分区的占用标志位由 0 修改为此作业名的标识；若找到表末仍没有满足要求的分区，则该作业暂时不能装入主存。

【例 3-1】　在固定分区存储管理中，主存空闲分区已划分，用户分区的起始地址为 100KB，按地址从小到大为 100KB、500KB、200KB、300KB。现有用户进程大小依次为 212KB、417KB、112KB。试问采用顺序分配算法，它们将依次装入到主存的哪个分区？

解答：根据已知信息，可以得出主存分配表的内容，并绘制简单的主存存储空间分配图。按照顺序分配算法，依次为每个作业查找合适的空闲分区，所以可以得出 212KB 的用户进程装入分区 2， 112KB 的用户进程装入分区 4，而 417KB 的用户进程暂时没有合适的空闲分区，必须等待 212KB 的用户进程释放所占用的分区 2 才能装入该分区运行。

主存空间的释放就是作业运行结束后归还所占用的分区，以便其他作业使用。这时存储管理程序根据作业名查看主存分配表，找到相应表目，把其中的占用标志位修改为 0，即表示该分区为空闲区。

固定分区分配示例图如图 3-2 所示。

区号	起始地址	长度	占用标志
1	100KB	100KB	0
2	200KB	500KB	0
3	700KB	200KB	0
4	900KB	300KB	0

（a）主存分配表

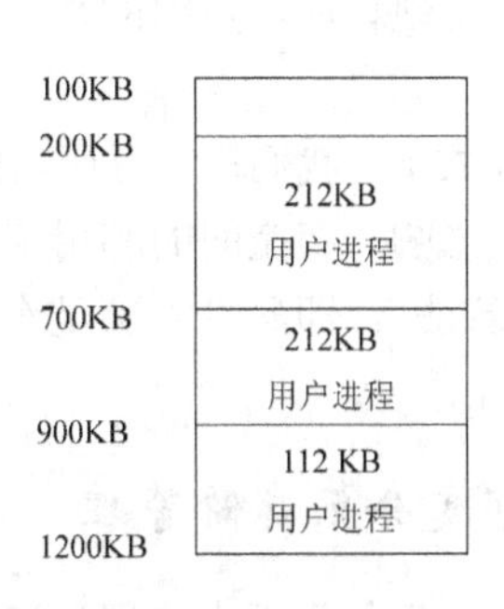

（b）主存存储空间分配图

图 3-2　固定分区分配示例图

3. 地址转换与存储保护

固定分区存储管理模式下，预先划分好的主存各区的起始地址和大小是固定的，并且每个作业只能连续地存放在同一个区域，如图 3-3 所示。划分的各固定分区具有固定的下限地址和上限地址，处理机提供“下限寄存器”和“上限寄存器”分别存储它们。所以固定分区存储管理的地址转换常采用静态重定位技术，即在作业运行前，由装入程序把作业的逻辑地址与分区的下限地址相加，得到相应的物理地址。

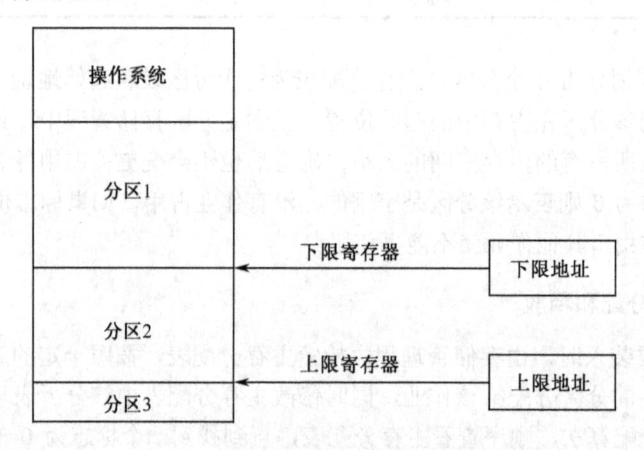

图 3-3 固定分区存储管理示意图

为了实现存储保护，处理器执行某作业时，修改上、下限寄存器的内容为当前作业的上、下限地址值，并对作业中的每条指令的地址都要进行检验，如果该指令的物理地址处于下限地址到上限地址之间，则按物理地址访问主存；如果物理地址低于下限地址或大于上限地址，则产生“地址越界”中断事件，达到阻止作业间相互干扰，实现存储保护的效果。这种存储保护称为“界限寄存器”法。

4. 特点及问题分析

首先固定分区存储管理方法实现简单，适合于程序大小和出现频率变动不大的情况。但采用固定分区存储管理有许多缺点，一是由于分区大小固定，使得大程序无法装入，用户只得采用内存扩充技术来弥补，这样在应用中非常不便；二是主存利用率不高，一个作业大小往往并不正好等于所分配的分区大小，存在不同程度的主存空间的浪费；三是由于“界限寄存器”存储保护法，各分区作业很难实现程序和数据的共享；四是由于分区数是在系统初始时确定的，限制了多道运行的程序数。

这种管理模式下，我们称在分区内部产生的空间浪费为“内部碎片”，当内部碎片积累到一定程度时，将严重影响主存空间的利用率和系统运行效率。比较实用的解决内部碎片问题的方法是“最佳适应分配算法”，即尽量将满足作业要求的最小的分区分配给它，这样，分区内的碎片就是最小的。

3.3.3 可变分区存储管理

针对固定分区存储管理中出现的诸多缺点和问题，可变分区存储管理方法应运而生。在这种管理模式下，主存中的分区不是预先划分好的，而是在主存空间充足的情况下，根据该作业需要的空间大小划分出一个分区分配给作业，这样就达到了分区大小就等于作业大小，消除了内部碎片的问题。在可变分区存储管理模式下，主存分区的大小、起始地址等都是不固定的。

1. 已分配区表和未分配区表

在可变分区存储管理模式下，主存内的分区是不断变化的，各分区的使用情况也在变化，哪些是正在使用的分区，哪些被作业释放后未被使用，管理程序必须掌握这些信息，由此引入了已分配区表和未分配区表。如表 3-2 所示，已分配区表记录了分区的分配情况，未分配区表中各分区是空闲的，可以被再分配。

表 3-2 已分配区表和未分配表

（a）已分配区表

分区号	起始地址	长度	占用标志
1	5KB	5KB	JOB1
2	50KB	20KB	JOB2

（b）未分配区表

分区号	起始地址	长度	占用标志
1	10KB	40KB	0
2	70KB	10KB	0

已在主存中运行的作业可能运行结束，释放所占用的主存分区；新的作业可能占用未分配的主存分区，所以这两张表中的内容是不断变化的。

2. 主存空间的分配和释放

在可变分区存储管理模式下，当一个新作业要求装入时，必须找到一个足够大的空闲区，如果找到满足要求的空闲区，则作业装入前把这个空闲区分成两部分，一部分分配给作业使用，另一部分生成一个较小的空闲区。当一个作业运行结束时，将释放所占用的分区。如果被释放的分区相邻区域也是空闲区，则将它们合并，形成一个空间更大的空闲区。

【例 3-2】 给定当前主存存储空间分配如图 3-4（a）所示，采用可变分配管理方法，为新来的 18KB 的作业 3 分配主存空间；同时用示意图表示作业 2 运行结束释放主存空间后的情况。

解答：要找到一个满足作业 3 要求的空闲区，当前主存存储空间分配图表明只有大小为 30KB 的空闲区满足要求，所以从该空闲区中划分出大小为 8KB 的区域分配给作业，剩下的空间形成了一个新的空闲区，如图 3-4（b）所示。当作业 2 运行结束释放所占分区，该分区成为空闲区，存储管理程序将查看与它相邻的分区有无空闲区，如有则合并，如图 3-4（c）所示，合并形成一个大小为 20KB 的空闲区。

采用已分配区表和未分配区表来描述，可变分区存储管理程序在实施主存的分配时，要到未分配区表查找满足作业 3 要求的空闲区，然后经过划分，在已分配区表中添加新的分区，同时修改未分配区表中的信息，如表 3-3 所示。

同样的方法，作业 2 释放主存空间后应相应修改已分配区表和未分配区表信息，读者可以参考教材内容自行绘制。

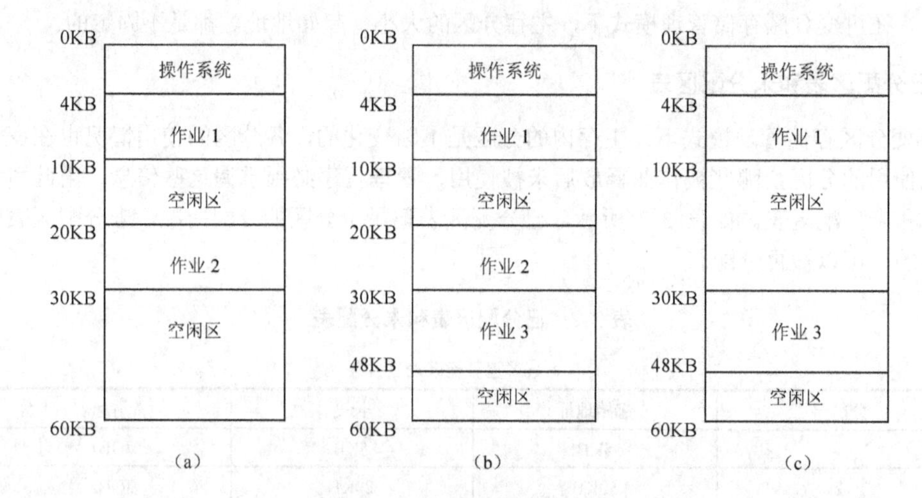

图 3-4 例 3.2 存储空间分配图

表 3-3 例 3.2 的分区表示意图

分区号	起始地址	长度	占用标志
1	4KB	6KB	JOB1
2	20KB	10KB	JOB2

分区号	起始地址	长度	占用标志
1	10KB	10KB	0
2	30KB	30KB	0

（作业 3 装入之前的已分配区表和未分配区表）

分区号	起始地址	长度	占用标志
1	4KB	6KB	JOB1
2	20KB	10KB	JOB2
3	30KB	18KB	JOB3

分区号	起始地址	长度	占用标志
1	10KB	10KB	0
2	48KB	12KB	0

（作业 3 装入之后的已分配区表和未分配区表）

3. 常用的可变分区管理中的分配算法

已分配区表和未分配区表是主存空间分配情况的逻辑表示，具体实现时通常采用链表，设置空闲区链表和已分区链表。通过查找空闲区链表为一个作业分配主存空间，作业释放空间时同样修改空闲区链表内容。当系统运转一段时间后，空闲区链表中的内容急剧增多，如何管理空闲区链表才能有利于空闲区的查找、回收呢？下面介绍几种常用的可变分区的分配算法。

（1）最先适应（First Fit，FF）分配算法

这是一种比较通用的分配算法。它所用的空闲区链表的表目是按空闲区在主存中起始地址大小递增顺序排列的。为作业分配空闲区时，总是从空闲区链表的表头开始顺序查找，直到找到第一个满足作业要求的空闲区或已到链表尾为止。

优点：因为该算法总是从主存空间的低地址部分开始查找，所以尽可能地保留了高地址空闲区，以保持一个大的空闲区，有利于大作业的装入；同时在低地址区域空闲区的分配比较均衡，所以该算法便于释放分区时合并相邻的空闲分区。

缺点：对空闲区链表的查找工作比较耗时，影响了系统效率。

（2）最佳适应（Best Fit，BF）分配算法

为了更有效地利用主存空间，采用最佳适应分配算法为一个作业分配能够满足其要求的并且是大小最接近的空闲区。该算法的分配过程与最先适应分配算法相同，区别在于对空闲区链表中表目的排列顺序不同，最佳适应分配算法要求空闲区链表中的表目必须以容量大小递增的顺序排列，这样每次找到的满足条件的空闲区则是最佳的。

优点；相对最先适应分配算法，降低了平均查找工作量；大小等于作业要求的空闲区总能被找到；尽可能保留了较大的空闲区。

缺点：因为往往不会存在大小等于作业要求的空闲区，所以会产生非常小的空闲区，这些空闲区可能不能再利用，我们称其为“外部碎片”。

（3）最坏适应（Worst Fit，WF）分配算法

针对最佳适应分配算法容易产生外部碎片这一缺点，提出了最坏适应分配算法。它的思想是每次总是找一个空闲区，它的大小与作业的要求相差最大。依据这个思想，只要将空闲区链表中表目按照空闲区大小递减的顺序排列，分配过程与前两者相同，即可实现最坏适应分配。最坏适应分配算法思想的由来主要是保证每次空闲区分割后剩余部分不会太小，仍可以被再利用，从而减少外部碎片。

优点：空闲区分配时分割产生的新的空闲区不至于太小，一般仍可以分配使用。

缺点：因为该算法总是分配大的空闲区，所以运行一段时间后，将无空闲区满足大作业的要求。

（4）下次适应（Next Fit，NF）分配算法

前面三种分配算法多少都会出现空闲区分配集中的现象，这样不利于主存空间的利用。下次适应分配算法总是从空闲区链表中上次查找结束处开始顺序查找链表，找到第一个满足作业要求的空闲区，它是最先适应分配算法的变种。

优点：不会导致小的空闲区集中，使主存空间的利用更加均衡。

缺点：与最先适应分配算法类似，查找工作量较大，影响系统效率。

主存空间有一定的分配算法，同样，主存空间的释放也需要完成一定的回收工作。当一个作业将所占用的分区释放后，该分区就空闲了，这时要看与该分区相邻的有无空闲区，如有则要做空闲区合并工作。读者可以参照前图 3-4（c）。

在将被释放的分区回收到空闲区链表中时，首先要根据分区的起始地址在链表中找到插入点，然后再根据相应的原则进行合并。空闲分区的合并分为三种情况：被释放分区插入点上邻一个空闲区，只需将上邻空闲区表目的长度修改为两个空闲区长度之和；被释放分区插入点下邻一个空闲区，只需将下邻空闲区表目的起始地址改为释放区的起始地址，长度修改为两个空闲区长度之和；被释放分区插入点上、下都邻接一个空闲区，这时需要将上邻空闲区表目的长度修改为三个

空闲区长度之和，再将下邻的空闲区的表目状态置成“空”即可。

如果被释放分区插入点上、下都不邻接空闲区，则在空闲区链表中找一空表目，将其信息设置为被释放分区的相关信息，如起始地址、长度等，占用标志为“未分配”。

【例 3-3】 设系统空闲区链表如图 3-5 所示，用户作业先后申请 7.8KB、4KB 大小的空闲区，试用 4 种算法找出满足要求的空闲区。

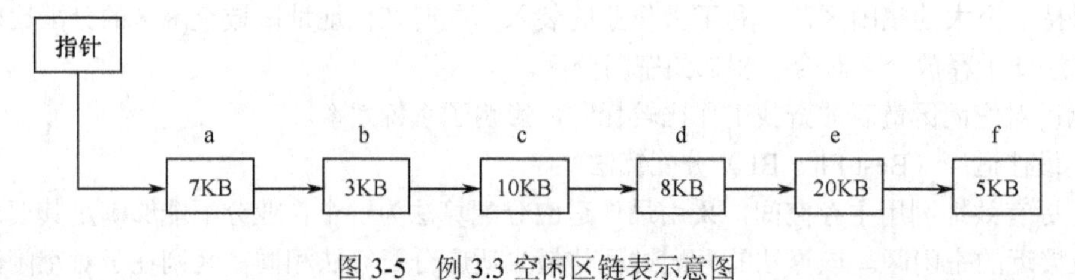

图 3-5　例 3.3 空闲区链表示意图

解答：

FF：先后分配空闲区 c、a 给相应的作业，同时修改空闲区表内容。

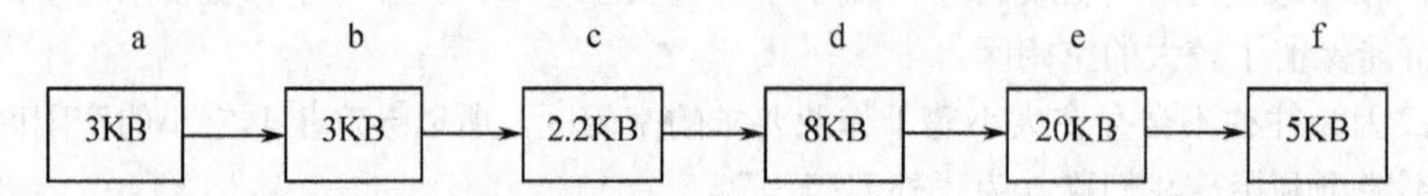

BF：首先将最初的空闲链表按分区大小递增排序。

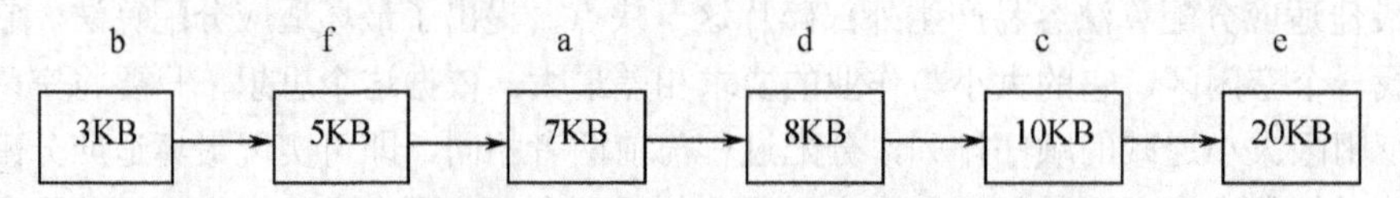

然后分配空闲区 d 给大小为 7.8KB 的作业，同时修改空闲区表内容。

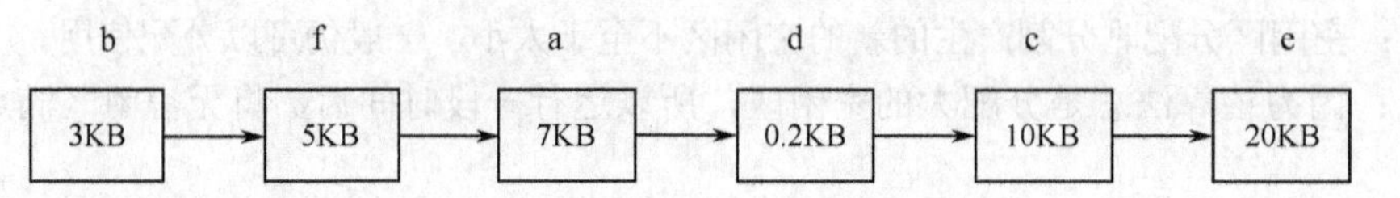

然后再对修改后的空闲区链表由小到大排序。

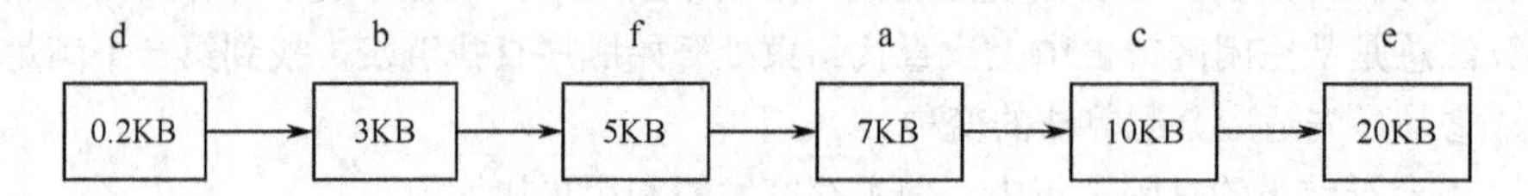

最后将空闲区 f 分配给大小为 4KB 的作业，同时修改空闲区表内容。

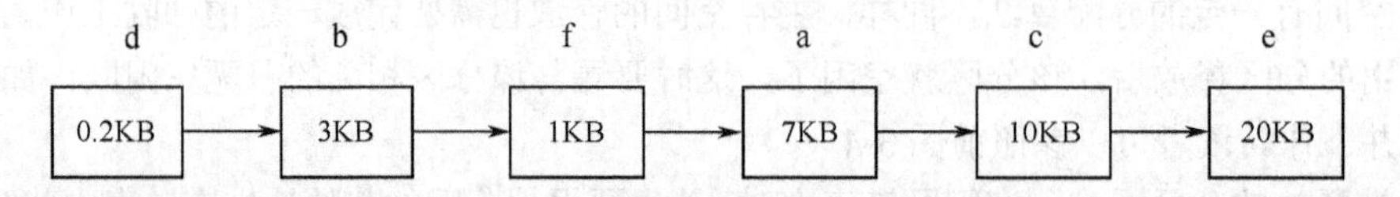

WF：首先将最初的空闲链表按分区大小递减排序，然后先后将空闲区 e 分配给 7.8KB 大小的作业，修改内容后再分配大小为 4KB 的作业。

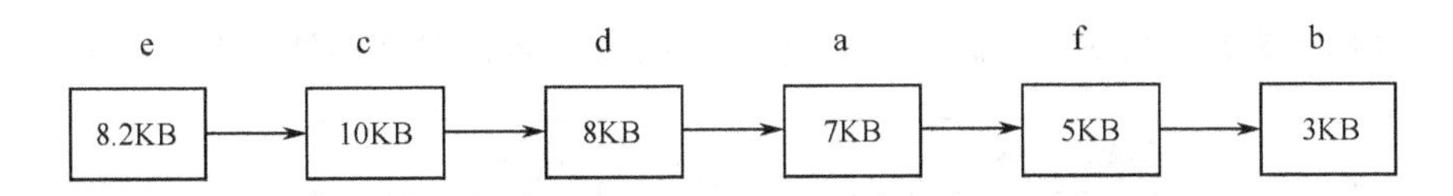

NF：将空闲区 c、d 分别先后分配给两个作业。

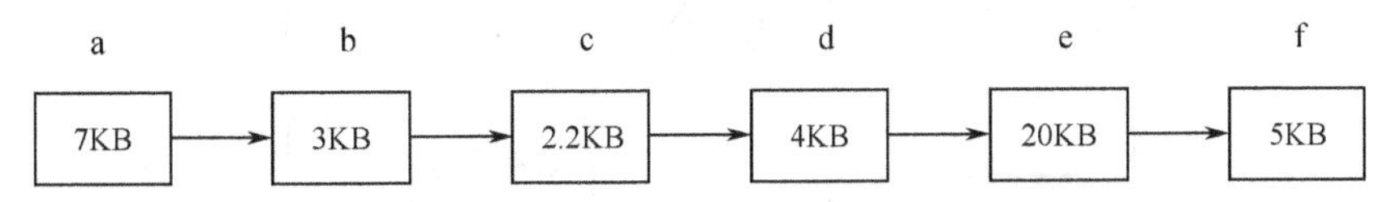

4. 地址转换和存储保护

相对于固定分区存储管理中的静态重定位地址转换方法，可变分区存储管理中的地址转换过程通常采用动态重定位技术。这里需要硬件支持，硬件设置两个专用控制寄存器：基址寄存器和限长寄存器。基址寄存器存放分配给作业使用的分区的起始地址，限长寄存器存放作业所要占用的连续存储空间的大小。

当作业被装入所分配的主存分区，并被处理器运行时，分区的起始地址和长度就被送入基址寄存器和限长寄存器。作业执行过程中，处理器每执行一条指令都要取出该指令中的逻辑地址，将其与限长寄存器的值进行比较，当逻辑地址小于限长寄存器的值时，表示欲访问的主存地址在分区范围内，即可将逻辑地址与基址寄存器的值相加得到该条指令的物理地址；否则，当逻辑地址大于限长寄存器的值时，表示欲访问的主存地址超出分区范围，这时将产生“地址越界”的中断事件，从而达到存储保护的目的。我们通常称这种存储保护方法为“基址–限长寄存器对”法。图 3-6 是可变分区存储管理中的地址转换和存储保护示意图。

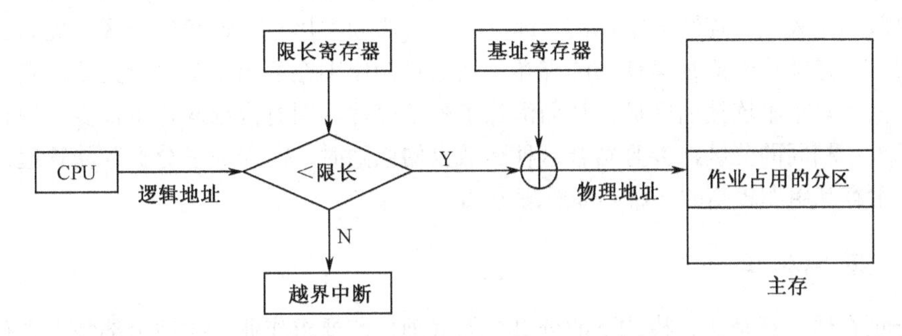

图 3-6　可变分区存储管理中的地址转换和存储保护示意图

“基址–限长寄存器对”法适用于多道程序系统。硬件只需设置一对基址–限长寄存器，作业相应的进程在执行中出现等待时，系统程序将基址–限长寄存器的内容随同该进程的 PSW 等信息保存起来，再把选中的作业的基址-限长寄存器值送入基址–限长寄存器中。

5. 移动技术与内存紧缩

可变分区相对于固定分区有了比较大的进步，它克服了固定分区中“内部碎片”多并导致主存利用率低的缺点，但该方法却存在“外部碎片”的问题。如何解决外部碎片问题在可变分区存储管理方案中就显得尤为重要，移动技术应运而生了。

移动技术的基本思想是：把作业所占用的已分配分区移向内存的一端，使之成为一个连续的区域，并把所有空闲区集中成一个较大的空闲区。通常也称这个移动的过程为“紧缩”。为了支持移动技术，作业的地址转换必须采用动态重定位技术，这样作业在主存中移动时，只需改变重定位寄存器中的内容为移动后所在分区的起始地址。图 3-7 为移动技术实施过程示意图。

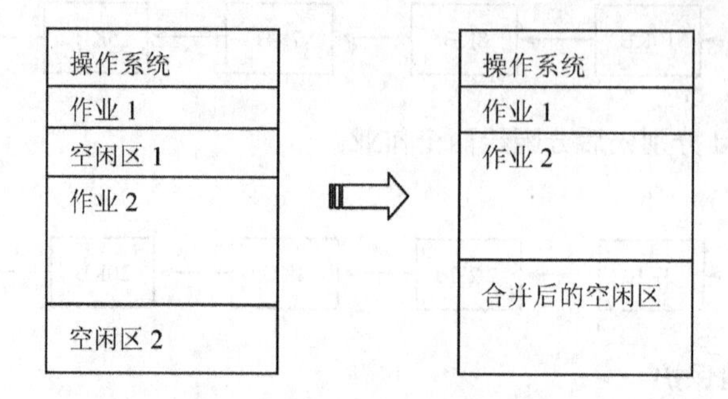

图 3-7　移动技术实施过程示意图

移动技术虽然整理了主存空间，使本来零散的“外部碎片”集中起来，但它采取的是以时间换取空间的策略，移动技术将大大增加系统的开销，所以应尽量减少移动。一般是当主存分区中无大分区能够满足大作业的要求，但各空闲分区容量之和却能满足时，才进行移动操作。

移动技术支持动态扩充主存技术。当一道作业在执行过程中要求增加占用主存空间时，可以移动邻近作业，将邻近的空闲区集中并成为该作业相邻的空闲区，从而达到扩大作业占用连续主存空间的效果。

3.4　简单分页存储管理

分区存储管理的优点是简单易实现，但缺点是碎片问题突出，主存空间的利用率低。导致该问题的主要原因是采取了连续分配原则，即一个作业必须占用一个连续的分区，提高了分区分配的难度。相对于连续分配原则呈现出的弊端，离散存储原则在应用中就比较灵活，它允许一个作业在主存中占用多个不连续的区域，从而消除了外部碎片，同时内部碎片也很少。当我们将主存空间划分成大小相同的分区，并且结合这种离散存储原则时，就形成了分页存储管理，分页存储管理是目前主存利用率较高的一种存储管理方式。

3.4.1　基本原理

简单分页存储管理是实存模式下的分页存储管理，即要求作业一次性全部装入主存，但可以分散在不连续的相同大小的分区中。它的基本思想如下。

（1）首先将整个主存空间划分成大小相同的块，每个块称为一个物理块、物理页或实页，也可称为页架或块。系统为每个块按照物理地址递增的顺序编号。

（2）同时将作业的逻辑地址空间也划分成与物理块大小相同的块，称为逻辑页、虚页、页面或页，同样按照逻辑地址的顺序为每个逻辑页编号。

（3）在主存中的可用块数大于一个作业的总页数时，系统可以装入该作业。装入原则是以页为单位分配主存，一个页分配一个块，作业中不同的页可以占用不连续的块，即满足离散分配原则。

（4）系统为每个作业建立一张页号与块号的对应关系表，称为页表，根据页表可以查找作业中的某页装入主存中的哪个块中。

图 3-8 是简单分页存储管理示意图，描述了系统自动将主存空间和作业的逻辑地址空间划分为大小相同的页和块，然后根据页表的对应关系，一次性将作业全部装入主存的过程。

图 3-8 中描述的是两道作业分配主存空间的过程，系统根据作业号在作业表中找到作业的页表在内存中的起始地址，然后根据页表的起始地址在页表中查找该作业各页面分配的主存块号，最后将作业的页面装入该主存块中。

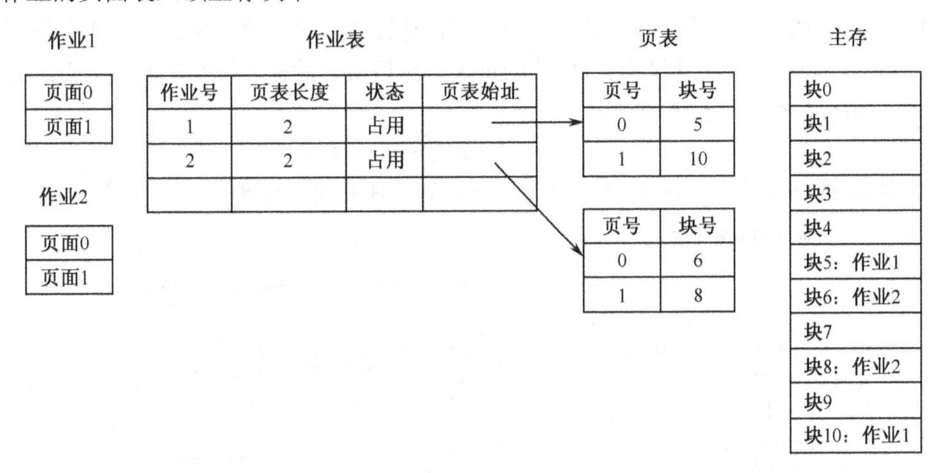

图 3-8 简单分页存储管理示意图

3.4.2 地址转换

简单分页存储管理是按照主存块为单位，将作业的不同的页面装入不同的主存空闲块中，也就是说，一个连续的作业地址空间被分散存放了，那么逻辑地址如何转换成物理地址呢？首先我们要了解简单分页存储管理中地址的字结构。由于程序被划分成一个个页面，每个逻辑地址可以看成是由其所在页面的首地址加上页内的偏移得来的，同样任一物理地址也可以看成是由其所在块的首地址加上块内的偏移得来的，因为页面大小与块的大小相同，所以页内的偏移与块内的偏移相等。

简单分页存储管理的地址字结构如图 3-9 所示。

因此，将逻辑地址转换为物理地址要完成两步工作：一是从逻辑地址获取所在的页号和页内偏移；二是根据页号得到在主存中的块号。

如何从逻辑地址获取所在的页号和页内偏移呢？这要用到页面的大小，根据页面的大小可以在逻辑地址中确定表示页内偏移的地址位数，剩下的则表示页号。

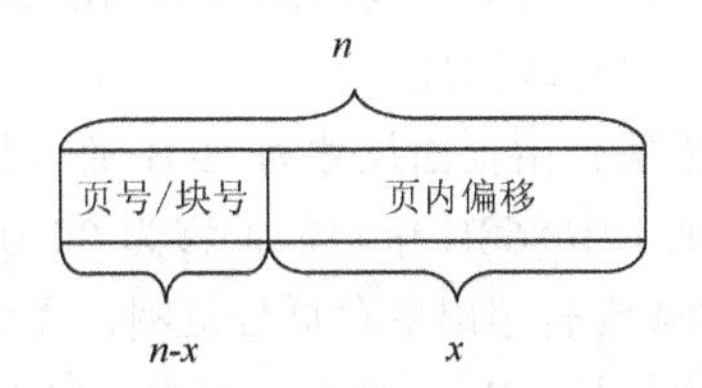

图 3-9 简单分页存储管理的地址字结构

【例 3-4】 在简单分页存储管理中，逻辑地址长度为 16 位，页面大小为 4096 字节，现有一逻辑地址为 2A43H，试问该逻辑地址的页号以及页内偏移为多少？

解答：根据页面大小为 $4096=2^{12}$ 字节，可以确定在 16 位逻辑地址位中，低 12 位表示页内偏移，高 4 位表示页号，所以逻辑地址 2A43H 在页号为 2 的页面中，且页内偏移为 A43H。

从逻辑地址获取所在的页号和页内偏移后，下面的工作就是如何得到页号在主存中相应的块号。简单分页存储管理系统的地址转换机制采用的是动态重定位技术，指令在执行时动态地进行地址转换。由于程序以页面为单位存储，因此系统为每个页面建立一个重定位寄存器，这些重定位寄存器的集合称为页表。页表将主存块和作业的页面联系起来，建立两者的对应关系，系统可以根据页表确定作业的页面应该装入哪个主存块中。通常在主存中开辟存储区存放页表，并另外设立一个寄存器存放页表始址和页表长度信息，我们也把这个寄存器称为页表控制寄存器。当某作业被选中运行时，系统将为其建立一张页表，指出作业中各页面与主存块之间的对应关系。同时系统还需建立一张总的作业表，包括了所有占用主存的作业的页表始址及长度信息。

综上所述，简单分页存储管理的地址转换过程为：调度程序选择作业运行后，从作业表中获取该作业的页表始址和页表长度，并送入页表控制寄存器中。进行地址转换时，从页表控制寄存器中获取相应的页表始址就可以找到该作业的页表，然后根据逻辑地址所在的页号为索引查找到相应的块号。最后，根据转换关系式：

$$物理地址=块号\times块长+页内偏移$$

计算出相应的物理地址。图 3-10 是简单分页存储管理的地址转换过程示意图。

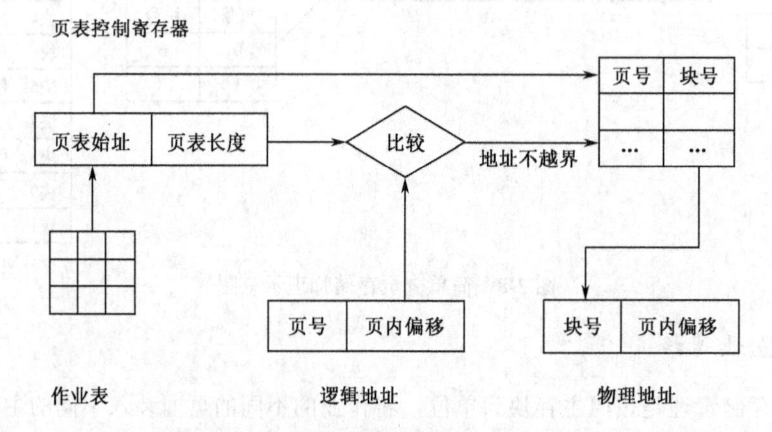

图 3-10 简单分页存储管理地址转换示意图

在实际应用中，由于页内偏移和块内偏移相同，并且页面大小和块的大小相等，因此只要将相应的块号代替页号，逻辑地址就转换成相应的物理地址。

【例 3-5】 如系统提供 24 位虚拟地址空间，主存为 2^{18}B，采用简单分页存储管理，页面尺寸为 1KB。现有一逻辑地址为 AB6868H，该页面分得块号为 40H，试说明如何得到相应的物理地址并给出物理地址。

解答：由页面尺寸为 1KB 确定逻辑地址的低 10 位表示页内偏移，高 14 位表示页号，所以逻辑地址 AB6868H 中页内偏移为 00 0110 1000。又因为主存为 2^{18}B，即有 $2^{18}/2^{10}$=256 个块，块号 40H=64 没有超出主存页号范围，且页内偏移 00 0110 1000 没有超出页面尺寸大小，所以物理地址可以由块号 40H 代替页号得来：01 0000 0000 0110 1000 共 18 位。

这类问题中要适当注意地址越界的问题，如块号的合法性，页内偏移是否越界，从而确保计算得到的是正确的物理地址。

3.4.3 相联存储器和快表

在地址转换过程中，页表起到非常重要的作用。但页表是存放在一组寄存器中，如果页表较多，则硬件花费代价很高，而且硬件的查找也要花费时间，如果把页表存放在主存中就可以减少这些开销。为了提高运算速度，通常设置一个专用的高速缓冲存储器，用来存放最近访问的部分页表，我们称高速缓冲存储器为相联存储器，存放在相联存储器中的页表称为快表。相联存储器的特点是存取时间小于主存，速度快造价高，一般容量较小。根据程序执行的局部性特点，在一段时间内总是经常访问某些页面，把这些页面登记在快表中，将大大加快地址转换过程，提高指令执行的速度。

增加了快表后，地址转换过程为：从逻辑地址中得到页号，然后分别到快表和主存中的页表中去查找，如果在快表中找到页号对应的块号，则主存中页表查找工作停止，由找到的块号和页内偏移组合转换成物理地址；如果快表中没有，则继续在页表中查找，并且在找到后将该页信息登记到快表中。

采用主存中页表进行地址转换，必须访问两次主存，一次是按页号查询页表中的块号；二是根据计算出的物理地址到主存中进行读/写操作。采用相联存储器的方法后，快表的查询速度要远大于页表，有时可以忽略不计，从而地址转换时间大大减少了。

【例 3-6】 在简单分页存储管理系统中，假设页表全部存放在主存中，若一次访问主存需要 120μs，问访问一个数据的时间是多少？如果增加一个快表，快表的开销是 20μs，快表的命中率是 80%，访问一个数据的时间又为多少？

解答： 因为采用主存中页表进行地址转换，必须访问两次主存，所以页表全部存放在主存中访问一个数据的时间是 240μs。第二个问题要分成两种情况考虑，一种是快表中找到了，命中率为 80%；另一种是页表中找到了，命中率是 20%。所以，第二个问题中访问一个数据的时间是：（120+20）×80%+（120+120+20）×20%=174μs。

3.4.4 页的分配与回收

前面我们讨论简单分页存储管理时，主要围绕它的基本工作原理展开，关心的是作业如何装入主存。这一节我们要讨论的是在简单分页存储管理系统中，主存空间如何分配和回收，即系统通过何种方式来表示哪些主存块已分配，哪些未分配，当前剩余空闲块有多少，当某作业申请主存空间时，系统采用何种方法来分配主存空闲块；以及当一作业运行结束，如何回收它所占用的主存块。

通常采用主存分配表来记录主存空间分配情况，这里用位示图来表示它。位示图中的每一位与一个主存块对应，其值为 0 时，表示对应的主存块空闲；其值为 1 时，表示对应的主存块已分配。通常在位示图中增加一个或几个字节来记录主存中当前剩余的空闲位数，方便系统分配。如图 3-11 表示的是采用 8 个 32 位长的字来表示 256 个主存分区，另一个字节记录当前剩余的空闲块数。其中操作系统已分配的主存块对应的位置置为 1，未分配的置为 0。

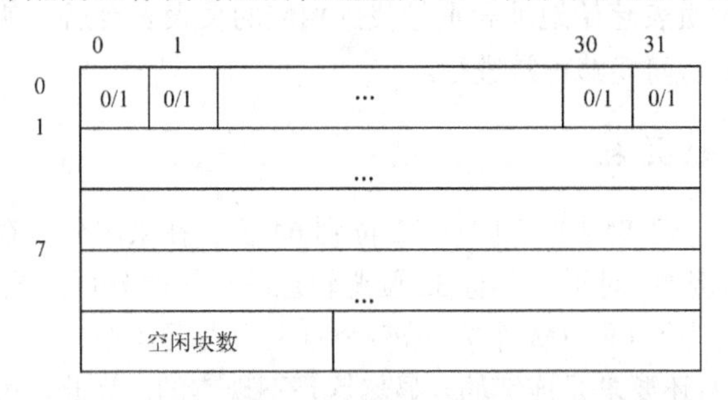

图 3-11 位示图表示实例

位示图优点是占用主存空间小，可常驻内存，有利于系统分配内存空间；缺点是操作中需要将位示图中每个位转换成所对应的主存块的块号，需要花费一定的时间。

基于位示图的表示方法，简单分页存储管理的主存块的分配算法是：先查看空闲块数是否满足作业的需求，若不能满足，则作业等待；否则，则查寻位示图，找到为“0”的那一位，置为已分配标识，并从空闲块数减去本次分配块数。同时按照转换方法计算出该位对应的主存块号，填入作业的页表，将作业装入这些块中。

简单分页存储管理的主存块的回收算法是：当作业执行结束，系统应回收该作业所占用的主存块。根据回收的主存块号计算出该块在位示图中对应的位，将其值改为0，把回收的主存块数加入到空闲块数中。

3.4.5 页的共享和保护

共享性是现代操作系统的特点，简单分页存储管理系统能够实现多个作业共享程序和数据。多道程序系统中，诸如编译程序、解释程序、公共子程序、公用数据等都是可以共享的，这些共享内容在主存中只要保留一个副本，共享性可以大大提高主存空间的利用率。

简单分页存储管理系统是以页为单位划分作业和分配主存空间，那么两个作业要共享公用数据时，只要让各自页表中有关的页号对应相同的存放公用数据的物理块号，即可达到共享数据的效果。而多个作业共享程序则相对复杂。首先共享的程序必须是可执行的；其次共享的程序通常含有转移指令，转移指令中必须指出页号等信息，这就要求共享该程序的多个作业的页号必须统一；最后，由于分页存储管理以页划分作业地址空间，常常将一个逻辑上连续的程序划分开来，仅仅共享一个页面可能是没有意义的。

实现页的共享，必须解决页的保护问题。在简单分页存储管理系统中，当进程要访问某逻辑地址中的信息时，地址转换机构将在地址转换过程中进行以下两方面的存储保护检查。

1. 越界检查

页表控制寄存器中记录有页表长度，当进程要访问的逻辑地址的页号与页表长度进行比较，如果页号超出页表长度，将产生地址越界中断信号，确保进程只能在自己的地址空间内进行存储操作。

2. 存储保护键检查

在页表的每个表目中设置一个存储保护键，用于规定该页的访问权限。一般有三个二进制位组成，分别是“可读”、“可写”、“可执行”三种访问权限标志。在进行存储访问时，当逻辑地址通过了越界检查，并根据页表起始地址和页号找到相应的页表表目后，就可以根据它的存储保护键的内容来确定此次存储访问能够正常进行。

3.4.6 两级和多级页表

在现代计算机系统中，逻辑地址空间有32位到64位。在采用分页存储管理方式时，页表要占用相当大的内存空间。例如，对于一个有32位逻辑地址空间的分页系统，如果页面大小为4KB，即2^{12}B，则页面数可有2^{20}个（即1M个），若每个页表项占用4个字节，则系统中仅页表就要占用4MB的内存空间，而且还要求是连续的，显然这是不现实的。为此，可以采用二级页表甚至多级页表的方法来解决这一问题。

1. 二级页表

由于难以找到足够大的内存空间来存放页表，可以将页表也采用分页的方法，把页表分成若干页，并为它们进行编号。可以离散地将各个页面存放在不同的物理块中，为了管理这些页表，需再建立一张页表，称为外层页表，也就是页表的索引表。在外层页表中的每个页表项中记录了页表页面的物理块号。下面仍以 32 位逻辑地址空间为例来说明。当页面大小为 4KB 时（12 位），在采用二级页表结构时，再对页表进行分页，使每页中包含 2^{10}（即 1024）页表项，最多允许有 2^{10} 个页表分页，或者说，外层页表中的外层页内地址 P_2 为 10 位，外层页号 P_1 也为 10 位，其逻辑地址结构可描述如图 3-12 与图 3-13 所示。

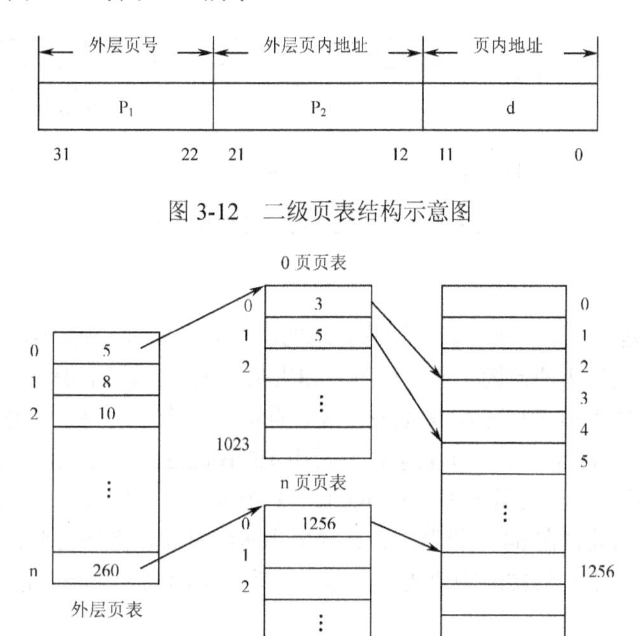

图 3-12　二级页表结构示意图

图 3-13　二级页表结构

由图 3-13 可以看出，外层页表的每个表项中，存放的是某页表分页的首址，如第 0 号页表存放在第 5 物理块中，第 1 页存放在第 3 物理块中；而在页表的每个表项中存放的是某页在内存中的物理块号，如第 0 号页表中的第 0 页存放在第 3 物理块中。可以利用外层页表和页表，来实现从进程的逻辑地址到内存中物理地址间的变换。

为了实现地址变换，在地址机构中需要设置一个外层页表寄存器，用于存放外层页表的始址，并利用逻辑地址中的外层页号作为外层页表的索引，从而找到指定页表分页的首址，再利用外层页内地址作为指定分页的索引，找到指定的页表项，从中找到该页在内存中的物理块号，用该块号和页内地址 d 即可构成访问内存的物理地址。图 3-14 表示了二级页表的地址变换机构。

上述方法解决了大页表的离散存储问题，但页表占用的内存空间仍然很大。为了解决页表占用大量内存空间的问题，可以把当前所需要的一部分页表调入内存，而另外一部分则存放在磁盘上，以后再根据需要陆续调入。由于有部分页表没有调入内存，因此还应在外层页表的表项中，增设一个状态位 S，若其值为 1，表示该页表已在内存，若为 0，则表示该页尚未调入内存。这样可以解决页表占用大量内存空间的问题。

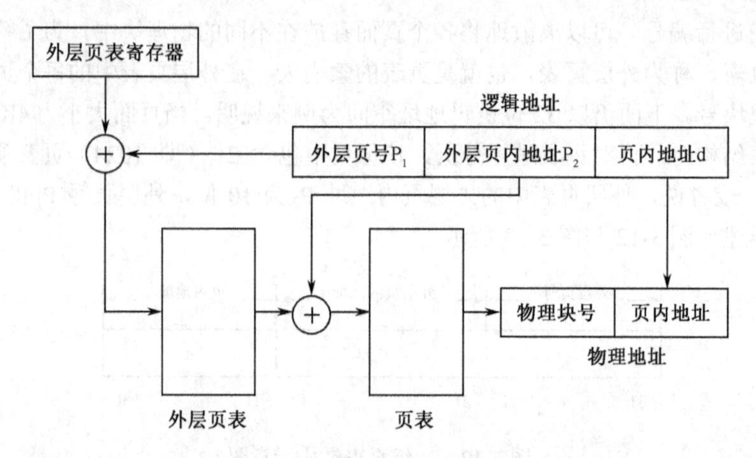

图 3-14 二级页表的地址变换机构

2. 多级页表

对于 32 位的机器，采用二级页表结构是合适的。但对于 64 位的机器，使用二级页表仍然存在着页表占用内存空间过大的问题，原因如下：如果页面大小仍采用 4KB（2^{12}B），则还剩下 52 位，假定仍按物理块的大小（2^{10} 位）来划分页表，此时，把余下的 42 位用于外层页号，这样，外层页表中最多可能有 4T（2^{42}）个页表项，要占用 16TB 的连续内存空间，这是不可能接受的；即使按 2^{20} 位来划分页表，外层页表中仍有 4G（2^{32}）个页表项，要占用 16GB 的连续内存空间，这也是不能接受的。因此，在 64 位机器中，必须采用多级页表，将外层页表再进行分页，然后将各个分页离散地分配到不相邻接的物理块中，再利用第二级的页表来映射它们之间的关系。

3.5 简单分段存储管理

简单分页存储管理提高了主存空间的利用率，分段存储管理主要满足了程序员编程和使用上的要求。分页存储管理中页面与源程序无逻辑关系，难以实现对源程序以模块为单位进行分配、共享和保护。分段存储管理对内存以作业地址空间中的段为单位进行动态分区，作业中的每个段装入主存空间的一个分区，作业中的段在主存中可以不连续。分段存储管理支持模块化编程，有广泛的应用价值。这里首先介绍简单分段存储管理。

3.5.1 基本原理

与分页存储管理不同的是将主存空间划分的区域随作业中的分段不同而不同，以段为单位进行存储分配。简单分段存储管理的基本原理是：系统把作业从地址空间全部装入主存时，以其地址空间中各个长度不一的段为单位进行动态分区，每个段在主存占一连续区域。

分页存储管理的地址转换过程中，逻辑地址可以看成由页号与页内偏移两部分组成，但实际上，分页方式下的地址空间仍是一维连续的地址空间。而分段存储管理则不同，作业的逻辑地址空间按程序的逻辑关系被划分为若干段，每个段是一组有完整逻辑意义的信息，如主程序段、子程序段、数组段、工作区段等。分段是编程人员可见的，可由编程人员或编译器来完成，一个段对应一个程序单位。通常用一个段号来代替段名，每个段都从 0 开始编址，段的长度由相应的逻辑信息的长度决定，各段之间可以是不连续的，是相对独立的。所以在分段存储管理中作业的地址空间可以看成由两部分组成：段号和段内偏移，如图 3-15 所示。整个作业被分成多个段，所以也称分段存储管理中的地址是二维的。

段号	段内偏移

图 3-15　分段存储管理的地址结构示意图

在进行存储分配时，为进入主存的每个作业建立一张段表，记录各段在主存中的情况，如段号、起始地址和长度信息，如图 3-16 所示。

段号	起始地址	长度
0	30KB	10KB
1	60KB	20KB
…	…	…

图 3-16　段表的格式示意图

作业的各分段在段表中有相应的起始地址，即各分段分别装入到各自的一段连续的存储区域。图 3-17 描述了简单分段存储管理的工作原理。

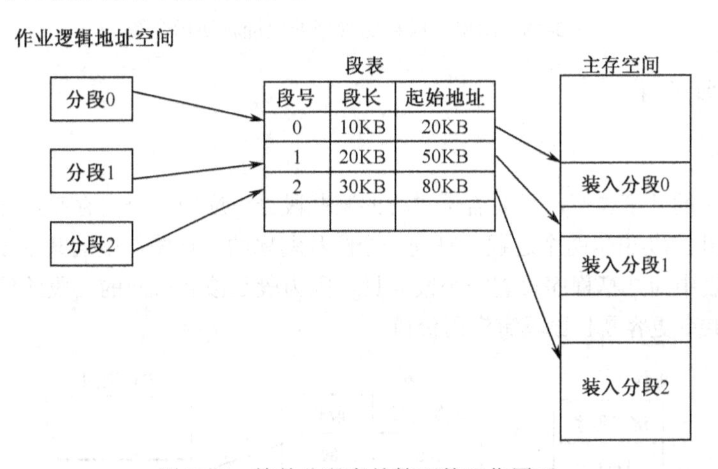

图 3-17　简单分段存储管理的工作原理

3.5.2　地址转换

作业执行时，地址转换按照各自的段表进行。类似与分页存储管理，分段存储管理也设置一个段表控制寄存器，存放当前运行的作业的段表的起始地址和段表长度。逻辑地址向物理地址转换时，首先将逻辑地址的段号与段表长度比较，检查是否超出段表长度而越界；然后再用段表中的段长与逻辑地址的段内偏移比较，检查是否超出段的长度而越界。如果均未越界，则可以将该段号在主存中的起始地址和段内偏移相加，得出相应的物理地址。图 3-18 表示了简单分段存储管理的地址转换示意图。

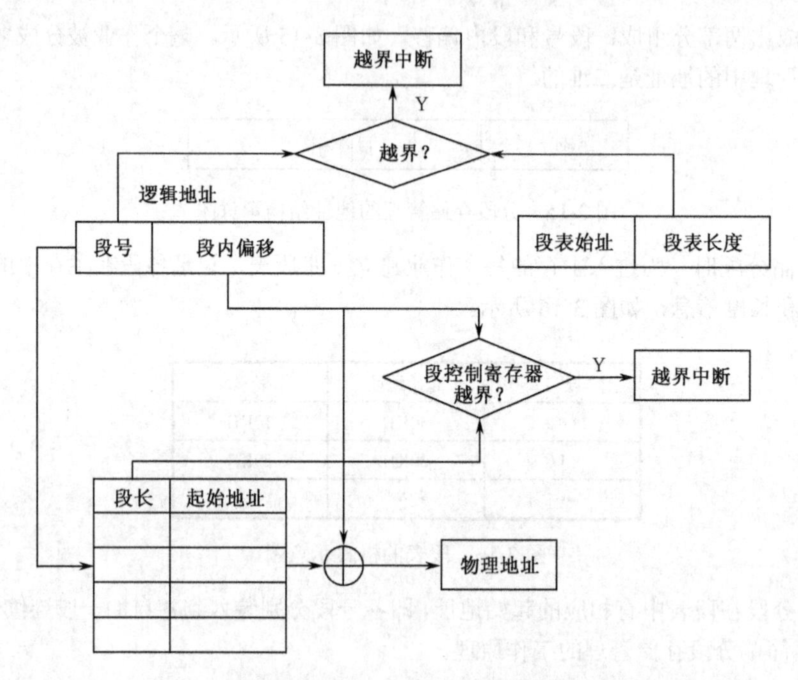

图 3-18 简单分段存储管理的地址转换示意图

3.5.3 段的共享

1. 段的共享

段的共享与页的共享类似，只要若干进程的某些段号对应同一个内存起始地址和段长，即可实现段的共享。图 3-19 表示两个进程共享同一个解释程序的示意图。段的共享较容易实现，只要在每个进程的段表中为共享程序设置一个段表目，因为段是按名访问的，段的信息有完整的逻辑意义，所以段的共享更容易且更具有实用价值。

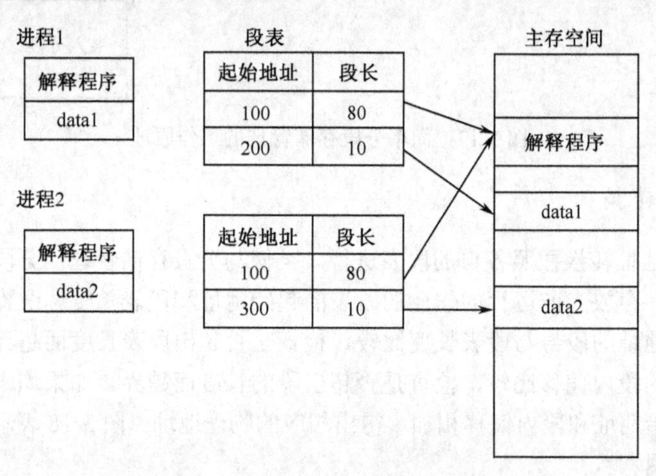

图 3-19 段的共享示意图

2. 段的保护

与页的保护法类似，通常采用越界检查和存储保护键法进行段的保护。

在图 3-18 中，有两层越界检查：一是将逻辑地址中的段号与段表长度进行比较，如果段号超出段表长度，将产生越界中断，保证每个进程只能在自己的地址空间内运行；二是将逻辑地址中的段内偏移与段表中的段的长度进行比较，如果超出段长，也将产生越界中断。

存储保护键法就是利用存取控制字段来规定对段的访问权限。可以在段表的每个表目中，增加一个存取控制字段，通常由三个二进制位组成，表示“可读”、“可写”、“可执行”三种访问权限。各位置为“1”时表示允许此种访问，为“0”时表示不允许。进行存储访问时，首先通过越界检查，如正常，则从相应的段表表目中取出存取控制字段，检查相应的访问控制位，决定此次访问操作是否符合权限规定，如不符合，则产生越权中断，达到对段的保护。

3.5.4　分段存储管理的优点

1. 方便编程

用户一般把自己的作业按照程序的逻辑关系划分成若干个段，每个段都有自己的名字和长度。要访问的逻辑地址由段号和段内地址决定，每个段都从 0 开始编址。因此，用户程序在执行中可用段名和段内地址进行访问。例如：

```
LOAD  2，[A]|〈C〉
STORE  2，[B]|〈H〉
```

第一条指令的含义是把 A 段中 C 单元内的数据读入 2 号寄存器，第二条指令的含义是把 2 号寄存器中的数据存入 B 段中的 H 单元中。

2. 便于动态增长

在实际应用中，有些段，特别是数据段，其长度会随着输入数据的多少而变化，而事先又无法确切地知道数据段会增长到多大。在这种情况下，要求能动态地增长一个段。这在分段系统中是易于实现的，因为在一个分段后面添加新的数据不会影响到地址空间中的其他部分。

为了实现段的动态增长，可以在段表中增设一个增长标志位。如果该位为 0，则表示该段不可增长。如果该位为 1，则表示该段允许增长。在允许增长的情况下，由于往段中添加新的数据，往往会触发越界中断，操作系统的越界中断处理程序将根据动态增长位来判断增长的合法性。

3. 便于共享

在实现程序和数据的共享时，都是以信息的逻辑单位为基础的。分页系统中的每一页都只是存放信息的物理单位，其本身并无完整的意义，因而不便于信息共享。然而段却是信息的逻辑单位，便于实现共享。

为了实现段的共享，只要在所有需要共享的进程的段表中，设置相应的表目指向被共享段在内存中的起始地址即可。

4. 便于动态链接

用户源程序经过编译后形成若干个目标程序，还须再经过链接形成可执行文件后，方能执行。这种在装入时进行的链接称为静态链接。动态链接是指在作业运行之前，并不把几个目标程序段链接起来。作业要运行之前先将主程序所对应的目标程序装入内存并启动运行，当运行过程中又需要调用某段时，才将该段（目标程序）调入内存并进行链接。实现动态装入与链接的方法随计算机的硬件结构而异。

5. 便于分段保护

在多道程序环境下，必须对内存中的信息采取有效的保护，以防其他程序对内存中的数据有意无意地破坏。信息的保护也是以信息的逻辑单位为基础的。因此，采取分段的组织和管理方式，对于实现保护功能，将是更有效和方便的。

分段存储管理的缺点如下。

（1）要为存储器的紧缩付出处理器机时的代价。

（2）为管理各段，要设立若干段表，为此，要提供附加的存储空间。

（3）在外存上管理可变长度的段比较困难。

（4）段的最大长度受到内存大小的限制。

（5）与分页一样，提高了硬件成本。

3.6 虚拟存储管理

前面所介绍的分区存储管理、简单分页、简单分段存储管理均属于实存储管理技术，它们的特点是作业必须全部装入主存空间才能运行。而随着应用的复杂度增高，作业的容量越来越庞大，实存储管理技术的应用必然受到限制，由此引出了虚拟存储管理技术。虚拟存储管理技术的思想依据是部分装入原则，即作业不必全部装入主存，只需装入部分，从而解决了较小的主存空间运行大作业的问题。

程序执行时具有局部性的特点，即常常使用程序中的一部分，或最近访问过的部分程序再次被访问的概率大。考虑到程序的这一特点，针对作业的容量大于主存空闲容量的问题，虚拟存储管理采用部分装入的原则，即作业提交时，先全部进入辅助存储器，作业要运行时，可以将部分作业先装入主存，其余部分仍保留在作为主存扩充的辅助存储器中，如果需要用到这些信息时，再由系统自动将它们装入主存。此时，如果主存中没有足够的空闲空间，则需要将已经在主存中的部分信息移出到辅存中，然后在将需要的信息装入，这叫部分对换。部分装入和部分对换是虚拟存储管理的主要依据，不仅能够充分利用主存，也使得编程人员不必考虑主存的实际容量的大小，让用户感觉到计算机系统提供了一个容量巨大的主存，通常也称为“虚拟存储器”。虚拟存储器是具有部分装入和部分对换功能，逻辑上扩充主存容量的存储器。虚拟存储器是为了扩充主存容量而采用的设计技巧，它的容量与主存大小无直接关系，取决于计算机的地址结构。例如，一个计算机系统的地址位有 20 位，则它的虚拟地址空间大小为 2^{20}B=1MB。

虚拟存储器的思想产生于 20 世纪 60 年代，至今已经广泛应用，该技术不仅应用于大型机上，也已经应用到微型机中。目前，虚拟存储管理主要有以下具体实现方式：请求分页式、请求分段式、请求段页式虚拟存储管理。

3.7 请求分页虚拟存储管理

请求分页虚拟存储管理是比较常见的虚拟存储管理技术，它是基于简单分页存储管理技术的基础之上，结合虚拟存储技术来实现主存的扩充。该技术理论性强，特别适合理论学习。

3.7.1　基本原理

请求分页虚拟存储管理采用实分页技术管理作业逻辑地址空间和主存物理空间，采用虚拟存储技术实现主存容量的扩充。它的主要思想是：系统将作业的逻辑地址空间和主存物理空间按照同样大小的页划分出页和块。作业运行前，仅把需要的部分页面装入主存块中，运行中如果访问的页面不在主存，则产生缺页中断，由缺页中断处理程序将所需页面调入主存，此时如果主存中没有足够的空闲空间，则系统按一定的页面置换算法将主存中的部分页面移出，然后再装入需要的页面。

为了实现请求分页虚拟存储管理，页表是不可缺少的，除了提供页号、对应的主存块号外，还要增加辅存地址、状态位、访问位、修改位、存取控制字段等信息，如表 3-4 所示。其中，辅存地址表示该页在辅存的位置，以便调入该页时查找；状态位表示该页是否在主存，以便检查是否缺页；访问位记录该页被访问的标志或次数；修改位表示该页是否被修改过；存取控制字段用来对该页进行存取保护。

表 3-4　请求分页虚拟存储管理中页表的逻辑结构

页号	主存块号	状态位	辅存地址	访问位	修改位	存取控制字段

结合页表简单描述请求分页虚拟存储管理的工作步骤：首先初始化页表，页表中就记录了当前作业中页面的各种信息，如某些页面已装入主存，相应的状态位应置为 1；当作业运行时要访问的页面在页表中的状态位为 0，则表示不在主存中，系统产生缺页中断，执行相应的中断处理程序；如果主存中有足够的空闲空间，系统则为这些页面分配主存块，记录到页表中页号对应的主存块信息中，然后按照每个页面对应的辅存地址找到页面内容装入指定的主存块中，并修改状态位为 1；如果主存中没有足够的空闲空间，系统则需按照一定的页面置换算法移出某些页面，在做移出时，要用到页表中的修改位、辅存地址以及存取控制字段信息，如果页面的内容已修改，则将修改后页面的内容写入辅存相应的位置，如果页面的内容未修改，则不需做重写的操作；将页面移出后，修改页表中被移出的页面的状态位，同时将释放出的主存块分配给准备移入的页面，即修改这些页面对应的主存块，然后从辅存指定的位置将页面装入指定的块中，修改其状态位为 1。

请求分页虚拟存储管理中指令的地址转换原理与简单分页存储管理的相似，不同的是缺页中断处理。图 3-20 描述的是请求分页虚拟存储管理的地址转换过程，其中使用到了快表，以便提高系统执行效率。

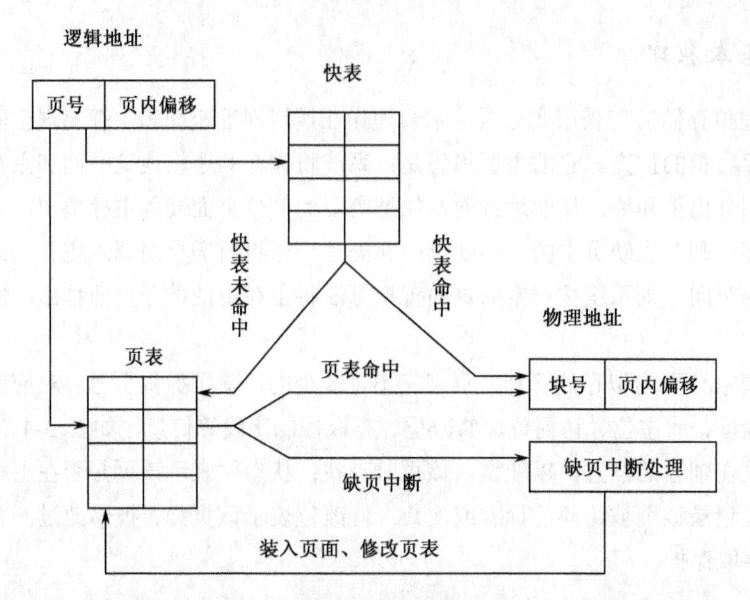

图 3-20 请求分页虚拟存储管理的地址转换过程

3.7.2 主存页面分配策略

请求分页虚拟存储管理通过页面的移入和移出，能使更多的作业同时多道运行，从而提高系统的效率。但缺页中断处理要花费时间开销，因此应尽量减少缺页中断的次数。那么如何分配主存块减少缺页替换的次数是页面分配所需要考虑的策略。

系统为进程分配主存空间时，应考虑下面两方面问题。

（1）在主存容量和进程数量一定的前提下，如何把主存物理块分配给诸进程？

（2）作业运行过程中发生缺页中断时，如何为所缺的页面分配主存？

首先关于如何把主存物理块分配给诸进程，有以下几种解决方法。

① 平均分配原则。将主存中所有的物理块平均分配给进入系统的进程。实现简单，但会导致“内碎片”增大，缺页率提高，所以较少使用。

② 按进程长度比例分配原则。按程序的大小比例分配主存物理块个数，即进程相应的程序较长则分配的物理块将较多，但所分配的物理块数必须大于程序运行所需的最少物理块数。

③ 按进程优先级分配原则。进程优先级越高，分配的主存块则越多，思想依据是加速高优先级进程的执行。

④ 按进程长度和优先级别分配原则。将方案②和③相结合，首先按进程长度比例为进程分配物理块，然后再按进程优先级适当地为高优先级的进程增加物理块数。

其次关于如何为所缺的页面分配主存的问题，有以下解决方法。

① 固定分配局部替换。初始状态下，为每个进程分配固定数目的主存块后，在整个运行期间不再改变。当进程发生缺页时，只能从进程在主存的那一部分页面中选出某页面移出，然后移入所缺的页面，从而保证该进程所占主存空间不变。该方法的优点是一个进程的缺页不会影响其他进程。

② 可变分配全局替换。当作业发生缺页时，先从主存空闲块中为所缺页面分配主存空间，如果主存中已没有空闲块，这时再从所有用户进程所占空间中为所缺页面分配主存。该方法分配灵活，但一个进程的缺页将会影响到其他进程。

3.7.3　页面调入策略

请求分页虚拟存储管理的主要原理是部分装入原则，所以作业在运行时总要进行页面调入。何时将一个页面从外存调入主存，主要有以下两种方法。

（1）预调入

方法是一页面被访问前就已经预先置入内存，以减少今后的缺页率，此方法也称为先行调度方法。该方法主要适用于进程的页面主要存放在辅存的连续存储区中，存取比较方便的情况。

（2）请求调入

当进程访问的页面不在主存，发生缺页中断时，由系统根据访问请求把所缺页面装入主存。该方法的特点是由请求调入策略装入的页面一定会被访问；实现比较容易。在当前的虚拟存储管理中，多采用此方法。

请求调入策略的缺点是一次只能装入一个页面，增加了磁盘 I/O 的启动频率。所以有些系统将预调入和请求调入两种方法结合起来，即每次缺页时装入多个页面。

3.7.4　页面置换算法

作业要访问的页面不在主存时，由缺页中断处理程序将所需的页面调入主存，若此时主存中没有空闲物理块，则系统将按照一定的页面置换算法选择一些页面移出，以便装入所缺的页面。页面置换算法也称为页面淘汰算法或页面调度算法，其性能将直接影响系统的执行效率。下面基于系统采用固定分配局部置换和请求调入的策略，讨论常用的几种页面置换算法。

（1）最佳置换算法——OPT（Optimal）置换算法

OPT 是一种理想的置换算法。当要调入一页面而必须淘汰一个旧页面时，所淘汰的页面应该是以后不再访问的或距现在最长时间后再访问的页面，该置换算法的缺页中断率最低。然而这只是一种理想，因为程序运行过程中无法断定以后要使用的页面的情况，所以该算法是不可能实现的，但我们常把它作为衡量其他置换算法效率的标准。

（2）先进先出置换算法——FIFO（First In First Out）置换算法

FIFO 是最早出现的置换算法，该算法总是淘汰最先进入主存的页面。特点是实现简单，但因为与进程实际的运行规律不适应，所以算法效率不高。

具体实现时，可以把进程进入主存中的页面按先后次序链接成一个队列，设置一个替换指针，使它总是指向最早进入主存的页面，当发生缺页中断时，选择该指针指向的页面淘汰。

【例 3-7】　一个请求分页虚拟存储管理系统中，一个程序运行的页面走向是：1、2、3、4、2、1、2、3、5、2、3、7、6。设分配给程序 3 个主存块，试采用 FIFO 页面置换算法计算缺页中断次数和缺页中断率。

解答： 可以用表格来描述页面置换过程。

1*	1	1	2*	2	3*	4*	1*	2*	2	2	3*	5*
	2	2	3	3	4	1	2	3	3	3	5	7
		3	4	4	1	2	3	5	5	5	7	6
√	√	√	√		√	√	√	√			√	√

打“*”表示是当前最早进入主存的页面，打“ √ ”的表示发生了缺页中断，所以总的缺页中断次数为 10 次，缺页中断率为 10/13≈76.9%。

（3）最近最久未用置换算法——LRU（Least Recently Used）置换算法

LRU 算法每次都选择最近最久未使用的页面淘汰，即总是淘汰最后一次访问时间距当前时间间隔最长的页面。该算法的思想依据是根据程序执行时所具有的局部性来考虑的，也就是说，刚被访问过的页面再次被访问的概率较大，而那些较长时间未被使用的页面被访问的概率要小。LRU 置换算法是一种通用的有效算法，因而被广泛采用。

该算法的实现中，主要是标记在主存中的页面哪个最近最久未被使用。具体实现方法有以下两种。

① 计时法。为每个页面设置一个访问时间计数器，当一个页面被访问时，它的时间计数器恢复为 0，而其他页面的时间计数器增加 1。这样当页面置换时，就置换出时间计数器值最大的页面。

② 堆栈法。按照页面被访问的时间次序依次将页面排列到堆栈中。最近被访问的页面置入栈顶，其余页面依次下移，栈底的页面即为最近最久未用的页面，当页面置换时，就置换出栈底的页面。

【例 3-8】 针对例 3-7 的内容，采用 LRU 置换算法，计算缺页中断次数和缺页中断率。

解答：仍采用表格来描述页面置换过程。

1*	1	1	2	3	4	4	1	2	3	5	2	3
	2*	2	3	4	2	1	2	3	5	2	3	7
		3*	4*	2*	1*	2*	3*	5*	2*	3*	7*	6*
√	√	√	√		√		√	√			√	√

打“*”表示是最近被访问的页面，打“ √ ”的表示发生了缺页中断，所以总的缺页中断次数为 9 次，缺页中断率为 9/13≈69.2%。

（4）二次机会置换算法——SC（Second Chance）置换算法

本算法是对 FIFO 算法的改进。FIFO 算法可能会把经常使用的页面淘汰掉，从而造成页面频繁移入移出的现象。二次机会置换算法依据 FIFO 算法，同时考虑页表中每个页面的“访问位”。如果 FIFO 队列的队首页面的“访问位”为“0”，表示它在主存的时间长而且没有非被访问，则可以将它淘汰掉；相反如果队首页面的“访问位”为“1”，表示它在主存的时间长但被访问过还有用，则把它的“访问位”置为“0”，并移到队尾，把它看成一个新调入的页面，再给它一次机会，重复此操作，直到找到一个在主存时间最长而又不被访问的页面，将它淘汰出去。

（5）时钟（Clock）置换算法

二次机会置换算法有一个缺点是需要将访问位为 1 的页面移至队尾，这需要一定的开销。改进的方法是采用环形链表表示进程所访问的页面，引入一个指针指向最早进入主存的页面，这样只需移动指针来查找满足条件的页面。首先检测指针所指向的页面，如果它的访问位为 0，则淘汰该页面，将新调入的页面插入此位置，并将指针前进一个位置；如果它的访问位为 1，则将该位清除为 0，并将指针前进一个位置，继续重复此操作，直到找到访问位为 0 的页面为止。因为指针在环形链表中移动就像表针在时钟表盘上转动一样，所以该方法取名为时钟置换算法。

（6）最近未用置换算法——NRU（Not Used Recently）置换算法

这是一个被广泛使用的 LRU 算法的近似方法，它比较易于实现，开销也比较少，此置换算法，不但希望淘汰的页是最近未使用的页，而且还希望被挑选的页在主存驻留期间，其页面内的数据未被修改过。为此，要为每页增设访问位和修改位，初始值均为 0，当页面被访问或修改时，修改相应位的值为 1，并且系统每隔固定时间将页面的访问位清 0。当要淘汰某页面时，如果它的访问位和修改位均为 1，则需先将页面写回辅存，然后在淘汰；否则直接将其淘汰掉。

3.7.5　缺页中断率分析

相对于实存管理技术，请求分页虚拟存储管理消除了对主存的限制，增加了多道系统下作业的道数，提高了系统的效率。但虚存管理技术的特点是部分装入和部分移出，所以请求分页虚拟存储管理首要考虑的问题是如何减少缺页次数，从而提高该技术的执行效率。主要考虑以下几个方面的问题。

（1）页面大小的选择

一般人认为页面尺寸越大，缺页中断率越低，但页面尺寸不能无限制地增大，通过实验统计得出页面尺寸在 0.5～4KB 之间较合适。

如果页面尺寸偏小，页表容量则大，查表速度就慢，缺页中断次数增加；如果页面尺寸偏大，虽然页表容量变小，查表速度快，但页面调度时间长，而且页内碎片较大，影响主存空间的利用率。

（2）分配给作业的主存块数

分配给作业的主存块数越多，缺页中断率越低；分配给作业的主存块数太少，容易导致页面频繁的移入移出，出现所谓“抖动”现象，系统处理页面置换的开销远大于执行程序，将严重影响系统的效率。通过实验统计得出，分配给作业的主存块数应不小于作业的总页面数的一半。

（3）页面置换算法的选取

不同的页面置换算法在相同情况下导致缺页中断率是不同的。实验证明在固定分配方案中，分配给作业的主存块数相同且较小的情况下，缺页中断率的比较情况是：FIFO＞CLOCK＞LRU＞OPT，而随着分配给作业的主存块数的增加，这四种算法的缺页中断率的差距则越来越小。算法通常是以牺牲时间或空间开销来换取缺页率的减小，所以在实际应用中，应酌情选择合适的页面置换算法。

（4）程序的局部性

用户编程时应注意突出程序的局部性，这样才符合虚拟存储管理的思想，程序执行时缺页中断率随之降低。

【例 3-9】　现有作业的页面访问序列为：6、7、6、5、9、6、8、9、7、6、9、6，系统分配 3 个主存块，试分别用 OPT、FIFO、LRU 和 CLOCK 页面置换算法计算缺页中断次数和缺页中断率。

解答：采用表格描述页面置换过程。

OPT 置换算法：

6	6	6	6	6	6	8	8	8	6	6	6
	7	7	7	7	7	7	7	7	7	7	7
			5	9	9	9	9	9	9	9	9
√	√		√	√		√			√		

中断次数=6 次，缺页中断率为 6/12=50%

LRU 置换算法：

6	7	6	5	9	6	8	9	7	6	9	6
	6	7	6	5	9	6	8	9	7	6	9
			7	6	5	9	6	8	9	7	7
√	√		√	√		√		√	√		

中断次数=7 次，缺页中断率为 7/12≈58.3%

Clock 置换算法：

6*	6*	6*	6*	9*	9*	9*	9*	7*	7*	7*	7*
	7*	7*	7*	7	6*	6*	6*	6	6*	6	6*
			5*	5	5	8*	8*	8	8	9*	9*
√	√		√	√	√	√		√		√	

中断次数=8 次，缺页中断率为 8/12≈66.7%

FIFO 置换算法：

6	6	6	6	7	5	9	9	6	6	8	7
	7*	7	7	5	9	6	6	8	8	7	9
			5*	9	6	8*	8*	7	7	9*	6
√	√		√	√	√	√		√		√	√

中断次数=9 次，缺页中断率为 9/12≈75%

可以看出 FIFO 置换算法性能最差，OPT 置换算法性能最好，Clock 与置换 LRU 算法比较接近。

页面置换问题在程序执行中是一个普遍现象，较好地理解页面置换过程同时能够帮助我们更好地设计解决实际问题的方法，以提高程序的执行效率。

【例 3-10】 设有一个数组定义为 int S[200][200]；在一个虚存系统中，系统为一个进程分配 3 个主存块，每个主存块可以存放 400 个整数。第 1 主存块用来存放程序，且程序已在主存中。下面有两段程序：

程序 A：

```
for (i=0;i<200;i++)
    for (j=0;j<100;j++)
        S[i][j]=0;
```

程序 B：

```
for (j=0;j<200;j++)
    for (i=0;i<100;i++)
        S[i][j]=0;
```

系统采用 LRU 页面置换算法，试问：程序 A 和程序 B 的执行进程缺页次数分别是多少？

解答：数组 S 中可以存放的数据最多为 200×200=40000，因为页面大小和主存块大小相等，所以一共需要 40000/400=100 个页面存放数组中的数据。由于该程序是 C 语言编写的程序，数组 S 是按行存储的，即第 1 行、第 2 行的数据放在第 1 页中，…，第 199 行、第 200 行放在第 100 页中。而程序 A 对数组的访问是按行访问的，与数组的存储方式相一致，所以程序 A 的缺页中断次数为页面的个数，100次；程序B对数组的访问是按列访问，它访问数组S中的一列就会缺页中断200/2=100次，该数组有200列，所以程序B总的缺页中断次数就为100×200=20000次。

3.8　请求分段虚拟存储管理

请求分段存储管理系统是在分段存储管理系统的基础上实现的虚拟存储器。它以段为单位进行换入换出。在程序运行之前不必调入所有的段，而只调入若干个段，便可启动运行。当所访问的段不在内存时可请求操作系统将所缺的段调入内存。为实现请求分段存储管理，与请求分页存储管理类似，需要硬件的支持和相应的软件。

3.8.1　基本原理

在请求分段式存储管理系统中，进程运行之前一部分段装入内存，另外一部分段则装入外存。在进程运行过程中，如果所访问的段不在内存中，则发生缺段中断，进入操作系统，由操作系统进行段的动态调度。

请求分段的段表是在纯分段的段表机制的基础上形成的。需在段表中增加若干项，供程序在换进换出时参考。图3-21是请求分段系统中的段表结构。

段名	段长	段的基址	存取方式	访问字段	修改位	存在位	增补位	外存地址

图3-21　请求分段虚拟存储管理中的表的结构

现对新增字段说明如下。

（1）存取方式：用于标识本段的存取属性，存取属性包括只执行、只读还是读/写。

（2）访问字段：用于记录该段在一段时间内被访问的次数，或最近已有多长时间未被访问，供置换算法选择段时参考。

（3）修改位：表示该段在调入内存后是否被修改过。由于内存中的每一段都在外存上保留一个副本，因此，若未被修改，在置换该段时就不需将该段写回到磁盘上，以减少系统的开销和启动磁盘的次数；若已被修改，则必须将该段重写回磁盘上，以保证磁盘上所保留的始终是最新副本。

（4）存在位：说明本段是否已调入内存。

（5）增补位：用于表示本段在运行过程中，是否进行过动态增长。

（6）外存地址：指出该段在外存的起始地址，通常是起始物理块号，供调入该段使用。

请求分段虚拟存储管理系统如图3-22所示。

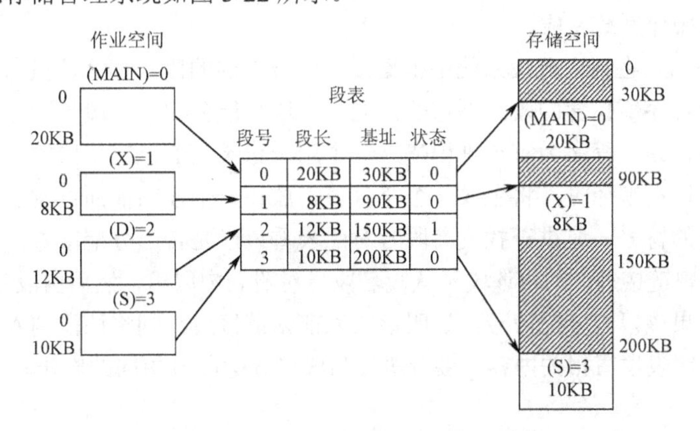

图3-22　请求分段虚拟存储管理系统

3.8.2 地址转换

请求分段系统中的地址变换机构，是在分段系统的地址变换机构的基础上形成的。由于被访问的段并非全在内存，因此在地址变换时，若发现所要访问的段不在内存时，必须先将所缺的段调入内存，在修改了段表之后，才能利用段表进行地址变换。图 3-23 给出了请求分段系统的地址变换过程。

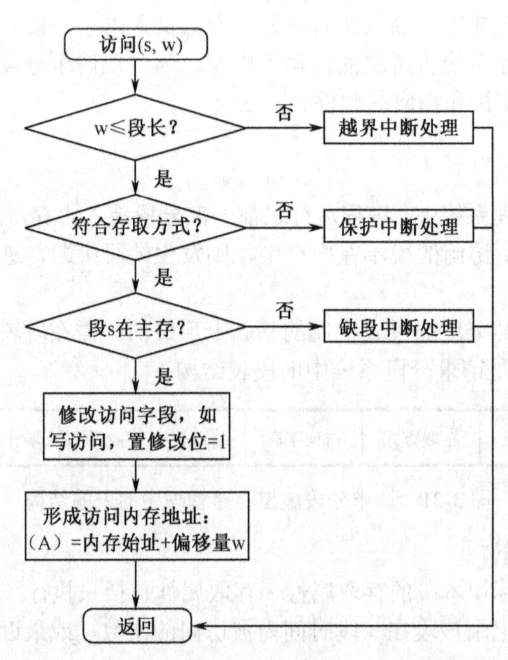

图 3-23 请求分段系统的地址变换流程图

3.8.3 段的动态链接

请求分段系统中各段之间存在逻辑上的联系，段与段之间如何建立链接呢？主要有两种方法：静态链接、动态链接。静态链接是指在程序运行之前将各段链接在一起，该链接工作由链接装配程序完成。静态链接操作简单，但链接时间长、产生的目标代码长、链接起来的段并不一定都被用到。动态链接可以克服这些缺点，所谓动态链接，是指在程序运行过程中需要某段时才将该段链接上，该操作由操作系统完成。

每个段有其段名，在请求分段系统中根据段号区分不同的段，那么从段名到段号如何转换？动态链接中，一个程序所包含的段是不定的，同一个段只能分配一个段号，操作系统程序完成从段名到段号的转换，系统程序为每个进程建立一个用于记录当前已链接段的表目，该表称为段名段号对照表。每个段在编译时，将生成一个符号表，放在一个段的前面；发生链接中断后，中断处理程序取出该段的符号，通过查找段名段号对照表看该段是否已分配段号；如果该段已分配段号，说明该段以前曾链接过，则将该段号从段名段号对照表中取出，然后由段号查段表找到该段，取出段内地址；如果该段未分配段号，说明该段以前未链接过，则将该段调入主存，分配一个段号，在段名段号对照表填写相关内容，接着执行与段已分配段号相同的操作。

3.8.4 段的动态增长

在地址转换过程中，要判断访问的逻辑地址有无超出段长。段的动态增长由越界中断处理程序完成，当产生一个越界中断后，中断处理程序判断该段的增长位，如果该位为1，表明可以增长，则增加该段的长度，按结果修改相应的段表表目，返回到重定位过程。由于段增长后要求在主存中仍然是连续的，因此实施段的增长可能需要对主存进行“紧缩”操作，这需要花费时间开销。段的动态增长提高了程序执行的灵活性，并有利于提高主存的利用率。

3.9 请求段页式虚拟存储管理

前面介绍了分页存储管理和分段存储管理，它们各有其优缺点。分页系统能有效地提高内存利用率，但却不能很好地满足用户的需要，给共享和保护带来了一定的困难。分段系统能够很好地满足用户的需要，但要为存储器的紧缩付出处理器机时的代价。为了获得分段管理在逻辑上以及分页管理在存储空间方面的优点，可以把两者结合起来，形成一种新的存储管理方式——段页式存储管理技术。这一技术的基本思想是：用分段方法来分配和管理虚存；用分页方法来分配和管理实存。在段页管理系统中，每一段不再占有连续的实存空间，而被划分为若干个页面。由于段页式存储管理是对页面进行分配和管理，所以有关存储器的紧缩、外存管理及段长限制等问题都将得到很好的解决。而分段的优点，如允许动态增长、动态链接、段的共享和保护等措施却被保留下来。这一存储管理技术在大、中型计算机中已获得了广泛应用。

本章小结

本章从基本的存储概念讲起，介绍存储系统及存储管理的思想。按照存储管理的分类，由浅入深地介绍各种内存管理方案，其中主要分为实存储管理技术和虚拟存储管理技术两大类，实存储管理技术是基础，虚拟存储管理技术则是现代操作系统所具有的特征之一，它在一定程度上解决了大应用程序和小运行空间之间的矛盾。本章重点介绍分页存储管理和分段存储管理技术，两者相比，分页存储管理操作较简单，但没有考虑程序的逻辑结构，而分段存储管理则主要考虑到程序的逻辑结构，实现则相对复杂，但具有广泛的应用价值。

在掌握了存储管理的基本理论后，操作系统设计人员应将存储管理功能和硬件设备的组织结构结合考虑，根据实际情况采用合适的管理方案达到有效地进行资源管理的目的。

习题3

1. 什么是逻辑地址和物理地址？什么是逻辑地址空间和物理地址空间？
2. 什么是地址转换或地址重定位？什么方法可以实现地址转换？
3. 比较可变分区和固定分区存储管理优缺点。
4. 什么是移动技术？何种情况下可以采用移动技术。
5. 什么是存储保护？有哪些存储保护方法？
6. 虚存管理和实存管理的主要区别是什么？

7．什么是虚拟存储器？描述虚拟存储管理。

8．比较简单分页存储管理和请求式分页虚拟存储管理。

9．比较分页存储管理和分段存储管理。

10．分页存储管理和分段存储管理中产生什么类型的碎片，采用什么方法解决碎片问题？

11．什么叫“抖动”？什么问题会导致抖动现象出现？

12．在可变分区存储管理中，按地址排列的内存空闲区为：10KB、4KB、20KB、18KB、7KB、9KB、12KB 和 15KB。现有下列连续存储区的请求：

（1）12KB、10KB、9KB；

（2）12KB、15KB、18KB。

请分别使用首次适应算法、最佳适应算法、最差适应算法和下次适应算法，给出空闲区分配过程，并比较各种分配方法的内存利用率。

13．在一个请求分页虚拟存储管理系统中，页面访问序列是：2、3、2、1、5、2、4、5、3、2、5、2，分别采用 FIFO、OPT 和 LRU 算法，在系统分配给程序 3 个、4 个页框的情况下，给出页面分配过程，计算缺页中断次数和缺页中断率。

14．在分页系统中，页表存放在主存中，如果对内存的一次存取要 1.2μs，问实现一次页面访问的存取需花多少时间？如果系统配置了联想存储器，命中率为 80%，设联想存储器的查找时间忽略不计，问实现一次页面访问的存取时间是多少？

15．某段式存储管理的系统中为一个作业建立如下段表：计算作业访问的逻辑地址[0，260]、[1，36]、[2，86]、[3，400]相对应的绝对地址。

段号	段长	段首址
0	300	10
1	420	400
2	100	800
3	560	1200
4	980	3500

16．设计算机系统提供 24 位虚存空间，主存为 2^{20}B，采用分页虚拟存储管理，页面尺寸为 2KB。设用户程序访问虚拟地址 12223456（八进制），系统为该页面分得物理块号为 120（八进制），试计算相应的物理地址。

17．一分页存储管理系统中，逻辑地址长度为 16 位，页面大小为 4096 字节，现有一逻辑地址为 1F6BH，且第 0、1、2 页依次存在物理块 8、9、10 号中。问，该逻辑地址相应的逻辑地址是多少？

18．设计算机有 4MB 内存，操作系统占用 512KB，每个用户程序占用 512KB 内存。如果程序均需 70%的 I/O 等待时间，如果主存再增加 1MB，吞吐率增加多少？

19．在请求分页虚拟存储管理系统中，采用 FIFO 页面置换算法，并不是分配的物理块越多缺页率越低，而是分给作业页面越多，进程执行时缺页中断率越高的奇怪现象。请解释这种现象。

20．在一个采用页式虚拟存储管理的系统中，有一用户作业，它依次要访问的字地址序列是：115，228，120，88，446，102，321，432，260，167，若该作业的第 0 页已经装入主存，现分配给该作业的主存共 300 字，页的大小为 100 字，请回答下列问题：

（1）按 FIFO 调度算法将产生多少次缺页中断，依次淘汰的页号顺序如何？

（2）按 LRU 调度算法将产生多少次缺页中断，依次淘汰的页号顺序如何？

21.（1）设有一页式存储管理系统，向用户提供的逻辑地址空间最大为 16 页，每页 2048 字节，内存总共有 8 个存储块。试问逻辑地址至少应为多少位？内存空间有多大？

（2）在一个请求分页虚拟存储管理系统中，一个程序运行的页面走向是:

1、2、3、4、2、1、5、6、2、1、2、3、7、6、3、2、1、2、3、6。

采用 LRU 算法，对分配给程序 3 个页框（块）、4 个页框（块）的情况下，分别求出缺页中断次数和缺页中断率以及最后驻留的页面情况。

22. 一个进程以下列次序访问 5 个页：A、B、C、D、A、B、E、A、B、C、D、E；假定使用 FIFO 替换算法，在主存器中有 3 个和 4 个空闲页框（块）的情况下，分别给出页面替换次数。通过该题的计算，出现了什么现象？（注：本题页面初始装入主存也计入缺页中断次数。）

23. 在一个分页虚拟存储系统中，用户编程空间为 32 个页，页长 1KB，主存空间为 16KB。如果应用程序有 10 页长，若已知虚页 0、1、2、3，已分得页框 8、7、4、10，试把虚地址 0AC5H 和 1AC5H 转换成对应的物理地址。

第4章 设备管理

设备管理是操作系统的一项重要功能。设备管理负责对除 CPU 和内存以外的计算机所有的外部设备进行管理，包括所有的输入、输出设备以及存储设备。外部设备的品种繁多，物理特性差异巨大，因此，操作系统不仅要对外部设备进行管理，提高设备的利用率，同时还要为用户提供方便、统一的使用界面。对用户来说，希望连接上就能使用，而不必让用户去关心中断向量、地址和通道的设置与分配。因此，设备管理要努力做到设备无关性和设备独立性。

现代操作系统设备管理与文件系统密切相关，设备文件化，文件也可以当做设备使用。但是，文件管理和设备管理也是有很大区别的。文件管理强调逻辑文件到物理文件的映射，至于怎样将文件信息从设备（如磁盘）读出或写入，需要对相关设备进行分配、启动、控制、驱动等，则是设备管理所解决的问题。

设备管理需要给进程分配设备（如独占设备，键盘、打印机等），当进程使用完毕，还要进行回收。合理地分配和回收外部设备是设备管理的重要内容。而对于可以同时被多个进程共享的设备（如磁盘等），则不存在分配和回收问题，而转变为对设备的驱动调度问题。

为了提高设备工作的效率，可以采用中断技术、DMA 技术、通道技术和缓冲技术。特别是，采用 Spooling（假脱机技术）实现的虚拟设备，可以将独占型设备转变为共享设备，可以大大加快作业执行的速度，从而提高系统效率。

4.1 设备管理概述

4.1.1 设备管理的任务与目标

设备管理是操作系统的一项重要功能。设备管理的任务和目标如下。

（1）根据用户的要求，系统按一定的算法对外部设备进行管理和控制，现代计算机系统不允许用户直接启动外部设备，这样不仅方便了用户，防止用户错误地使用外部设备，提高外部设备以及外部设备的安全性和可靠性。

（2）尽量提高外部设备的利用率，发挥主机与外部设备、外部设备与外部设备之间的真正并行工作。

（3）方便用户使用外部设备。这表现在用户使用设备不必去关心中断向量、地址、通道等的设置和分配问题，甚至能做到即插即用；对于不同的外部设备能够采用相同的处理方式。例如，对于各种字符设备采用同一种 I/O 处理方式，对于块设备也采用相同的控制方式。例如，软盘、硬盘、光盘、优盘等在 Windows 操作系统系列中均采用盘符这一相同的方式进行处理，这样就大大方便了用户。

4.1.2　设备管理的功能

设备管理具有以下一些功能。

1. 实现对外部设备的分配和回收

计算机系统中外部设备品种繁多，必须有效地管理这些外部设备，提高系统效率。因此，设备管理必须进行外部设备的合理分配与管理，既要考虑系统效率，也要考虑用户的要求。如果用户进程申请的设备不可用时，该用户进程就进入相应的进程等待队列。当用户进程使用完外部设备时，系统要对该外部设备及时进行回收。

2. 外部设备的启动和信息传输

包括通道程序控制、设备的启动、中断信号的及时响应和处理。当用户进程申请到外部设备时，系统就可以启动外部设备，启动成功后就可以进行信息传输。在具有通道结构的计算机系统中，信息的传输由通道来完成，当信息传输完毕或发生异常或设备特殊事件（如打印机缺纸）时，通道通过中断发生向 CPU 报告，CPU 通过对通道发来的中断信息进行及时的响应和处理。用户进程在进行设备信息传输时，不必占用 CPU 时间，仍然处于等待态。

3. 实现对磁盘的驱动调度

磁盘是重要的共享设备，该类设备以块为存取单位，并且可以随机访问，该类设备可以为多个进程共享使用。当有若干用户进程要求往磁盘上写数据时，并不是将磁盘设备分配给这些用户进程，而是按一种策略去选择哪个进程先得到服务，实际上，对磁盘这样的共享设备，设备分配与回收问题已经转化为磁盘驱动调度问题。

4. 对缓冲区的管理

采用合适的缓冲区技术可以大大提高设备的效率，可以让多个外部设备能够均衡、协调工作。

5. 实现虚拟设备技术

独占设备的利用率很低，如果采用共享设备（如磁盘）来模拟独占设备，可以将独占设备改造为“共享”设备。这种“共享”设备就是虚拟设备。

4.1.3　外部设备的分类

计算机系统中，外部设备品种多样，且物理特性差异巨大，为了对外部设备有深刻的了解，便于对外部设备的管理和控制，简化设备管理程序，有必要对外部设备进行分类。除了 CPU 和内存之外的计算机系统中所有的设备都是外部设备，外部设备不仅包括输入输出设备、辅助存储器设备、时钟、控制台等，还包括将 I/O 设备与计算机主机连接起来的设备控制器（Controller）和通道（Channel）。随着计算机应用的普及，各种机械电子设备都可以成为计算机的外部设备，如扫描仪、数码相机等，甚至很多外部设备现在还没有出现。因此，现代操作系统对外部设备的管理显得越来越重要。常见的外部设备分类方法如下。

1. 按信息交换的单位分类

（1）字符设备（Character Device）：该类设备的信息传输与处理单位是一个字符，这类设备每次输入或输出一个字符就需要中断一次 CPU 请求进行处理，因此，字符设备也称为慢速字符设备。打印机、显示器、键盘都是字符设备。

（2）块设备（Block Device）：该类设备的信息传输与处理单位是一个“字符块”，简称为块，不同的操作系统，块的大小不同，一般块的大小是 0.5～4KB，一个系统中，块的大小一经确定就不可改变，这样方便系统对块设备的管理和控制。磁盘、磁带、光盘、优盘都是块设备。

2. 按资源特点进行分类

按设备资源的特点进行分类，主要是以设备是否能被共享进行分类，这是一种重要的设备分类方式。

（1）独占设备（Monopolize Device）：独占设备是指在一段时间内只能允许一个进程访问的设备，在访问该设备的进程没有完成前，此设备不能分配给其他进程使用。字符设备通常都是独占设备。如打印机、磁带机都是独占设备。假如打印机可以让多个用户进程共享使用，可能打印出来的结果混在一起、无法分清。独占设备是一种临界资源，多个进程必须互斥访问。

（2）共享设备（Sharing Device）：共享设备是指在一段时间内可以被多个进程交替访问的设备。共享设备具有很高的设备利用率，如软盘、硬盘、光盘等，典型的共享设备是硬盘。硬盘在现代计算机系统中具有举足轻重的地位，这不仅因为硬盘容量大，可以长久保持信息，还因为硬盘具有许多优点，如硬盘是块设备，且是共享设备，可以支持直接存取。正因为硬盘具有如此多的特点，硬盘被广泛使用，操作系统中的虚拟存储器和虚拟设备的实现都离不开硬盘。一般地，块设备大多是共享设备。共享设备必须是可直接寻址访问的设备。

对于独占设备和共享设备，它们的分配方式不同。独占设备采用静态分配法，共享设备采用驱动调度。

（3）虚拟设备（Virtual Device）：将独占设备借助于共享设备（如磁盘），采用某种软件技术，改造成能够被多个进程共享的设备，这种设备就是虚拟设备。可以通过一种叫 Spooling 的软件技术将打印机等独占设备模拟成共享设备，这在本章后续章节会讲解。

3. 按设备地位分类

（1）系统设备：也称为标准设备。当操作系统在启动之后，就已经登记了的设备。这类设备不必安装设备驱动程序就可以工作，如键盘、显示器、打印机、鼠标等。

（2）用户设备：也称为非标准设备。在操作系统启动或设置时没有被登记的设备，一般需要用户按需要进行外加，但需要对操作系统的外部设备接口和规程有所了解，如扫描仪、数码相机等。但随着操作系统的发展以及 USB 接口技术的进步，现在操作系统中已经将广泛使用的各种外部设备纳入到设备选择清单中，如各种网卡、声卡、硬盘和显卡等，同时新的设备的出现，如数码相机、优盘等可以直接接到计算机的 USB 接口上，实现即插即用，大大方便了用户。

4. 按设备访问方式分类

（1）顺序存取设备（Sequential Access Device）：该类设备总是顺序访问，要查找一个数据，必须从当前位置向后前进，如磁带。

（2）直接存取设备（Direct Access Device）：该类设备可以直接定位到所查找的信息单元，如磁盘。

显然，直接存取设备的存取效率要比顺序存取设备的效率要高。

5. 按使用特性分类

（1）输入输出设备：该类设备将外界信息输入到 CPU，或者将 CPU 的运算结果输出，如键盘、显示器、打印机等。

（2）存储设备：该类设备能够存取大量信息，能够实现快速查找，在计算机系统中作为内存的扩充，该类设备也称为外存或辅助存储器，如磁盘、磁带等，这类设备不仅可以输入，也可以进行输出。

4.2　设备 I/O 控制方式

设备管理需要进行频繁且耗时的输入/输出操作。因此，理解设备 I/O 控制方式对理解设备管理很有必要。从计算机发展历程来看，常用的 I/O 控制方式有 4 种，这 4 种方式的不同主要体现在让 CPU 对外部设备的干预不断减少，而让 CPU 这种计算机最宝贵的资源专注于更重要的计算任务。

I/O 控制方式主要有程序查询方式、中断方式、DMA 方式和通道方式。举个不是太恰当的例子：程序查询方式就相当于一个人在等待别人给他打电话，他就不断地盯着自己的手机，这样他其他什么事都做不起来，显然这种方式效率极低，当然，在日常生活中愿意这样做的人很少；由于程序查询方式的明显低效，在等电话时我们会自然地等到手机铃声响时来接电话，这样就可以大大提高效率，在手机没有来电时做自己该做的事情，在手机来电时再去处理来电，实际上是做了一个典型的“中断处理”；显然，中断方式比程序查询方式大大提高了效率，减少了 CPU 的干预，但是，若在生活实践中，假如这个人是个教师，工作很忙，学生也多，有很多重要的事情要做（CPU 就是这样），那么频繁的学生答疑来电将会大大降低该教师的工作效率，使得该教师无法正常工作、休息，这样，自然该教师会提出在一周的某个时间段专门处理学生的答疑来电，这样，效率又得到了较大提高，这有点类似于 DMA 方式，但这种方式还是需要由该教师亲自处理，占用他的时间；假如这个人是个公司的总经理，如果全公司大大小小的所有事情都有他直接处理，显然是不现实的，很显然，公司就会招募一些各司其职的部门经理，各个部门经理在责权范围内处理好自己的业务，对于处理完成或无法处理的业务向总经理汇报，这就发展到第 4 阶段即通道方式，这样总经理的工作量大大降低，可以专注于公司发展的重要事务，这里的部门经理就相当于“通道”，部门经理向总经理汇报是采用 I/O 中断方式进行。

4.2.1　程序查询方式

程序查询方式也称为程序轮询方式，该方式采用用户程序直接来控制主机与外部设备之间的输入/输出操作。为了实现输入/输出操作，CPU 必须要不断循环测试 I/O 设备的状态端口，当发现 I/O 设备处于准备好（ready）状态时，CPU 就可以与 I/O 设备进行数据存取操作。显然，这种方式下 CPU 与 I/O 设备是串行工作的，不能与 I/O 设备真正并行工作，该种方式下输入/ 输出一般以字节或字为单位进行。

值得一提的是，传统的程序查询方式需要频繁地测试 I/O 设备，I/O 设备的速度相对来说又很慢，极大地降低了 CPU 的处理效率，并且，仅仅依靠测试设备状态位来进行数据传送，不能及时发现传输中的硬件错误。因此这种方式现在很少使用。但是这种方式的工作过程很简单，道理很好理解，并且不需要额外硬件，随着 CPU 性能的越来越好以及多线程技术的不断成熟，专门开一个用于设备状态检测的线程，则程序查询方式又在新的环境中得到应用。

4.2.2 中断方式

在现代计算机系统中，中断技术被普遍采用。有了中断技术，当 I/O 设备结束（完成、特殊或异常）时，就会向 CPU 发出中断请求信号，CPU 收到信号就可以采取相应措施。当某一进程要启动某个设备时，CPU 就向相应的设备控制器发出一条设备 I/O 启动指令，然后 CPU 又返回做原来的工作。I/O 设备的控制则由对应的设备控制器进行控制。

采用中断方式，CPU 与 I/O 设备可以并行工作，与程序查询方式相比，大大提高了 CPU 的利用率。但是，在中断方式下，同程序查询方式一样，也是以字节或字为单位进行。当中断发生非常频繁时，系统需要进行频繁的中断源识别、保护现场、中断处理、恢复现场，大大降低了 CPU 的效率，甚至 CPU 就像前面举例中的答疑教师，有可能完全陷入到 I/O 处理这种低效的输入/输出操作中去。这种方式对于像磁盘、光盘等，这样以“块”为存取单位的块设备，效率显然是低下的。

4.2.3 DMA（直接内存存取）方式

为了提高设备特别是块设备的传输效率，I/O 控制方式在中断方式基础上发展到 DMA 控制方式。DMA（Direct Memory Access）方式，也称为直接主存存取方式，在现代计算机系统中得到广泛应用。DMA 方式的基本思想是：允许主存储器和 I/O 设备之间通过“DMA 控制器（DMAC）”直接进行批量数据交换，除了在数据传输开始和结束时，整个过程无须 CPU 的干预。这种方式下，每传输“一块”数据只需要占用一个主存周期。

DMA 控制器（DMAC）示意图，如图 4-1 所示。

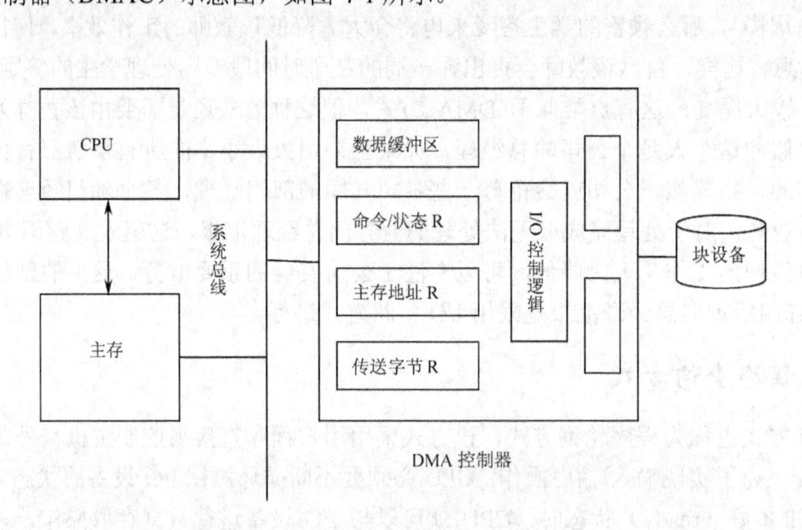

图 4-1　DMA 控制器（DMAC）示意图

DMA 方式下，一个完整的数据传输过程如下。

1. DMA 初始化

当进程需要I/O设备进行数据输入输出时，CPU对DMA控制器初始化，并向I/O端口发出操作命令，提供准备传输的数据的起始地址、需要传送的数据长度等信息送入到DMA控制器中的主存地址寄存器和传送字节计数器中。

2. DMA 传输

DMA控制器获得总线控制权后，进行输出读写命令，直接控制主存与I/O设备之间的传输。在DMA控制器的控制下，数据传输过程中不需要CPU的参与。

3. DMA 结束

当完成本次数据传输后，DMA控制器释放总线控制权，并向I/O设备端口发出结束信号。

DMA方式是从中断方式发展起来的，但该方式比中断方式在两个方便明显具有优势：一是，DMA方式下在数据传输时不需要CPU的直接干预，而中断方式下需要CPU的直接干预；二是，DMA方式下只有在数据传送结束后才申请CPU进行中断处理，而中断方式却是在数据缓冲器满后就需要申请中断等待CPU来处理。

DMA方式下，数据传输的过程主要由DMA控制器进行，CPU对整个传输过程干预很少，这样，不仅提高了传输效率，也降低了系统的复杂性。但是，DMA方式下，会出现“周期窃取”也称为“周期挪用”现象。当DMAC控制I/O设备与主存进行数据传输时，当将I/O设备的一块数据读到控制器的数据缓冲区时，DMAC就会取代CPU接管地址总线，并按照DMAC中的主存地址将数据传送到指定主存单元。实际上，这时的CPU让出了总线控制权，不访问主存，这时CPU的处理效率就会下降。DMA方式一般适合中小型计算机系统，对于大中型计算机系统，DMA方式并不能很好地发挥效用，这是因为DMA方式中对I/O设备的管理以及一些I/O操作还是需要CPU来控制的，当有多个DMA控制器的复杂计算机系统在同时使用时会导致地址冲突从而使控制变得很复杂，反而影响计算机系统效率。对于大中型计算机系统，一般采用通道方式进行。

4.2.4 I/O 通道控制方式

通道（Channel），也称为外围设备处理机（器）、输入输出处理机，是相对于CPU（中央处理器）而言的，顾名思义，通道是一个处理器，也能执行指令和由指令组成的程序，只不过通道执行的指令是与外部设备相关的指令，种类少、速度慢而已。若把CPU当做总经理，通道则是部门经理。

通道控制方式也是一种实现主存与I/O设备进行直接数据交换的控制方式，与DMA控制方式相比，通道所需要的CPU控制更少，一个通道可以控制多个设备，并且能够一次进行多个不连续的数据块的存取交换，从而大大提高了计算机系统效率。在现代大中型计算机系统中，通道控制方式得到广泛应用。

具有通道结构的计算机系统，主存与外设之间的信息交换就由通道去完成。只要CPU启动了通道，通道就会独立去完成I/O操作，CPU则去做与I/O无关的其他任务，不仅能够实现CPU与通道之间的并行工作，通道与通道之间也可以并行工作。具有通道结构的计算机系统，主机和外部设备之间的连接则需要通过通道进行，一个计算机系统可以有多个通道，每个通道可以连接多个外部设备控制器，一个通道也可以连接不相同的若干个外部设备控制器，如一个通道既可以连接卡片机控制器、打印机控制器。需要注意的是，通道不是直接连接外部设备，而是通过设备控制器进行。计算机控制具体的外部设备都是通过该设备的控制器进行的。

实际上，一个设备也可以连接到多个设备控制器上，一个设备控制器也可以连接到多个通道上，这种方式并没有增加通道的数量，而只是增加了 I/O 设备到主机间的通路，这样做的好处是提高了系统的可靠性，而且大大节约了价格成本，这是因为当一个设备控制器或通道出现故障，设备可以通过其他的通路实现设备与主机之间的信息交换。

CPU 与通道是主从关系，CPU 是主设备，通道是从设备。通道可以执行通道程序，通道程序是由通道命令字（Channel Command Word，CCW）组成的，每一条 CCW 规定了外部设备的一种操作，通道程序则是一个相对独立的输入输出任务。

不同的计算机系统，通道命令格式和命令码是不同的。IBM 系统的 CCW 由 8 个字节共 64 位组成，分为 4 个部分，格式如下：

0 7	8 31	32 39	40 63
命令码	数据主存地址	标志码	传送字节个数

命令码：指出了外部设备命令的规定操作。命令码有三种类型，即数据传输类、通道转移类和设备控制类。

数据主存地址：对于数据传输类命令，数据主存地址规定了 CCW 进行数据传输的主存起始地址，传送字节个数代表该主存区域的大小；对于通道转移命令，数据主存地址存放的是用来指定转移的目标地址；对于设备控制类命令，数据主存地址存放与外围设备交换的控制信息。

标志码：通道程序结束标志，当为“0”时，通道程序结束，否则，通道程序尚未结束。

传送字节个数：当前数据传送指令传输的数据字节数。对于控制性命令，虽不交换信息，但也要将传送字节个数置为非“0”。

CPU 执行的程序的首地址放在寄存器里，通道执行的通道程序由于对速度要求不是那么高，只需要放在主存的固定单元即可。用来存放通道程序首地址的固定单元，成为通道地址字（Channel Address Word，CAW）。

通道程序在执行过程中，计算机系统需要掌握设备状态、通道状态，对于传输类指令还要知道剩余字节个数以及下一条指令的地址等情况，这些信息都由通道随时记录在另一个主存固定单元，这个固定主存单元被称为通道状态字（Channel Status Word，CSW）。

在具有通道结构的计算机系统中，操作系统启动和控制 I/O 设备完成信息交换的工作过程如下。

（1）操作系统根据要求准备好通道程序，首地址存放在 CAW 中。

（2）CPU 执行通道启动指令。若启动成功，通道就自成体系地独立执行通道程序中的 CCW，进行设备的数据交换，CPU 可以去做其他任务。

（3）通道完成 I/O 操作后，通过 I/O 中断向 CPU 报告执行情况，CPU 处理来自通道的报告。通道发现 CAW 中有通道结束、控制器结束、设备结束、设备出错、设备异常等情况时，就会形成输入输出中断，由 CPU 进行响应处理。

由于外部设备的多样性，物理特性、传输速率差异大，计算机系统中的通道也有很多类型。根据信息交换方式的不同，通道可以分为以下三种类型。

1. 字节多路通道

该类型通道主要连接大量的低速设备如打印机、终端等字符型设备，数据传送单位为字节，采用字节交叉方式控制设备进行数据传输，当一台传输一个字节后，马上交替转到另一台传送字节。字节多路通道不仅允许多个设备同时操作，而且也允许它们同时进行传输型操作。

2. 数组选择通道

数组选择通道一次只能执行一个通道程序，只允许一台设备进行数据传输，以成组方式工作，一次传输一批数据，传输速率较高。主要连接磁盘、磁鼓、磁带等高速设备。每次一个 I/O 请求操作完成后，在选择与通道相连的另一台设备，执行相应的通道程序。

3. 数组多路通道

该类型主要连接具有多台磁盘机的高速 I/O 设备，数据传输单位以"块"进行，实质上是一种对通道程序在硬件级别上的多道程序设计的实现。兼有字节多路通道能够分时以及数组选择通道传输速率高的双重优点。

随着处理器和外部设备性能的不断提高，通道技术也出现了新的发展，独立的、专用的 I/O 通道也不鲜见。在有的微机芯片中有专门的 I/O 处理的芯片，叫做 I/O 处理器（IOP），这种 IOP 是一种控制器的指令中心，实现包括命令处理、PCI 和 SCSI 总线的数据传输、RAID 的处理、磁盘驱动器重建、高速缓存的管理、数据格式的转换、校验、错误恢复等功能，有独立的运算部件和存储部件，可以访问系统的主存储器。这种 IOP 就是通道技术的发展，已经接近于普通的 CPU 了。

通道控制方式下通道的连接（带多路情况），如图 4-2 所示。

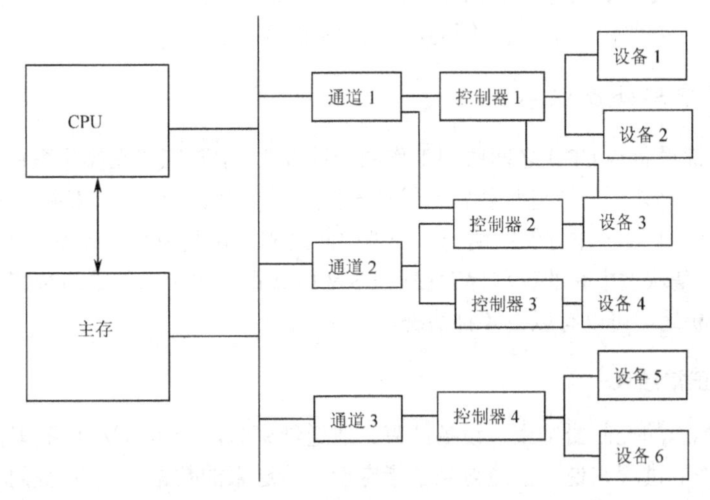

图 4-2　通道控制方式下通道的连接（带多路情况）

4.3　设备 I/O 软件原理

设备管理中 I/O 软件的设计水平对设备效率和性能有很大影响。当前软件设计采用分层思想的很多，如数据库的三级模式、二级映像，网络协议中的 4 层、7 层协议，操作系统本身的设计方法中也有分层的思想。如将操作系统设计分为五层，由下而上是处理器管理、存储管理、设备管理、文件管理和作业管理等。

设备 I/O 软件管理分为 4 个层次，从下往上分别是：I/O 中断处理程序、设备驱动程序、与设备无关的 I/O 软件、用户级的 I/O 软件，如图 4-3 所示。下层为上层提供服务，上层调用下层功能。低层软件用来屏蔽硬件细节，高层软件向用户提供友好、规范、统一的使用接口。分层的好处是各层次功能独立，并且下层修改了只需要将两层之间的接口相应修改，上层可以保持不变。

用户级的 I/O 软件（I/O 系统调用、Spooling 技术）
与设备无关的 I/O 软件（接口、设备命名、保护、缓冲、分配、出错）
设备驱动程序（检查、转换、发出、响应、组织）
I/O 中断处理程序（正常结束、异常处理、进程状态改变）
硬件（执行 I/O 传输）

图 4-3 I/O 软件的分层结构（I/O 中断请求从上往下，中断响应从下而上）

4.3.1 I/O 软件的目标

I/O 软件的设计目标是高效、统一。

高效性就是要提高 I/O 的效率。不仅要提高设备的传输效率，也要提高设备管理软件的设计效率。

统一就是采用规范、标准的方式来管理所有的设备。例如，设备管理的命名工作，就是在系统中采用统一的预先设计好的逻辑名称对各种设备命名，但这种命名不依赖于具体的设备，这样用户操作起来灵活、方便，甚至都感觉不到物理设备的变更。

4.3.2 I/O 中断处理程序

I/O 中断是外部设备与 CPU 之间协调工作的一种方式，中断应该在操作系统的底层进行处理。当一个进程发出 I/O 请求时，该进程就转入等待态，直到本次 I/O 请求结束并发生中断。中断发生需要进行中断处理，主要工作有保护现场、处理中断过程、恢复现场、改变相关进程的状态等。

中断源的获取是从被中断的进程保存在旧 PSW 中获得产生中断的通道号和设备号，并分析通道状态字。I/O 中断处理可以有以下 4 种情况。

1. 设备操作正常结束

当 CSW 中标志的控制器结束、设备结束、通道结束时，表示本次通道程序正常结束。对于请求该次 I/O 操作的进程来说，已经得到了指定设备传送来的数据，或者已经把数据送到指定的 I/O 设备，这时该进程的状态应该从“等待态”转为“就绪态”。假设还有另一个进程由于等待该设备而处于“等待态”，还需要将该进程从“等待态”变为“就绪态”，让该进程有可能去访问该设备。

2. 操作异常结束

异常包括设备故障和设备特殊。设备故障包括接口错、通道程序错、控制器错、数据校验错等；设备特殊指的是某些设备会发生一些特别事件，如磁带到达末尾、打印机缺纸等。对于硬件故障事件，可以组织通道程序多执行几次（复执），若多次执行故障不能排除，需要人工干涉予以排除。对于设备特殊事件，根据不同情况采取不同措施，如打印机缺纸则安装打印纸，磁带到达末端换一盒新的磁带。设备异常排除后，需要操作员通知操作系统以便继续执行下去。

3. 修改设备表状态信息

当有外围设备接入可供使用时，操作系统需修改设备表中的相应设备的状态信息。

4. 中断响应并启动 I/O 设备

当人工产生 I/O 中断，操作系统将进行中断响应并启动 I/O 设备。

4.3.3 设备驱动程序

设备驱动程序是主机与设备之间进行通信的特殊程序，是驱动 I/O 设备与 DMA 控制器或 I/O 控制器等直接进行输入输出操作的代码集合，是硬件的接口，一个设备必须有设备驱动程序才可以使用，操作系统才可以控制硬件设备工作。设备驱动程序在操作系统常常以进程方式存在。

每个设备驱动程序只处理一类设备，或者处理非常类似的两类设备。设备驱动程序的主要任务是接收从上层软件发来的抽象请求转换为具体的要求发送给设备控制器，启动设备去进行 I/O 传输，也可以将设备控制器发来的信号向上层软件传送。

设备驱动程序的功能有：对用户进程 I/O 请求进行合法性检查，了解 I/O 设备的状态，进行参数传递，设置 I/O 设备的工作方式，设备驱动程序也负责设备的出错处理；将从上层软件接收到的抽象请求转换成可以由下层操作执行的具体要求；发出 I/O 指令，若 I/O 设备空闲，便立即启动该设备进行 I/O 操作；否则，请求进程转入“等待态”，插入到相应进程等待队列中；设备驱动程序需要响应通道或控制器传来的中断请求，并调用相应的中断处理程序予以处理；此外，对于具有通道结构的计算机系统，设备驱动程序还能够根据用户进程的 I/O 请求自动地组织通道程序。

4.3.4 与设备无关的 I/O 软件

与设备无关的 I/O 软件的任务是执行所有适合于设备需要的 I/O 功能，并且向上层软件提供一个统一、规范、一致的使用接口。

与设备无关的 I/O 软件需要解决的问题如下。

（1）设计与设备驱动程序的统一、一致的接口。

（2）对系统中的设备进行统一命名。

（3）设备保护措施的设计。

（4）提供独立于设备的块尺寸。

（5）缓冲技术的选择、设计、实现。

（6）独占设备的分配与回收。

（7）共享设备的存储分配、驱动。

（8）出错信息的处理、报告。

4.3.5 用户级的 I/O 软件

用户级程序中会产生对 I/O 设备的调用操作，并且很常见。按理说，绝大部分的 I/O 相关的工作应该是由操作系统进行控制和管理，但是用户级 I/O 软件会产生对 I/O 设备的使用。常见的有以下两种情况。

1. 在用户级的 I/O 软件中通过编译系统提供的库函数进行

在用户级程序中，例如 C 程序员经常在自己的程序中需要使用键盘输入、屏幕输出，会很频繁地使用 scanf（）和 printf（）库函数；对文件的使用，会用 fscanf（）和 fprintf（）等；也有的 C 程序员，如在 UNIX/Linux 平台上，则喜欢采用 I/O 系统调用形式来使用 I/O 设备。I/O 库函数最终还是要通过 I/O 系统调用进行。这里，I/O 库函数用函数以及参数形式提供了对 I/O 使用的要求，是属于用户级软件层面的，但最终会转换为底层的对 I/O 设备的具体要求和操作。

2. 通过 Spooling 技术进行

Spooling 技术也称为斯普林技术、假脱机技术（脱机外围设备处理技术），是通过一种在操作系统内核外运行的用户级 I/O 软件来实现独占设备的共享模拟。通过 Spooling 技术可以实现虚拟设备，在打印环境中可以建立打印机守护进程进行，在网络通信环境中可以建立网络通信守护进程进行。Spooling 软件是对 I/O 设备的处理，是运行在用户级的 I/O 软件。

以上 I/O 软件的 4 层在实际 I/O 传输中不是孤立的，而是整体出动、协调工作的。例如，当用户进程需要读一个磁盘文件时，该进程会在用户级的 I/O 软件层面提出要求，操作系统会接管这一要求。这时，与设备无关的 I/O 软件层在 Cache 中查找该文件信息，若找不到，就会调用磁盘设备驱动程序，向磁盘控制器发出一个输入请求，于是该进程被插入到磁盘进程等待队列，磁盘操作则通过磁盘中断程序予以完成。当磁盘传输完毕后，发出一个 I/O 中断，中断处理程序进行中断分析，发现磁盘请求结束，于是唤醒被阻塞的进程继续运行。

4.4 缓冲技术

在现代计算机系统中，采用了中断技术、DMA 技术和通道技术后，CPU 与 I/O 设备之间工作并行性明显提高。但是，要想让 I/O 传输的效率更高，提高系统效率，操作系统还需要提供缓冲技术，这是因为以下几方面的原因。

（1）协调 CPU 与 I/O 设备之间速率不匹配

CPU 与各种 I/O 设备之间的速率相差很大，必须采用缓冲技术来协调信息传输。只要有设备之间数据传输速率不匹配的情况都可以采用缓冲技术。

（2）协调逻辑记录与物理记录（物理块）大小不一致

例如，磁盘属于块设备，对于磁盘的访问、存取都是以“块”为单位进行。假如需要写入到磁盘中的逻辑记录远小于磁盘物理块的大小，这样，就会多次产生磁盘 I/O 中断，多次驱动磁盘，磁盘存取效率大大降低，并且存储效率也会大大降低。在磁盘成组与分解时广泛采用缓冲技术。

（3）解决 DMA 控制方式或通道方式下可能出现的进程长时间等待问题

在采用 DMA 控制方式或通道控制方式进行数据传输时，若没有提供足够的主存缓冲区，可能会发生主存空间不足，导致请求 I/O 操作的进程继续不下去，从而长时间占用 DMA 控制器或通道，导致系统性能下降。

缓冲技术可以通过硬件实现，也可以通过软件实现。硬件实现一般是指在设备控制器中设置数据缓冲寄存器，用于暂时存放传输的数据，硬件缓冲代价较高，并且缓冲区大小很有限，一般都是在设备控制器中配备少量、必要的硬件缓冲区。软件实现就是在主存中开辟一块特定区域用做缓冲区，该区域专门用于临时 I/O 传输数据的存放，软件缓冲的优点是数量和大小可以改变，缺点是需要占用主存空间。下面主要讨论的是软件缓冲，原理对硬件缓冲同样有效。

软件缓冲区是主存的一块专有区域，用来临时存放 I/O 传输数据。在 I/O 传输过程中，对于单一的缓冲区则是一种临界资源，对于不同的进程只能互斥访问。要想提高缓冲区的效率，需要对缓冲区进行组织管理。

缓冲技术实现的工作过程是：当一个请求 I/O 操作的进程需要读数据时，该进程需要向系统申请一个缓冲区用于输入，系统会根据进程的要求将数据从外部设备读入到该输入缓冲区暂存起来，以后该进程每次要读数据就从该输入缓冲区中获取。当一个请求 I/O 操作的进程需要写数据时，就需要向系统申请一块缓冲区用于输出，这时就可以快速地将传输信息送到输出缓冲区，该进程可以继续执行，输出缓冲区满或得到向设备写的命令时（如 flush），系统将该缓冲区中的数据写到 I/O 设备。

操作系统提供缓冲技术，按照缓冲区的个数以及缓冲区的组织方式，可以将缓冲技术分为以下四种类型：单缓冲、双缓冲、多缓冲以及在多缓冲基础上组织成的缓冲池。

1．单缓冲技术

单缓冲是操作系统提供的最简单的一种缓冲技术，实现简单，但 I/O 设备并行性很低，系统效率低。该方式下，就是在 CPU 与 I/O 设备之间建立一个缓冲区，用于存放需要交换的数据，需要数据时，CPU 和设备就从该缓冲区中取走数据，该缓冲区就像个“中转站”起缓冲作用，这也是缓冲区名称的由来。单缓冲能够协调 CPU 与 I/O 设备的传输速率不一致，但当缓冲区满，就不能再写入，进程必须等待；但当缓冲区空时，就不能再读出，进程不需等待。在这种单缓冲下，缓冲区是一个临界资源，不能同时访问，效率低下。

2．双缓冲技术

分析单缓冲的缺点，自然会提出双缓冲。双缓冲方式下，设置两个缓冲区，这两个缓冲区可以交替使用，提高 CPU 与 I/O 设备的并行性。

在设备输入时，先将数据存放到第一个缓冲区，缓冲区装满后，可以向第二个缓冲区存放数据，这时 CPU 可以从第一个缓冲区中读取数据。这种方式下，跟单缓冲相比，效率有很大提高，只有当两个缓冲区都是空的或都是满的，读入或写出的进程才会等待。但是这种方式下，对于数据的到达率和离去率相差悬殊的时候，双缓冲的两个缓冲区同时满或空的可能性很大，由于计算机系统中设备较多，传输速率差别巨大，因此双缓冲方式下系统的效率还需要有更进一步的改进。

3．多缓冲技术

为了进一步提高缓冲的效率，可以采用多缓冲技术。多缓冲技术就是在主存中开辟多个大小相同的缓冲区，采用数据结构课程中的“循环队列”存储方式，也类似于多个生产者、多个消费者、多个缓冲区的生产者/消费者问题时的缓冲区的组织，将多个缓冲区形成一个环，因此多缓冲也称为循环缓冲、环形缓冲。显然，为了能够让多缓冲正确工作，需要设置指示缓冲区输入/输入下标的指针：buf_in 和 buf_out。在数据输入时，将从设备得到是数据存放到 buf_in 指针指向的第一个可用的空缓冲区；当进程需要读取数据时，通过 buf_out 获取第一个可用的满缓冲区。对于数据输入操作，buf_in 和 buf_out 指针使用恰好相反。

多缓冲技术的进程同步问题可以参考生产者/消费者问题中的进程同步与互斥的讨论。

4. 缓冲池技术

在计算机实践中会遇到连接池、线程池等。所谓池，就是在计算机系统中，将零散的、专有的特定资源统一受管理程序管理与分配，将专用变为通用，进行统筹调度、统一管理、动态分配，从而大大提高资源的利用率，提高系统效率。

以上分析的单缓冲、双缓冲、多缓冲技术，都属于专用缓冲区，每一个设备需要设置相应的缓冲区，由于设备较多，这些专用缓冲区的数量就很可观，占用大量的主存空间，并且会出现这种情况：有的设备对应的缓冲区空闲着，而有些设备的缓冲区则很紧张，不够用。利用率很低。显然可以用“池”的思想对缓冲区进行管理，形成缓冲池。

缓冲池就是将多个专用缓冲区进行统一管理、动态分配，成为公用缓冲区的技术。缓冲池由多个缓冲区组成，池中的所有缓冲区都是可以被访问进程共享的，每个缓冲区既可以用来输入，也可以用来输出。每个缓冲区大小相等、结构相同。为了管理缓冲池，操作系统需要设置有关的数据结构以及分配、回收等功能函数。与进程管理中的进程队列类似，缓冲池的管理也采用队列方式。为了有效组织缓冲池队列，每个缓冲区分为两个部分：缓冲区头，里面放的是缓冲区的标识信息以及管理和控制信息，如缓冲区的大小、起始地址、队列指针、读/写标志、相关设备号以及 I/O 传输字节数等；缓冲区体，该部分存放真正的数据。

为了管理方便，采用缓冲池队列方式。根据缓冲区的使用情况以及用途，缓冲池中的队列可以划分成三个：空闲缓冲区队列、输入数据满缓冲区队列和输出数据满缓冲区队列。

为了能够对缓冲池进行操作，缓冲池还需要设定 4 种工作缓冲区：收容输入数据的缓冲区、收容输出数据的缓冲区、提取输入数据的缓冲区、提取输出数据的缓冲区。

4.5 外围的设备分配、回收与启动

计算机系统内有很多外部设备，外部设备按是否可以被共享，可以分为独占设备、共享设备和虚拟设备。作业的完成往往总是需要通过申请一些外部设备，当作业完成后再将外部设备释放。因此，设备管理必须对外部设备进行分配、启动和回收。设备管理对不同的设备采用的方式不同。对于独占设备，采用的是分配和回收；对共享设备，由于进程可以交替使用，从而对共享设备的分配问题转化为对访问进程的一种调度问题，这种调度称为驱动调度；对于虚拟设备，设备管理采用以共享设备来模拟独占设备，让独占设备也变为多个进程“共享”的设备。

本节只讲解独占设备的分配与回收问题。共享设备的驱动调度以及虚拟设备的管理和实现在后续章节进行讨论。

4.5.1 设备类相对号和绝对号

计算机系统中存在着多种外部设备，每种外部设备又可能有多台。系统需要对这些外部设备进行管理，需要对这些设备在计算机内部进行统一编号，这种编号是独一无二的，系统在内部就是通过这种内部独一无二的编号来进行对设备的管理和控制。设备的这种编号就是设备的绝对号。就像社会对公民进行管理，每个公民有一个独一无二的身份证号一样。

系统通过设备绝对号进行管理和控制，但是设备绝对号是一种内部编号，一般是个数字串，这种编号对用户来说，很不好记忆，在使用中很困难，容易出错。因此，用户或程序员在对设备

进行申请或使用时，并不是通过设备的绝对号进行的，而是通过设备类的相对号来进行申请和使用。所谓设备类的相对号，是指某一种设备的第几台设备，如打印机 03，表示设备类是打印机，相对号是第 3 台这种打印机。设备类相对号比起设备绝对号，容易记忆和使用，因此，用户在申请外部设备时总是采用设备类相对号。这就像日常生活中，公民有身份证号，但人们在交流中，还是喜欢用姓名，这是因为姓名容易记忆、便于使用。系统内部采用设备绝对号进行管理控制，用户则采用设备相对号进行设备的申请和使用，因此，设备管理必须要做好设备类相对号与设备绝对号之间的映射关系，可以采用设备类相对号与设备绝对号的参照表来方便这种转换。

有了设备类相对号的概念，用户对设备的申请和使用总是采用设备相对号来申请，然后，设备管理根据用户的申请和使用要求，从系统中挑选一台可以满足用户要求的设备来分配给用户，并且指出设备类相对号与设备绝对号之间的对应关系。从而，用户在编制程序或申请设备时，申请使用的设备与设备管理系统最后分配的设备无关，设备的这种特性，称为设备独立性。采用设备独立性的系统，具备以下两个优点。

（1）用户不必知道设备的绝对号，只需提出想使用设备的相对号，系统就可以从用户要求找出一台空闲的且未分配的设备给用户。

（2）当用户通过设备类相对号申请到的设备如果在运行中出现故障，系统可以自动从同种设备中选择一台空闲且好的设备来替代。

由于用户采用设备类相对号申请使用设备，当系统对外部设备进行增减或改变时，应用程序不必修改，如果程序中采用设备绝对号申请设备，在系统变更或增减设备时，就需要改变相应的应用程序，代价很大。

可见，系统中采用了设备独立性，外部设备的分配灵活性好，适应性强，系统的可靠性增强，能够提高外部设备的利用率，从而提高整个计算机系统的效率和性能。

4.5.2　外部设备的分配和回收

为了实现外部设备的分配和回收，系统需要建立两个数表结构，一个是设备类表；另一个是设备分配表。通过这两个表就可以进行外部设备的分配与回收。

设备类表的结构，如表 4-1 所示。

表 4-1　设备类表

设备类名	设备总台数	空闲台数	等待该类设备的进程队列指针	指向设备表相应项目的指针
打印机	2	1	略	指向 PRN01 处
绘图仪	1	1	略	指向 DRW01 处
…	…	…	…	…
输入机	3	2	略	指向 INP01 处

一个系统设置一张设备类表，该表记录了系统中所有外部设备的情况，每种外部设备占一行。设备分配表结构，如表 4-2 所示。

表 4-2 设备分配表

设备类相对号	设备绝对号	设备是否好的	设备是否已分配	占用的作业进程
PRN01	3012698	是	是	Job4
PRN02	5672345	是	否	
DRW01	3476213	是	否	
…	…	…	…	…
INP01	7804324	否	否	
INP02	9806546	是	是	Job7
INP03	8765235	是	否	

整个系统设计一张设备分配表，设备分配表是设备类表的细化和补充，当一台设备进入系统时，就必须为该设备在设备分配表中进行登记。对设备分配，设计设备类表和设备分配表这两个表，可以减少数据冗余，提高查表速度。

当用户提出申请请求时，如申请打印机一台，设备管理系统首先查找设备类表，根据用户提出的申请设备类型，找到打印机那一行，检查空闲台数，这时空闲台数可以满足用户需求，于是通过指向设备表相应项目的指针，找到设备分配表，根据设备总台数对设备分配表的该种设备进行查找分析，发现 PRN01 已经分配，于是继续查找设备分配表，发现 PRN02 这台打印机是好的且未分配，于是就将这台打印机分配给该作业进程，将该作业进程的名字填入设备分配表对应栏目。同时，还需要将设备绝对号和设备类相对号的对应关系以直观的形式向用户输出，这样便于让用户知道具体分配了哪一台物理设备，便于用户到对应打印机上安装打印纸。

在这种方式下，设备的回收也很简单。当一个作业进程运行完毕被撤销前，就去以该作业进程名查设备分配表，找到后，将所有设备的设备是否已分配改为否，同时调整设备类表的相应设备的空闲台数。

以上介绍的是设备分配和回收用到的设备类表和设备分配表，在不同的系统中，这两种表的结构会有所不同。为了对设备管理和控制的方便，在具有通道功能的计算机系统中，还需要设置通道控制表和设备控制器控制表。有兴趣的读者可以参看相关书籍。

4.6 磁盘驱动调度

在现代计算机系统中，磁盘具有举足轻重的地位。磁盘不仅作为主要的辅助存储器广泛使用，由于磁盘的许多优良特性，磁盘还是实现现代操作系统的虚拟存储器和虚拟设备必不可少的工具。作业是存储在磁盘上的，在运行前必须调入到内存中，在虚拟存储器中当所执行的指令如果不在内存的话，就会发生缺页中断，就需要系统将存储在磁盘尚未调入到内存的指令读入到内存，以及进程运行要进行存盘，因此磁盘的访问是非常频繁的。但是由于磁盘的访问速率比起内存和寄存器来说，要差几个数量级，因此磁盘的效率对计算机系统的性能有非常重要的影响。因此，对磁盘的管理是设备管理的一项重要内容，对提高整个计算机系统的效率具有重要意义。下面从磁盘结构、磁盘的驱动调度两个方面来介绍对磁盘的管理。

4.6.1 磁盘结构

现在广泛使用的磁盘是移动臂磁盘。磁盘是由若干个大小、结构完全相同的盘片堆叠而成的，每个盘片有上下两个盘面（注：有些系统的磁盘最外面的两个盘面不用，但为了讨论问题的方便，设所有盘面均可使用），所有的盘面都在同一个圆心上。移动臂磁盘有一个移动臂，移动臂上有跟盘面个数相同的磁头，每个磁头与一个盘面对应。每一个盘面从圆心开始按等距离划分为若干个同心圆，这样每两个同心圆之间的部分成为磁道，每个盘面又被等分为若干份，磁道和等分的区域的交叉称为扇区。虽然离圆心距离较远的扇区比距离较近的扇区面积要大，但是为了管理的方便，所有扇区存储大小相等的信息。因此，所有的扇区能够存储的信息量是相同的。

磁盘结构如图 4-4 所示。

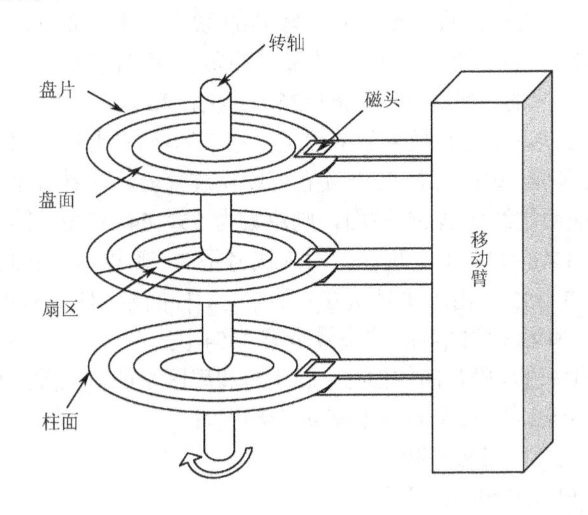

图 4-4　磁盘结构图

磁盘是块设备，磁盘的访问以一个块为单位，为了讨论问题的方便，不妨设一个扇区为一个块（在实际系统中，可能是 2 个或 4 个扇区为一个块）。访问磁盘的一个扇区，需要平移移动臂，然后磁盘进行高速旋转（现在的硬盘一般是 7200 转/分钟），定位到指定扇区，然后读出或写入信息。由于在访问磁盘的扇区中，移动最花费时间，因此需要尽量减少磁盘移动臂移动的次数和距离，因此，磁盘中的信息不是按盘面存放，而是按柱面存放。所谓柱面，就是在同一个圆心上的所有盘面上的位置对应磁道所形成的一个类似于“圆柱体”的磁道集合。这样，要访问一个磁盘，就需要三个参数：柱面号、磁头号和扇区号。在读写磁盘时，先通过移动臂寻找到对应柱面，然后通过磁盘旋转，定位到指定扇区，最后就可以将信息读出。访问一个扇区的时间=寻找时间+延迟时间+传输时间。在这三个时间中，寻找时间也称为寻道时间、移动时间，延迟时间也称为旋转时间，其中寻找时间是最主要的时间，旋转时间由于高速旋转，时间居于次要地位，传输时间由于是电子操作，而不像寻找时间和延迟时间是机械操作，传输时间在磁盘访问的总时间中占的比重很小，并且操作系统设计人员无法对传输时间进行优化，因此对磁盘的管理主要是研究寻找时间和延迟时间的最小化。

访问一个磁盘需要三个参数，即柱面号、磁头号和扇区号。柱面号由外向里编号，磁头由上往下编号，扇区的编号恰好和磁盘旋转的方向相反。但是在系统内部处理时，还用到块的概念。块是将磁盘所有扇区按照连续的顺序进行编号，例如在用请求页式进行虚拟存储器管理时的页表中，就有磁盘块号的概念，那样是为了方便。因此，操作系统需要将块和柱面号、磁头号和扇区号进行对应转换。在访问磁盘时，用柱面号、磁头号和扇区号，在其他对磁盘引用的时候，用块号。为了讨论问题的方便，约定块号从 0 开始编号，柱面号、磁头号和扇区号从 1 开始编号。

【例 4-1】 假如有一个磁盘有 100 个柱面，每个柱面上有 8 个磁道，每个盘面划分为 8 个扇区，假设有一个 6400 块的文件，从磁盘开头进行存放。设一块是一个扇区，从 0 开始编号，柱面号、磁头号、扇区号从 1 开始编号。问：（1）该文件的第 4761 块所在的柱面号、磁头号和扇区号是多少？（2）第 56 柱面、第 5 磁头和第 3 扇区存放的是文件的第几块?

解答：该磁盘共有 100 个柱面，每个柱面上有 8 个磁道，每个盘面划分为 8 个扇区，则共有 8×8×100= 6400 个扇区，每个扇区对应文件的一个块，则该文件可以存放 6400 个块的文件。文件的存放按柱面进行，而不是按盘面，这样可以显著减少移动臂移动的次数和距离。则（注：运算符/和%与 C 语言相同，即除商取整和取余）：

（1）第 4761 块，由于从 0 开始，实际上是第 4762 块，一个柱面可以存放 8×8=64 块，则第 4762 存放的柱面号是 4762/64+1=75（柱面）；在将信息放到第 74 柱面时，是放满的，则多下来的全部放入第 75 柱面，多下来的块数为 4762%64=26，则多余 26 块，一个盘面上的磁道可以放 8 块，则放满 3 个磁道，还多 2 块，于是再放到第 4 磁道，第 2 扇区。因此，文件的第 4762 块对应的磁盘柱面号是 75，磁头号是 4，扇区号是 2。（读者可以反过来验算，看看是否正确。）

（2）第 56 柱面，证明已经放满 55 柱面，则块数为 55×64=3520；第 5 磁头证明前面四个磁道已经放满，则块数为 4×8=32；第 3 扇区，对应块号是 3。则第 56 柱面、第 5 磁头和第 3 扇区对应的块数是 3520+32+3=3555。由于块号从 0 开始编号，柱面号、磁头号和扇区号从 1 开始编号，则第 56 柱面、第 5 磁头和第 3 扇区对应的块号是第 3554 块。

根据例 4-1，文件的块号与磁盘的柱面号、磁头号和扇区号的对应关系可以用下列公式简单表示（设每个柱面上有 *n* 个磁道，每个磁道上有 *m* 个扇区）：

（1）已知块号求柱面号、磁头号和扇区号

柱面号=(块号+1)/(*n***m*)+1

磁头号=(块号+1)%(*n***m*)/*m*

扇区号=(块号+1)%(*n***m*)%*m*

（2）已知柱面号、磁头号和扇区号求块号

块号=(柱面号−1)**n***m*+(磁头号−1)**m*+扇区号−1

4.6.2 磁盘调度

磁盘的访问时间由寻找时间、延迟时间和传输时间三部分组成。传输时间很短并且操作系统设计人员不可优化，因此，对磁盘的管理主要就是对寻找时间和延迟时间的优化。在寻找时间和延迟时间中，又以寻找时间为主要因素。因此，对磁盘的驱动调度主要就是对磁盘的移动调度和旋转调度，以降低访问磁盘的总时间，从而提高系统的总体性能和效率。

（1）寻找时间（也称为寻道时间、查找时间）：磁头在移动臂的移动下定位到指定柱面所花费的时间。这是一种机械运动，可以看做是一种匀速运动，因此，降低移动距离就是减少了寻找时间。此外，尽量减少磁头的方向改变，频繁的方向改变会使磁盘效率降低，一般约 20ms。

（2）延迟时间：指定扇区旋转到磁头位置所花费的时间。这也是一种机械运动。由于现在的磁盘特别是硬盘转速很快，因此，延迟时间相比寻找时间，是次要因素，一般约 10ms。

（3）传输时间：由磁头把扇区中的信息读入到内存或将信息写入到指定扇区所花费的时间。该时间是电子运动所花费时间，相对前两项时间微不足道，计算机操作系统设计人员也无法优化该时间。

可见，对磁盘的一次访问，是一个“先移后转再传输”的过程。

设备管理需要对独占设备、共享设备和虚拟设备进行管理和控制。对独占设备采用的是分配、启动和回收，对共享设备采用的是驱动调度，对虚拟设备采用的是用共享设备模拟独占设备。磁盘是典型的共享设备，对磁盘管理采用的是驱动调度，驱动调度可分为移臂调度和旋转调度。

4.6.3 磁盘移臂调度

磁盘移臂调度的目标就是要使磁盘访问的总时间中的寻找时间最小。因此，磁盘移臂调度要尽量减少磁盘移动臂移动的距离。磁盘移臂调度算法很多，常用的也有好几种，一个好的磁盘调度算法，不仅要使磁盘寻找时间最小，同时，还要避免移动臂频繁地改变移动方向，因为频繁的改向不仅使时间增加，还容易损耗机械部件。下面介绍 5 种常用的磁盘移臂调度算法。

1. 先来先服务（First Come First Served）调度算法

这是一种最简单的调度算法，也是最好理解的一种调度算法，几乎操作系统中的所有调度策略中都有类似于这样的调度算法。先来先服务算法只根据请求者的时间先后顺序，先请求的先得到服务。这种算法的优点是思想简单、易实现，算法简单，表面上最公平，每一个请求者都能够得到服务，不可能出现某个请求者长时间得不到服务而被“饿死”（为了人性化，现在称为“饥饿”）的情况。

但是先来先服务也具有明显的缺点。该算法没有考虑请求者需要访问的磁盘位置，对请求者的寻找没有进行优化处理，可能使平均寻找时间变得很长。一种极端情况是，假如请求者请求的顺序恰好是先请求最外柱面，然后再请求最内柱面，然后又请求最外柱面，然后再请求最内柱面，这样交替地对磁盘进行访问请求，这时就会发现移动臂移动的距离很长，并且不断地改变方向，显然这时的磁盘效率很低。

先来先服务算法比较适用于磁盘 I/O 负载很轻、访问请求不多并且每次都是请求相连续的磁盘位置的情况。

2. 最短寻找时间优先（Shortest Seek Time First）调度算法

最短寻找时间调度算法总是使寻找时间最短的请求最先得到服务，跟请求者的请求时间先后顺序无关。这种算法具有比先来先服务更好的性能。但是该算法可能会出现请求者被“饿死”情况，当靠近磁头的请求源源不断地到来，这会使早来的但离磁头较远的请求长时间得不到服务。

该算法的优点是可以得到较短的平均响应时间，有较好的吞吐量。该算法的缺点是缺乏公平性，对中间磁道的访问比较“照顾”，对两端磁道访问比较“疏远”，相应时间的变化幅度较大。该算法与先来先服务算法一样，都会导致移动臂频繁改向。

3. 单向扫描（Uni-Scan）调度算法

该算法总是让移动臂从最外的柱面（1 号柱面）向内进行扫描，直到最内部的柱面（最大号柱面），将磁头的前进方向上的所有请求进行服务。当处理完所有请求后，移动臂直接返回最外柱面（1 号柱面），在返回的过程中不再处理新到达的请求。这是因为磁头到达最内部柱面回头时，靠近磁头一端的请求非常少，有大量的请求可能等待在远离磁头的一端，并且这些请求的等待时间可能较长。因此，在单向扫描算法中，移动臂回头过程不进行服务，从总体上应该能够提高磁盘的寻找时间，提高磁盘性能和效率。单向扫描算法也称为循环扫描（Circular Scan）算法。

4. 双向扫描（Double Scan）调度算法

双向扫描算法也称为扫描算法，该算法的思想是移动臂从最外柱面向最内柱面移动，将前进方向上的所有请求一次服务，到达最内部的柱面时，就回头，在回头的过程中，与单向扫描不同的是，双向扫描继续处理新产生的磁盘请求。就这样循环往复。

5. 电梯（Elevator）调度算法

在双向扫描的基础上，又提出了电梯调度算法。该算法借用了日常生活中电梯的工作原理和方式。操作系统中很多复杂的技术和理论，都是来源于日常生活的观察和理解。电梯调度算法的思想是：移动臂朝一个方向进行运动，将该方向上的所有请求依次进行服务，当该方向上没有请求时，移动臂就改变方向，然后将改变后的方向上的请求依次进行服务，直到该方向上没有请求，然后再改变移动方向。可见，电梯调度算法是双向扫描算法的改进，二者的区别是双向扫描算法每次要移动到最外或最内柱面，而电梯调度算法不必移动到最外或最内柱面，电梯算法主要根据在前方有无请求而决定是否继续前进。可见，电梯调度算法的效率要高于双向扫描算法。电梯调度算法也可以看做是最短寻找时间优先调度算法的改进，该算法克服了最短寻找时间优先算法频繁改变移动臂移动方向的缺点。至于电梯调度算法和单向扫描算法，大量的模拟实验以及系统实践表明，在磁盘 I/O 负载较重时，单向扫描算法的效率要优于电梯调度算法。

在单向扫描算法、双向扫描算法以及电梯调度算法中，不会出现请求者被“饿死”的情况。除了这里介绍的 5 种磁盘移臂调度算法外，还有其他一些算法，如多步扫描算法、后进先出算法、优先级算法等，有兴趣的读者可以参考相关书籍。当对这些算法了解后，读者可以根据需要，可以对这些算法进行改进，或提出自己的移臂调度算法。新提出的算法需要通过计算机模拟或仿真来测试算法的有效性和性能，并通过实验评估和实践验证。一个算法没有绝对好，也没有绝对坏，关键要看应用的场合和环境。

4.6.4 磁盘的旋转调度

在磁盘调度中，除了移臂调度外，还要考虑旋转调度。旋转调度的目标就是减少延迟时间，从而降低磁盘访问总时间，提高磁盘 I/O 性能。

当移动臂到达指定的柱面后，假如有多个请求者在等待访问该柱面上的扇区，应该选择延迟时间最短的请求者去执行，根据延迟时间来决定磁盘请求者的执行次序的调度称为旋转调度。

旋转调度相对于移臂调度要简单得多。但是如果有多个请求者到达同一个柱面上不同磁道的相同编号的扇区时，这时就会出现多个扇区同时到达磁头位置下，这时应该选择一个磁头进行对该扇区的读出或写入操作。至于，其他同编号、不在同一磁道上的扇区必须等待磁盘旋转一圈后再进行调度。

【例 4-2】 假设有 4 个访问 67 号柱面的访问请求者，它们的访问请求如表 4-3 所示。

表 4-3 磁盘访问序列

访问次序	柱面号	磁头号	扇区号
A	67	5	3
B	67	2	6
C	67	5	6
D	67	3	8

对于以上这种请求，经过旋转调度后的执行次序是 A、B、D、C 或 A、C、D、B，如果约定柱面号定位完成后，扇区号相同而磁头号不同时，调度次序以磁头号小的优先，则上述调度序列为 A、B、D、C。从上例看出，首先应该调度请求 A，因为扇区号最小；然后调度请求 B ，当 6 号扇区传输完毕，请求 C 请求的扇区 6 已经转过去了，只能等待下一圈调度；于是调度请求 D；最后调度请求 C。

从以上的移臂调度和旋转调度可以看出，磁盘访问需要经过先移后转再传输。当移臂调度根据某种移臂调度算法定位到某个柱面时，还要经过若干次旋转调度，然后进行信息传输，从而可以减少磁盘 I/O 的总时间，提高磁盘效率和性能。

为了让读者对磁盘驱动调度有更好地理解，下面讲解 3 个例题。

【例 4-3】 假设一个移动臂磁盘当前的移动臂正处在第 10 柱面，有 7 个请求者等待访问磁盘，具体请求情况如表 4-4 所示。请给出最省时间的请求者执行次序。

表 4-4　磁盘访问序列

请求次序	柱面号	磁头号	扇区号
A	11	8	4
B	9	5	7
C	17	20	7
D	11	4	5
E	22	9	6
F	9	16	3
G	11	12	5

解答：该题需要考虑磁盘的移臂调度和旋转调度。

先进行移臂调度：当前移动臂在第 10 柱面，于是如果走下列执行序列：10→11→9→17→22，则移动臂移动距离为 1+2+8+5=1；而如果走 10→9→11→17→22，则移动臂移动距离为 1+2+6+5=14。所以移臂调度后最省时间的序列是（以访问的柱面号表示）：

10→9→11→17→22。

这里的移臂调度没有采用前面介绍的 5 种方法，主要请求较少，并且很容易通过手工计算出，当然，严格意义上的移臂调度必须采用某一种移臂调度算法。

下面进行旋转调度：可以看出，在本例的 7 次请求中，柱面 9 和柱面 11 会需要进行旋转调度，其余的柱面不必进行旋转调度。对于第 9 柱面，先调度请求 F，然后调度请求 B；对于第 11 柱面，先调度请求 A，然后调度请求 D，下一圈再调度请求 G。

综上所述，最后的执行序列为：F、B、A、D、G、C、E。

【例 4-4】 假定一个移动臂磁盘，有 100 个柱面，编号从 1 开始，移动臂完成了对柱面 45 的请求，正在柱面 54 处进行服务。若请求者的请求顺序为：27，47，36，67，50，70，90，55，81，38。请分别用先来先服务、最短寻找时间优先和电梯调度算法求出完成以上请求服务的移动臂移动时间（以移动距离表示）。

解答：

（1）采用先来先服务算法，服务序列如下：

54，27，47，36，67，50，70，90，55，81，38。

移动距离为 27+20+11+31+17+20+20+35+26+43=250。

（2）采用最短寻找时间优先算法，服务序列如下：

54，55，50，47，38，36，27，67，70，81，90。

则移动距离为 1+5+3+9+2+9+20+3+11+9=69。

（3）采用电梯调度算法。由于本例中指出，当前移动臂完成了柱面 45 的服务，正在进行对 54 柱面的服务，可见当前的移动臂的移动方向是向柱面编号大的方向进行（即向最内柱面运动），于是得到采用电梯调度算法的执行序列为：54，55，67，70，81，90，50，47，38，36，27。

则移动距离为 1+12+3+11+9+40+3+9+2+9=97。

【例 4-5】 假如有一个磁盘有 100 个柱面，磁盘请求先后顺序为：10，22，21，2，40，6，38，67，99，50。当前磁头位于柱面 20 处。若查找移过每个柱面需要 5ms。试用以下算法计算出查找时间以及平均寻道长度。

（1）先来先服务；

（2）最短寻找时间优先；

（3）电梯调度（设移动臂正向最内柱面方向移动）。

解答：

（1）采用先来先服务算法，服务序列为：

20，10，22，21，2，40，6，38，67，99，50。

则移动距离为 10+12+1+19+38+34+32+29+32+49=256。

则查找时间为 256×5=1280（ms），平均寻道长度是 256/10.0=25.6。

（2）采用最短寻找时间优先算法，服务序列为：

20，21，22，10，6，2，38，40，50，67，99。

则移动距离为 1+1+12+4+4+36+2+10+17+32=119。

则查找时间为 119×5=595（ms），平均寻道长度是 119/10.0=11.9。

（3）采用电梯调度算法（当前移动臂移动方向为向最内运行，也即向柱面编号大的方向进行），服务序列为：20，21，22，38，40，50，67，99，10，6，2。

则移动距离为 1+1+16+2+10+17+32+89+4+4=176，查找时间为 176×5=880（ms），平均寻找长度为 176/10.0=1.76。

4.7 虚拟设备

4.7.1 脱机工作方式

独占设备在某一段时间内只能由一个进程进行使用，其他进程申请该设备，则必须等待。对于这类独占设备，如打印机、绘图仪等，一般都采用静态分配法。这样，使得这类资源的利用率大大降低，从而降低整个计算机系统的效率。举个例子，就拿打印机来说，假如有 n 个进程都需要打印，但是每个进程都只需要打印一小段时间，采用静态分配法，将打印机分配给某个进程 P0，则其他进程必须等待进程 P0 运行结束释放打印机后才可以申请打印机，这样打印机不仅在 P0 占用的过程中大量时间是空闲的，更严重的是，其他进程在需要打印时，则必须等待而无法继续运行下去。

计算机发展的早期，是采用脱机外围设备操作技术来解决这种效率严重低下的问题。脱机外围设备操作技术的思想是：由于当时计算机主机十分昂贵，并且数据的输入还是通过卡片机进行，如果当一个作业到来时，就到主机上去运行，显然不利于该主机效率的提高和吞吐量的增大，因为大量的时间浪费在通过卡片机读入数据上，同理，在向打印机输出时，也面临同样的问题。为了解决这个问题，可以通过购买两台外围计算机，这两台外围计算机的功能相对可以差一点，因为不需要做复杂的运算，只需要进行数据的输入和输出即可。这样，就有三台计算机，一台主机，一台外围输入计算机，一台外围输出计算机。当有作业提交时，首先通过外围输入计算机从卡片机中输入数据，将数据存放到硬盘中，当一批作业输入到硬盘时，就可以将该硬盘拆卸下来，再安装到主机上进行运算或处理，将运算结果存放到另一个硬盘中，并且将该存放结果的硬盘拆卸下来安装到外围输出计算机上，进行打印输出。

这种方式确实可以使主机的处理效率提高，增加主机的吞吐量。但是，该方式的缺点也是很明显的：

（1）使用三台计算机，成本太高；

（2）需要在计算机之间拆卸、安装硬盘，既不方便，也容易出错；

（3）使每个作业的周转时间延长。

显然这种方式必须要得到改进。于是产生了 Spooling 技术。

4.7.2　Spooling 技术

由于多道程序设计技术的发展，再加上通道技术的出现以及大容量、共享设备硬盘的技术进步，使得在脱机外围设备操作中需要三台计算机完成的工作只需在主机上设计两个程序即可，对于数据输入外围计算机，可以设计一个“预输入程序”来代替；对于外围输出计算机，可以设计一个“缓输入程序”来代替。并且只需要一个硬盘，在硬盘上划分出叫做“井”的区域，用来接收作业输入的，称为输入井，用来暂存打印输出结果的，称为输出井。这样，不仅节约了成本，并且简单方便，作业的周转时间也会得到降低。

在这种方式下，作业的输入，在“预输入程序”控制下，被送到输入井中保存，当作业调度时，不必从卡片机等设备中获取，而是直接从输入井中挑选作业，根据作业调度算法，将作业调入内存，形成作业进程。作业在运行的过程中产生的结果并不是直接送往打印机，而是暂时存放在硬盘中的输出井中，由“缓输出程序”进行统一管理，送往打印机进行打印，而作业进程只要将结果送往输入井后，该作业进程就可以认为打印成功，可以继续下面的工作。这时，CPU 和外围设备真正并行工作，这种在联机的情况下实现的外围设备同时操作称为 Spooling 操作（Simultaneous Peripheral Operation On line），也称为斯普林操作。

采用 Spooling 操作的系统称为 Spooling 系统。Spooling 系统由以下三部分组成。

（1）输入井和输出井。输入井是硬盘的一个区域，用来存放作业流，作业流在输入井中形成作业队列。输出井也是硬盘的一个区域，暂存准备打印的信息。

输入井中的作业有以下 4 种状态。

① 输入状态：预输入进程正在从输入设备输入信息。

② 后备状态：预输入完成等待作业调度运行。

③ 执行状态：作业被选中运行，宏观上是作业执行状态，微观上这时的作业纳入到进程管理。进程的运行态、就绪态、等待态以及挂起态都属于宏观上的作业执行态；

④ 完成状态：作业运行结束，结果等待缓输出，该作业进程终止并被撤销。

（2）预输入进程和缓输出进程。预输入进程负责将从输入设备中的信息存放到输入井，缓输出进程负责将输出井中的信息有条不紊地向打印机输出。

（3）井管理进程。井管理进程负责从输入井中读出数据和向输出井中写入数据。

Spooling 技术是用一种硬件设备模拟另一种硬件设备的技术，是将独占设备改造成共享设备的技术。通过 Spooling 技术，可以使得设备利用率大大提高，对整个计算机系统效率有深刻影响。DOS 系统的“type 文件名 > prn”和“print 文件名 1 文件名 2 … 文件名 *n*”这两条命令，前者没有采用 Spooling，后者采用了 Spooling 技术，使得 print 命令的效率大大提高。Spooling 技术也可以看做是缓冲区技术的一种应用，只不过这里的缓冲区不是在主存的一块特定区域，而是在磁盘中，并且起了两个专有名词而已：输入井、输出井。

图 4-5 是 Spooling 系统的示意图。

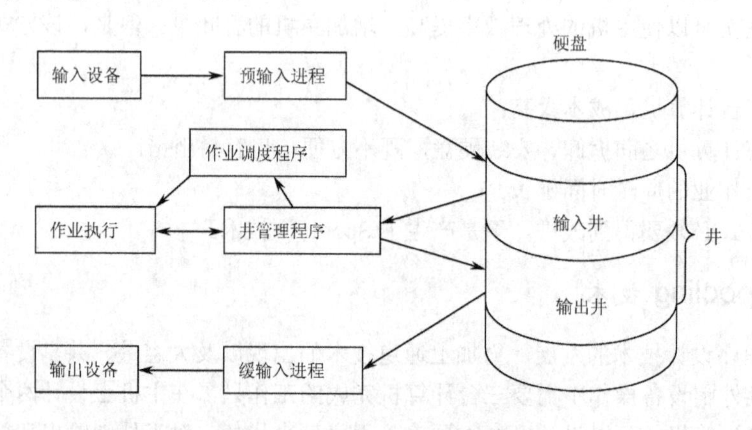

图 4-5 Spooling 操作的示意图

4.7.3 虚拟设备

当一个计算机系统采用了 Spooling 技术之后，就能将输入机或打印机这样的独占设备模拟成了可以共享的设备，这时，每一个作业进程都感到自己分到了相应的速度很高并且能够并行工作的设备，这种可以共享使用的独占设备，就被称为虚拟设备。

采用 Spooling 技术的计算机系统，提高了 I/O 设备的存取效率，并且能够将独占设备通过共享设备模拟成虚拟设备，但是采用 Spooling 技术，计算机系统增加了复杂性，用于预输入的输入井和缓输出的输出井占用了较大的磁盘空间，此外，在 Spooling 技术工作过程中会用到输入缓冲区和输出缓冲区，这会占用较大的主存空间。

本章小结

设备管理是操作系统的重要管理功能，管理计算机系统中各种外围设备，外部设备品种繁多，物理特性差异较大，因此，设备管理是很复杂的。

设备管理和文件系统有紧密的联系。文件系统为用户提供“按名存取”的功能，使得用户可以用统一的方式访问不同物理介质上的文件，但具体如何驱动和控制外围设备，则是设备管理必须解决的问题。此外，在现代操作系统中，设备文件化，外部设备都有对应的文件名。例如，在 Windows 系列操作系统中，字符设备都有唯一的文件名与之对应，块设备都有一个盘符与之对应；此外，文件也可以设备化，送往外部设备的信息完全可以通过重定向等技术存储到文件中去。

设备管理的主要功能有：实现对外部设备的分配和回收，外部设备的启动和信息传输，实现对磁盘的驱动调度，对缓冲区的管理，在一些较大系统中实现虚拟设备技术。

设备种类繁多，为了理解和管理方便，需要对设备进行分类。按信息交换的单位分类:字符设备，块设备；按资源特点进行分类：独占设备，共享设备，虚拟设备；按设备地位分类：用户设备，系统设备；按设备访问方式分类：顺序存取设备，直接存取设备；按使用特性分类：输入输出设备，存储设备。

设备 I/O 控制方式主要有程序查询方式、中断方式、DMA 方式和通道方式。

设备 I/O 软件管理分为 4 个层次，从下往上分别是：I/O 中断处理程序、设备驱动程序、与设备无关的 I/O 软件、用户级的 I/O 软件。下层为上层提供服务，上层调用下层功能。

对于独占设备采用静态分配法。用户申请设备时都采用设备类相对号即设备逻辑名进行，而与具体的物理设备没有关联，这就是设备的独立性。采用设备独立性的系统，提高了设备分配的灵活性、方便性，而且容错能力强。

缓冲技术用来协调 CPU 与 I/O 设备之间速率不匹配、协调逻辑记录与物理记录（物理块）大小不一致、解决 DMA 控制方式或通道方式下可能出现的进程长时间等待问题而引入，主要讲解了软件缓冲的 4 种缓冲方式：单缓冲、双缓冲、多缓冲以及在多缓冲基础上组织成的缓冲池。

磁盘是一种重要的共享设备，也是直接存取设备、“块设备”，可以在断电状态下长久保存信息，因此得到广泛使用。存取一个磁盘需要三个参数：柱面号、磁头号、扇区号；一次磁盘访问时间：寻找时间、延迟时间和传输时间。磁盘调度是先移后转再传输。移动调度是主要的，调度算法有：先来先服务调度、最短寻找时间优先、单向扫描、双向扫描和电梯调度算法。在同一柱面下，也可以优化调度，这就是延迟调度算法。

为了提高独占设备的存取效率，可以用共享设备来将独占设备模拟成共享设备，这就是虚拟设备。Spooling（斯普林、假脱机、联机的同时外围设备操作）技术是实现虚拟设备的技术，它包含三部分程序：“预输入”程序、“井管理”程序和“缓输出”程序。采用 Spooling 技术的系统，优点是大大提高了 I/O 设备的存取效率，并且能够将独占设备通过共享设备模拟成虚拟设备，但是采用 Spooling 技术，计算机系统增加了复杂性，用于预输入的输入井和缓输出的输出井占用了较大的磁盘空间，此外，在 Spooling 技术工作过程中会用到输入缓冲区和输出缓冲区，这会占用较大的主存空间。

习题 4

1. 设备管理的主要功能有哪些？
2. 外部设备如何分类？
3. I/O 控制方式有哪 4 种？DMA 控制方式和通道控制方式有什么区别？
4. 什么是通道？什么是通道程序？什么是 CCW、CAW、CSW？
5. 为什么要引入缓冲技术？什么是缓冲池？
6. 独占设备如何分配与回收？
7. 什么是设备独立性？采用设备独立性的系统有什么优点？
8. 磁盘结构是怎样的？磁盘访问时间由哪三部分组成？
9. 什么是磁盘的驱动调度？
10. 什么叫 Spooling 技术？什么叫虚拟设备？

11．设备分配中会不会出现死锁？为什么？

12．假定有一个磁盘组共有 100 个柱面，每个柱面上有 8 个磁道，每个磁道被划分成 8 个扇区。现有一个有 6400 个逻辑记录的文件，逻辑记录的大小设与磁盘扇区大小相同，该文件以顺序结构的形式被存放到磁盘上。假定柱面号、磁头号、扇区号均从 1 开始，逻辑记录的编号从 0 开始。文件信息从第 1 柱面、第 1 磁道、第 1 扇区开始存放。

（1）该文件的第 n（$0 \leqslant n \leqslant 6399$）个逻辑记录应存放在磁盘的哪个柱面、哪个磁头和哪个扇区？

（2）第 a 柱面的第 b 磁道的第 c 扇区中存放了该文件的第几个逻辑记录？

13．假定磁盘有 200 个柱面，编号为 0～199，当前移动臂的位置在 137 号柱面上，并刚刚完成了 117 号柱面的服务请求，设查找移过每个柱面要花时间 5ms。如果当前的磁盘请求队列的柱面号先后次序为：87、145、93、167、97、157、107、177、131；请采用以下 5 种移动臂调度算法，给出每种算法下移动臂移动的顺序、移动臂经过的总柱面数以及查找时间。

（1）先来先服务算法 FCFS；

（2）最短寻找时间优先算法 SSTF；

（3）单向扫描算法；

（4）双向扫描算法；

（5）电梯调度算法。

第5章 文件管理

计算机以文件形式管理各种信息，大部分文件需要存储在辅助存储器中，用户如何对文件进行操作；文件以何种形式存储等问题需要操作系统来解决，负责文件管理的操作系统称为文件系统。用户可以定义文件信息，并由文件系统对用户定义的文件进行存储和检索。文件具有两种结构形式：逻辑结构和物理结构，用户只需关心文件的逻辑结构，而从逻辑结构向物理结构的映射则需要文件系统来完成。也就是说，文件系统的功能主要是如何将用户所处的逻辑层面操作向物理层面操作转换，包括文件的按名存取、文件目录的建立和维护、从逻辑文件向物理文件的转换、文件存储空间的分配和管理、文件的存取方法、文件的共享和保护、提供用户文件操作命令等。

本章从文件的基本概念引出文件的结构和存储形式，介绍文件的常用操作，讨论文件的安全与完整性问题。

5.1 文件系统

计算机以文件形式管理各种信息，大部分文件需要存储在辅助存储器中，用户如何对文件进行操作；文件以何种形式存储等问题需要操作系统来解决，负责文件管理的操作系统叫称为文件系统。文件有不同的类型，计算机系统中储存有大量的文件，文件系统的功能主要是管理和组织它们，分配存储空间来存储文件信息等。

5.1.1 文件和文件系统

1. 文件

文件是由文件名标识的一组信息的集合，文件名用来标识文件，方便用户访问。文件信息范围非常广泛，系统和用户都可以将具有一定独立功能的源程序、一组数据、编译程序等命名为一个文件，如C语言源程序、系统提供的库程序、Word文档等。

构成文件的基本单位可以是文件中的每一个信息项，也可以是相关的信息项所组成的一条记录。例如，一个学生的记录可以包含学号、姓名、性别、选修课程等信息项。因此，我们也可以认为文件是具有符号名的记录的集合。文件包括两部分：文件和文件说明。

（1）文件体：文件本身的信息。

（2）文件说明：文件存储和管理信息，如文件名、文件内部标识、文件存储地址、访问权限、访问时间等。

引入文件的概念后，用户就可以用统一的观点来看待和处理驻留在各种存储介质上的信息，而无须考虑保存文件的设备有何差异。这将给用户带来很大的方便。

2. 文件系统

文件系统是操作系统中负责管理和存取文件信息的软件机构，简称文件系统。文件系统由三部分组成：与文件管理有关的软件、被管理的文件以及实施文件管理所需的数据结构（如目录表、文件控制块、存储分配表等）。从系统角度来看，文件系统是对存储器的存储空间进行组织和分配，负责文件的存储并对存入的文件进行保护和检索的系统。具体地说，它负责为用户建立文件，存入、读出、修改、转储文件，控制文件的存取，当用户不再使用时撤销文件等。

文件系统的优点如下。

（1）使用的方便性：由于文件系统实现了按名存取，用户不再需要为其文件考虑存储空间的分配，因而无须关心文件所存放的物理位置。当文件的位置发生改变或文件的存储装置发生变换，只要用户知道文件名就可以存取文件中的信息，因此对用户不会产生任何影响，也用不着修改他们的程序。

（2）数据的安全性：文件系统可以提供各种保护措施，防止无意的或有意的破坏。例如，文件的属性设置为“只读文件”，如果某一用户企图对其修改，那么文件系统可以在存取控制验证后拒绝执行，因而这个文件就不会被误用而遭到破坏。另外，用户可以规定其文件除本人使用外，只允许核准的几个用户共同使用。若发现事先未核准的用户要使用该文件，则文件系统将认为其非法并予以拒绝。

（3）接口的统一性：用户可以使用统一的广义指令或系统调用来存取各种介质上的文件。这样做简单、直观，而且摆脱了对存储介质特性的依赖以及使用 I/O 指令所做的烦琐处理。从这种意义上看，文件系统提供了用户和外存的接口。

5.1.2 文件的分类

为便于文件的控制和管理，通常把文件分成若干类型，以下是根据不同的分类标准划分出不同的文件类型。

1. 按文件的性质和用途分类

（1）系统文件：是指有关操作系统及其他系统程序的信息所组成的文件。这类文件对用户不直接开放，只能通过系统调用为用户服务。

（2）库文件：即由标准子程序及常用的应用程序组成的文件。这类文件允许用户调用，但不允许用户修改。

（3）用户文件：指由用户委托操作系统保存的文件。例如，源程序文件、目标程序文件，以及由原始数据、计算结果等组成的文件。这类文件根据使用情况又可以再细分为三种类型：临时文件、档案文件和永久文件。

① 临时文件：用户在一次算题过程中建立的“中间文件”。当用户撤离系统时，其文件也随之被撤销。

② 档案文件：只保存在作为档案的磁带上，以便考证和恢复用的文件，如日志文件。

③ 永久文件：用户要经常使用的文件。它不仅在磁盘上有文件副本，而且在“档案”上也有一个可靠的副本。

2. 按文件的保护方式分类

（1）只读文件：允许文件的所有者及核准的用户读，但不允许写的文件。

（2）读写文件：允许文件的所有人及核准的用户读、写，但禁止未核准的用户读、写的文件。
（3）不保护文件：所有用户都可以存取的文件。

3. 按文件中的数据形式分类

（1）源文件：指从终端或输入设备输入的源程序和数据，以及作为处理结果的输出数据的文件。例如，C 语言编写的源程序。
（2）目标文件：源文件经过编译后生成的文件。
（3）可执行文件：由连接装配程序连接后所生成的可以直接运行的程序或文件。常见的扩展名为 exe 的文件就是可执行文件。

4. 按文件的信息流向分类

（1）输入文件：例如键盘输入文件，只能输入。
（2）输出文件：例如打印机文件，只能输出。
（3）输入输出文件：在磁盘、磁带上的文件，既可读又可写。

5. 按文件的组织形式分类

（1）一般文件：由内部无结构的一串平滑的字符构成的文件，如字符流文件。
（2）目录文件：由文件目录组成的系统文件，用来管理和实现文件系统。
（3）特殊文件：记录 I/O 设备操作文件，如记录用于磁盘、光盘或打印机等设备 I/O 操作的文件。

5.1.3　文件系统的功能

从用户角度来看，文件系统主要实现了“按名存取”；从系统角度来看，文件系统主要实现了对存储器空间的组织和分配，对文件信息的存储，以及存储保护和检索。具体地说，文件系统要借助组织良好的数据结构和算法有效地对文件信息进行管理，使用户能够方便地存取信息。综合上述两方面的考虑，操作系统中的文件管理部分应具有如下功能。
（1）文件的操作和使用。
（2）文件的结构及有关存取方法。
（3）文件的目录机构和有关处理。
（4）文件存储空间的管理。
（5）文件的共享和存取控制。
提供以上功能，文件管理能够达到的目的：方便文件的访问和控制、多线程支持文件的并发访问、提供统一的用户接口、多种文件访问权限、优化性能、验证文件的正确性、恢复差错等，为用户和底层硬件之间建立了文件管理的桥梁。

5.2　文件目录

计算机存储着大量的文件，为了能有效地管理这些文件，必须对它们加以妥善的组织。为了让用户能够方便地找到所需的文件，需要在系统中建立一套目录机构。就像一本书的章节目录一样。文件目录组织的原则是：能够方便、迅速地对目录进行检索，从而准确地找到所需文件。对于文件系统来说，目录的设计对其性能的影响是至关重要的，主要包括目录内容和目录结构的设计。

5.2.1 目录内容

1. 文件控制块

为能对文件进行正确的存取，计算机系统为文件设置了一系列描述和控制信息，这些信息以一个数据结构的形式表示，人们称此结构为文件控制块（File Control Block，FCB）。文件管理程序借助于文件控制块中的信息，实现对文件的各种操作，文件与文件控制块一一对应。

文件目录由文件控制块组成，文件系统为每个文件建立一个文件目录，用于文件描述和文件控制，实现按名存取和文件信息的共享与保护。文件目录随文件的建立而创建，随文件的删除而消亡。

2. 目录内容

一个文件由文件说明和文件体两大部分组成，文件说明部分构成了文件目录的基本信息，这些信息可以分成文件存取控制信息、文件结构信息、文件使用信息、文件管理信息。

（1）文件存取控制信息：包含文件名、用户名、文件主存取权限、文件类型和文件属性等信息。

（2）文件结构信息：包含文件的逻辑结构、物理结构等信息。

（3）文件使用信息：包含文件被修改的情况、文件的最大尺寸和当前尺寸等信息。

（4）文件管理信息：包含文件建立日期、文件最近修改日期、文件访问日期等信息。

5.2.2 目录结构

文件目录的建立是方便文件的检索，计算机系统将若干个文件目录组成一个目录文件，文件目录是组织众多的文件目录的结构和形式，它将直接影响到文件的存取速度和文件的共享及安全性。所以讨论目录结构的主要目的是提高文件检索效率，常用的目录结构有单级目录、二级目录和多级目录。

1. 单级目录结构

单级目录（Single Level Directory，SLD）结构是最简单的目录结构。在整个系统中只建立一张目录表，为每个文件分配一个目录项。目录项中包含以下几个数据：文件名；文件的起始块号；其他属性，如文件长度、文件类型等。此外，为了表明一个目录项是否空闲，再设置一个状态位。

每当要创建一个新文件时，首先，应去查看所有的目录项，看新文件名在目录中是否是唯一的，然后，再从目录中找出一空目录项，把新文件名、物理地址和其他属性填入目录项中，并置状态位为 1。

在删除一个文件时，首先，到目录中去找到该文件的目录项，从中找到该文件的起始块号，按照文件长度对它们进行回收。然后，再清除该文件所占用的目录项。单级目录结构的优点是简单，且能实现目录管理的基本功能即按名存取。但却存在下述缺点。

（1）查找速度慢。对于稍具规模的文件系统，会拥有数目可观的目录项，致使为找到一个指定的目录项要花费较多的时间。对于一个具有 N 个目录项的单级目录，为检索出一个目录项，平均需查找 $N/2$ 个目录项。

（2）不允许重名。在一个目录表中的所有文件，都不能重名。然而，重名问题在多道程序环境下，却又是难以避免的；即使在单用户环境下，当文件数较多时，也难以做到不重名。

（3）不便于实现文件共享。通常每个用户都具有自己的名字空间或命名习惯，因此，应当允许不同用户使用不同的文件名来访问同一个文件。然而，单级目录却要求所有用户都用同一个名字来访问同一文件。综上所述，由于单级目录的缺点，单级目录只适用于单用户环境。

2. 二级目录结构

为了克服单级目录结构所存在的缺点，通常为每一个用户建立一个单独的用户文件目录（User File Directory，UFD）。这些文件目录具有相似的结构，它由用户所有文件的文件控制块组成。此外，在系统中建立一个主文件目录（Master File Directory，MFD），在主文件目录中，每个用户文件目录都占有一个目录项，其目录项中包括用户名和指向该用户目录文件的指针。这种组织方式形成了二级目录结构，如图 5-1 所示。图中的主目录中示出了两个用户名，即 wang 和 zhang。

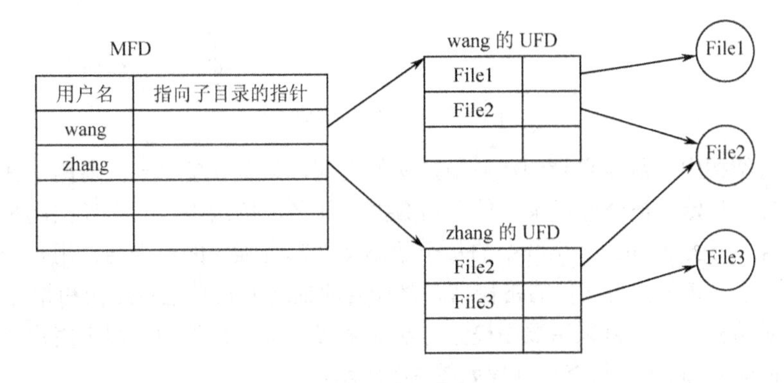

图 5-1　二级目录结构

用户要存取一个文件时，系统根据用户名，在主目录表中查出该用户的文件目录表，然后再根据文件名，在其用户目录表中找出相应的目录项，这样便找到了该文件的物理地址，从而得到了所需的文件。

用户要建立一个文件时，如果是新用户，即主目录表中无此用户的相应登记项，则在主目录表中申请一空闲项，然后再分配存放用户目录表的空间，新建文件的目录项就登记在这个用户目录中。

要删除文件时，只在用户目录中删除该文件的目录项。如果删除后该用户目录表为空，则表明该用户已脱离了系统，从而可以从主目录表中删除该用户的对应项。

二级目录结构的优点如下。

（1）解决了重名问题，即使两个用户的文件名相同，但由于用户名不同，所以也能准确地区别这两个不同的文件。

（2）二级目录的查找速度提高了很多。

（3）不同用户可使用不同的文件名，来访问系统中的同一个共享文件。

3. 多级目录结构

为了便于系统和用户更灵活、更方便地组织、管理和使用各类文件，在二级目录结构的基础上进一步加以扩充，就形成了多级目录结构，也称为树型目录结构。它具有检索效率高、允许重名、便于实现文件共享等一系列优点，故它被广泛使用。如常见的 MS-DOS、Windows、OS / 2、

UNIX、Linux 等系统，均采用多级目录结构。

主目录在树型目录结构中，作为树的根结点，称为根目录。数据文件作为树叶，其他所有目录均作为树的结点。图 5-2 列出了多级目录结构。以图中 TurboC 目录为例，它的下一级又有 bin、include、lib 等许多子目录，在 include 目录下可以看到具体的数据文件，如 stdio.h，math.h 等。

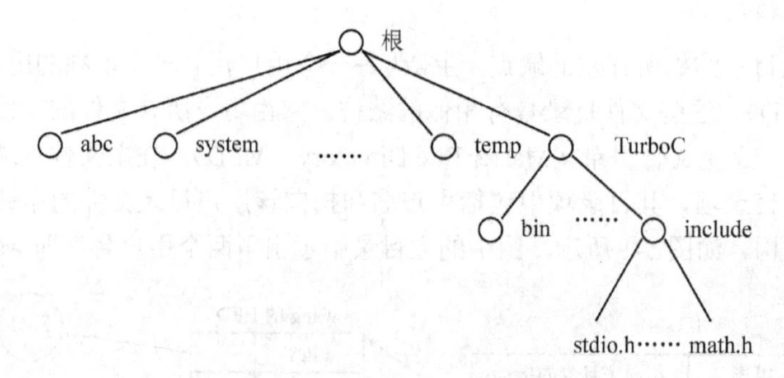

图 5-2　多级目录结构

在树型目录结构中，从根目录到任何数据文件之间，只有一条唯一的通路，在该路径上从树的根（即主目录）开始，把全部目录文件名与数据文件名，依次用“ / ”连接起来，即构成该数据文件的路径名（Path Name）。系统中的每个数据文件都有唯一的路径名，用户访问文件时，为保证访问的唯一性，必须使用文件的路径名。路径名的描述方式有绝对路径和相对路径。

在树型目录结构中，可以采用顺序检索方法对多级目录进行查询。假定用户给定的文件路径名为/TurboC/include/math.h，其查找过程如图 5-3 所示。

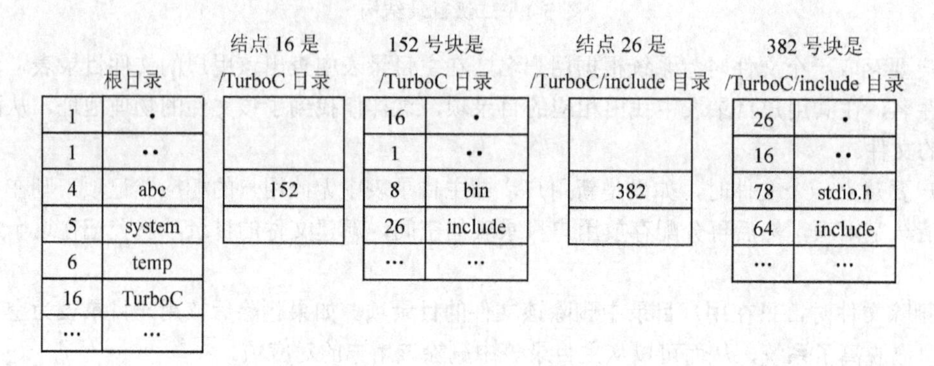

图 5-3　查找/TurboC/include/math.h 的过程

系统先读入第一个文件分量名 TurboC，用它与根目录文件（或当前目录文件）中的各个目录项的文件名顺序地进行比较，从中找到匹配项，得到索引结点 16，由索引结点 16 可知/TurboC 目录文件是放在 152 号盘块中，将该块读入内存。接下来，系统再将路径名中的第二个文件分量名 include 读入，用它与放在 152 号盘块中的第二级目录文件中的各目录项内的文件名顺序进行比较，又找到匹配项，从中得到索引结点 26，由结点 26 可知/TurboC/include 目录文件是放在 382 号盘块中，依上述方法继续类推，最终找到需要查找的 stdio.h 文件的物理地址，文件查询到此结束。如果在顺序查找过程中，发现一个文件分量名未能找到，则应停止查找并返回“文件未找到”信息。

5.3　文件结构与存取方法

文件的组织形式是文件的结构，从不同的角度分析文件有不同的结构形式：逻辑结构和物理结构。从用户角度出发，研究文件的抽象组织方式而定义的文件组织形式为文件的逻辑结构；从系统的角度出发，研究文件的物理组织方式而定义的文件组织形式为文件的物理结构。文件的逻辑结构独立于辅存，帮助用户分析信息之间的关系及含义；而物理结构主要关注文件信息的存储形式，帮助用户了解与存储设备相关的知识。

5.3.1　文件的逻辑结构及存取方法

1. 文件的逻辑结构

文件的逻辑结构可分为无结构的字符流式文件和有结构的记录式文件。

（1）无结构的字符流式文件

无结构的字符流式文件是相关的有序字符的集合。文件长度即为所含字符数。流式文件不分成记录，而是直接由一连串信息组成。对流式文件而言，它是按信息的个数或以特殊字符为界进行存取的。常见的源程序文件、可执行文件均采用这种结构。

无结构的字符流式文件的优点主要是空间利用上比较节省，因为没有额外的说明（如记录长度）和控制信息等；但应当注意的是文件信息的检索问题，即采用的逻辑结构应方便文件系统查找所需信息，减少信息存储的变动。

（2）有结构的记录式文件

文件的信息划分为多个记录，用户以记录为单位组织信息。记录是具有特定意义的信息单位，它包含记录在文件中的相对位置、记录名、记录的属性值等信息组成。记录式文件中，每个记录都有一个项信息，用来唯一标识相应的记录，将各个记录区分开来，我们称这个项信息为主键。一个记录中的任一数据项或若干数据项的组合均可作为记录键，除主键外的其他键成为次键。如学生成绩信息文件：

- 学号
- 姓名
- 班级名称
- 课程名称

这里因为学号是独一无二的，所以可以作为记录的主键，如果一个班级内部无同名的学生，姓名也可以作为记录的主键。

有结构的记录式文件就是按照一定的结构来组织记录信息，按照记录的不同组织形式，常见的记录式文件可以分为连续结构和顺序结构。

① 连续结构：按照记录生成的先后顺序连续排列。

② 顺序结构：设定一种顺序规则，以记录的键为索引对象，按照设定的顺序规则将记录顺序排列起来。例如，学生成绩信息文件，按照学号的大小顺序排列，就形成了顺序结构文件。

这种排序称为单键法，即只以一个记录键为排序条件；另外还有多键记录排序法，如图书馆的图书索引一样，可根据书名、书号、作者名和主题等分别编目，最终就可以找到确定的一本书。

2. 文件的存取方式

逻辑上的文件信息最终都要按照一定的存储方法存储到物理设备中，文件系统按照什么方式将文件信息存储到存储设备中，这要与文件的逻辑结构和存取内容及目的相关。

（1）顺序存取

按照文件的逻辑地址依次顺序存取，如按照记录的排序顺序存取。

（2）随机存取

用户按照记录的编号进行存取，也称为直接存取或立即存取。这种方式下，根据存取命令把读/写指针直接移动到读/写处进行操作。

（3）按键存取

根据给定记录的键进行存取。给定键后，首先搜索该键在记录中的位置，然后进一步搜索包含该键的记录，在含有该键的所有记录中查找所需记录，当搜索到所需记录的逻辑位置后，再将其转换到相应的物理地址进行存取。

5.3.2 文件的物理结构及存取方法

1. 文件的物理结构

文件的物理结构是指文件在辅助存储器上存储的结构形式，其和文件的存取方法有密切的关系。文件物理结构的优劣，直接影响到文件系统的性能。

为了有效地分配存储器的空间，通常把它们分成若干块，并以块为单位进行分配和传送。每个块称为物理块，而块中的信息称为物理记录。物理块长通常是固定的，在磁盘上经常以 512B 至 8KB 为一块。文件在逻辑上可以看成是连续的，但在物理介质上存放时可以有多种形式。目前常用的文件物理结构有顺序结构文件、链接结构文件、索引结构文件、Hash 文件。

（1）顺序结构文件

把逻辑文件的信息顺序地存储到连续的物理盘块中，这样形成的文件称为顺序文件。这种文件保证了逻辑文件中的记录顺序与存储器中文件占用盘块的顺序的一致性。假定有一文件，逻辑记录长和物理块长都是 512 字节，该文件有 6 个逻辑记录，那么在存储器上它也占用 6 块，在文件控制块 FCB 中存放文件第一个记录所在的盘块号和文件总的盘块数。图 5-4 给出了顺序文件结构。

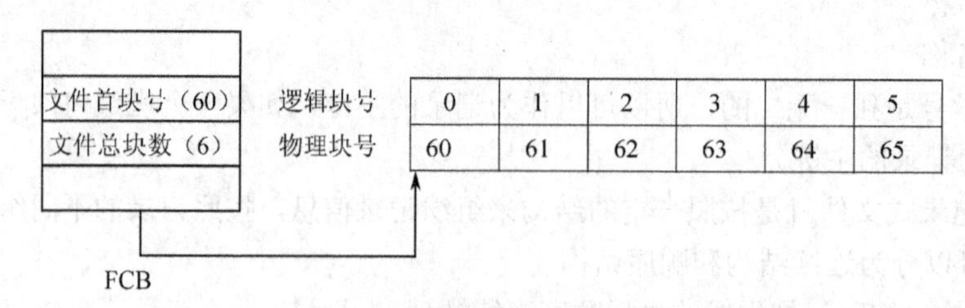

图 5-4 顺序文件结构

顺序结构文件的优点如下。

① 管理简单：一旦知道文件存储的起始块号和文件块数，就可以立即找到所需的文件信息。

② 顺序存取速度快：要获得一批相邻的记录时，其存取速度在所有文件物理结构中是最快的。

顺序结构的缺点如下。

① 要求连续存储空间：如同内存的连续分配一样，可能形成许多存储空间的碎片。

② 必须事先知道文件的长度，才能为该文件分配合适的连续存储空间。

（2）链接结构文件

链接结构的特点是使用指针（也称为链接字）来表示文件中各个记录之间的关联。在链接结构文件中，一个逻辑上连续的文件，可以存放在不连续的存储块中，每个块之间用单向链表链接起来。为了使系统能方便地找到逻辑上连续的下一块的物理位置，在每个物理块中设置一个指针，指向该文件的下一个物理块号，使得存放同一文件的物理块链接成一个队列，我们称这种结构为链接文件。图 5-5 给出了链接文件结构。

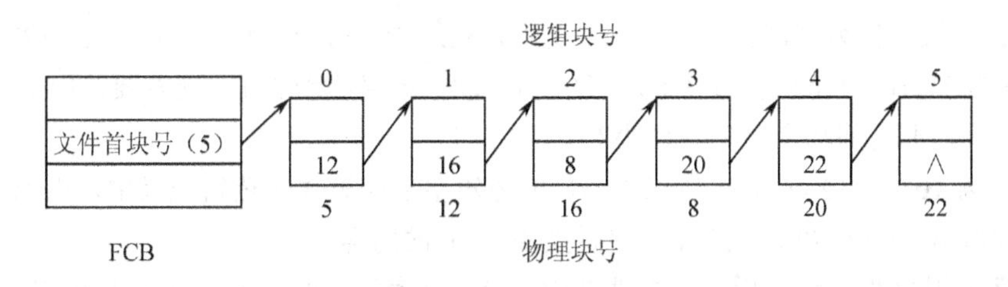

图 5-5　链接文件结构

链接结构的优点：① 不要求为文件分配连续的存储空间，一定程度上解决了空间碎片问题，提高了存储空间利用率；② 因为采用链表的思想，文件中记录的增、删工作比较容易实现。

链接结构的缺点如下。

① 只适合于顺序存取，不便于直接存取，为了找到某个物理块的信息，必须从头开始，逐一查找每个物理块，直到找到为止。因此降低了查找速度。

② 在每个物理块中都要设置一个指针，占去一定的存储空间。

（3）索引结构文件

索引结构是实现非连续存储的另一种方法，适用于数据记录保存在随机存取存储设备上的文件。这种结构的组织方式要求为每个文件建立一张索引表。其中每个表目指出文件逻辑记录所在的物理块号，索引表指针由 FCB 给出。索引文件结构如图 5-6 所示。

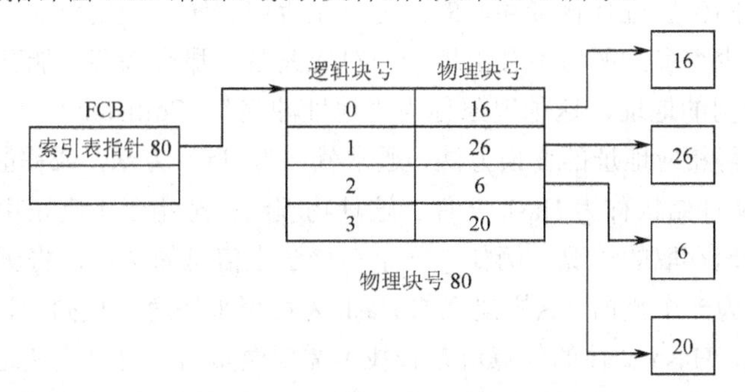

图 5-6　索引文件结构

当文件很大时，索引表也将很大，需要占用多个盘块。管理多个盘块的索引表有两种方法：一种方法是将存放索引表的盘块用指针链接起来，称为链接索引。链接索引需要顺序地读取索引表各索引表项。因此，与链接文件相似，读取后面的索引表项需进行多次磁盘 I/O 操作；另一种方法是采用多级索引。方法是为多个索引表再建立一个索引表（称为主索引表），形成二级索引。

如果二级索引的主索引表仍然不能存放在一个盘块中，就需要三级索引。

索引结构是链接结构的一种扩展，除了具备链接结构的优点外，还克服了它只能作顺序存取的缺点，具有直接读写任意一个记录的能力，便于文件的增加和删除，可以方便地进行随机存取。

索引文件的缺点如下。

① 增加了索引表的空间开销和查找时间，索引表的信息量甚至可能远远超过文件记录本身的信息量。

② 在存取文件时首先查找索引表，这样要增加一次读盘操作，从而降低了文件访问的速度。当然也可以采取补救措施，例如在文件存取前，事先把索引表放在内存中，这样以后的文件访问可以直接在内存中查询索引表，以加快访问速度。

【例 5-1】 设文件为链接文件，由 5 个逻辑记录组成，每个逻辑记录的大小与物理磁盘块的大小相同，均为 512B，并依次存放在 60、120、70、88、56 号物理块中。现若要访问文件中第 1057 字节的信息，请问要访问哪个物理磁盘块？

解答：因为 1057=512×2+33，所以要访问的逻辑字节在第 3 个逻辑记录中，而第 3 个逻辑记录对应的物理磁盘块号为 70，因此要访问磁盘块号 70 的内容。

【例 5-2】 某文件系统采用索引文件结构，设文件索引表的每个表目占 4 个字节，存放一个盘块的块号，磁盘块大小为 512B。问该文件系统采用直接、二级和三级索引所能管理的最大磁盘空间为多少字节？

解答：首先计算索引表项目的大小：512/4=128（个）。

直接索引：因为每项对应一个物理块，所以能管理的最大磁盘空间=128×512B=64KB。

二级索引：因为是索引的索引，所以能管理的最大磁盘空间=128×128×512B=8192KB。

三级索引：因为是索引的索引的索引，所以能管理的最大磁盘空间=128×128×128×512B=1048576KB。

（4）Hash 文件

在直接存取存储设备上，文件的物理结构还有一种组织方式，即采用计算寻址结构。在这种方式中，把记录中的关键码通过某种计算，转换为记录的相应地址。这种存储结构是通过指定记录在存储介质上的位置进行直接存取的，记录无所谓次序。一般来说，由于地址的总数比可能的关键码总数要少得多，所以不会出现一一对应关系。那么就有可能存在着不同的关键码计算之后，得到了相同的地址，这种现象称为“地址冲突”（Collision）。而这种通过对记录的关键码施加变换而获得相应地址的变换方法，通常就称为 Hash 方法，或称散列法、杂凑法。利用 Hash 方法建立的文件结构称为 Hash 文件。这种物理结构适用于不宜采用连续结构，记录次序较混乱，又需要快速存取的情况。例如，一个存储学生信息的文件，将班级信息作为索引，凡班级相同的学生作为一个数据，这样建立的 Hash 表可用来快速查找同一班级学生的信息，加快了查询速度。因此，Hash 文件的优点就是查找不需要做索引，可以快速地直接存取。

Hash 文件的缺点是当地址冲突发生时，需要有解决冲突的方法，这称为溢出处理技术，也是设计 Hash 文件需要考虑的主要内容。常用的溢出处理技术有线性探测法、二次探测法、拉链法、独立溢出区法等。

2. 文件的存储设备

文件的存储设备主要有 I/O 式字符设备，如打印纸；还有可重复使用的块设备，如磁带、磁盘、光盘等。根据存储设备的特性，可以把它们划分为以下两大类。

（1）顺序存取设备

在这些设备上，数据以块的形式存放，只有前面物理块被访问之后，后续的物理块才能被访问，块与块之间用间隙分开。磁带是一种典型的顺序存储设备，顺序结构的文件可以存储在顺序存取设备中。

（2）直接存取设备

数据块的访问不需要依次访问，可以直接存取的存储设备称为直接存取设备。磁盘、光盘等均是直接存取设备。链接结构和索引结构文件均可存储在直接存取设备中。

5.3.3　存储空间管理

在第 3 章存储管理中，我们讨论过主存的存储空间管理问题。类似的，为了更好地利用存储空间，我们在这里仍然要讨论存储空间管理问题，只不过这里的存储空间主要是指辅存空间，这里的存储空间管理也是指辅存的存储空间管理。

文件存储空间的管理主要解决的问题是空间的分配和回收，为了解决这些问题，系统必须设计合适的数据结构来描述文件存储空间，并且提供合理的分配和回收方法。

1. 文件存储单位及分配数据结构

对文件的存储空间的管理通常以簇为单位，每个簇包含若干个连续的辅存存储单位。簇的大小是可以变化的，大到能够容纳整个文件，小到容纳一个外存存储块。而簇的大小各有利弊：簇较大可提高 I/O 访问性能，减少管理开销。簇较小，则簇内的碎片浪费较小，适合于管理大量小文件。

一个文件的各个部分就存储在不同或相同的簇中，记录一个文件各个部分存储位置的数据结构就被称为文件分配表（File Allocation Table，FAT）。文件分配表的组织可以有三种方式：连续分配、链式分配和索引分配。

（1）连续分配：分配表中只需记录第一个簇的位置，其他位置顺延。这种方法适用于预分配方法，并且便于通过紧缩将外存空闲空间合并成连续的区域。

（2）链式分配：记录每个簇，并在每个簇中有指向下一个簇的指针。这种方式下，可以通过合并将一个文件的各个簇连续存放，以提高 I/O 访问性能。

（3）索引分配：文件的第一个簇中记录了该文件的其他簇的位置。

2. 空间管理方法

所谓空间管理，在这里是指外存空闲空间的管理，用来描述管理的数据结构称为磁盘分配表，分配的基本单位就是簇。只有合适的描述外存空闲空间，并且合理地分配它们，才能提高外存空间的利用率，提高 I/O 访问性能。外存空闲空间的管理方法有三种：空闲文件目录、空闲块表和位示图。

（1）空闲文件目录

沿用文件的概念，对外存中空闲空间的管理也采用同样的概念，即将文件存储设备上的每个连续空闲区看成一个空白文件，系统为所有空白文件单独建立一个目录，称为空闲文件目录。每个空白文件在这个目录中占一个表目，表目的内容包括该空白文件第一个空白块的物理地址、空白块的数目等。

文件的分配和回收则围绕空闲文件目录展开。当请求分配存储空间时，系统依次扫描空闲文件目录，直到找到一个合适的空闲文件为止。同样当回收存储空间时，也需要顺序扫描空闲文件目录，寻找一个空表目，将被释放空间的第一个物理块号以及释放空间的块数填到这个表目中。这个操作方法类似于主存管理中的动态分区分配算法。

空闲文件目录管理方法适用于文件存储空间中只有少量空闲区域。如果空闲区域太多，则空闲文件目录的表目则非常多，那么分配和回收时查询代价则较大。

（2）空闲块表

引入链表的思想，将文件存储设备中所有的空闲区域链接在一起，形成一个链表，并设置一个头指针指向该空闲块链表的第一个物理块。

当请求分配存储空间时，系统按需要从链表表头开始取相应的若干个物理块分配给文件。回收存储空间时，将回收的空闲块依次接入空闲块链表中。

空闲块表管理方法操作简单，单对链表的访问工作降低了系统的效率。

（3）位示图

位示图又称为字位映像表，使用若干字节构成一张表，表中每一字位对应一个物理块，字位的次序与块的相对次序一致。字位为“1”表示相应块已占用，字位为“0”表示该块空闲。若磁盘存储空间的盘组分块确定后，根据可分配的总块数决定位示图由多少个字组成。

当请求分配存储空间时，系统顺序扫描位示图并按需要从中找到一组值为 0 的二进制位，通过换算得到相应的盘块地址，再将这些位置为 1。当回收存储空间时，只要将位示图中的相应位清零。

因为文件存储空间大小是一定的，所以位示图的大小也是固定的，而且容量比较小，所以可以保存在主存中，这使得对位示图的操作比较快，实现文件存储空间的高速分配和回收。

【例 5-3】　有一磁盘组共有 10 个盘面，每个盘面有 100 个磁道，每个磁道有 6 个扇区。假定以扇区作为分配单位，若使用位示图管理磁盘空间，问位示图要占用多少空间？如果采用空白文件目录管理法，现有空闲扇区 400 个，要使空白文件目录所占空间与前面位示图所占空间一致，问空白文件目录中的表目占用多少空间？

解答： 磁盘组扇区总数为：10×100×16=16000。

所以使用位示图描述每个扇区状态需要：16000 位。

设每个表目占用的空间为 X 位，则：400×X=16000，X=40 位，即每个表目占用的空间为 5 字节。

5.4　文件的使用

文件是相关信息的集合，引入文件的目的是更好地组织和使用信息。文件系统提供了一系列文件操作功能，在用户和文件存储信息之间建立了一个调用的桥梁。

5.4.1　文件访问

文件系统提供给用户程序的一组系统调用，如文件的建立、打开、关闭、撤销、读、写和控制等，通过这些系统调用用户能获得文件系统的各种服务。不同的系统提供给用户不同的对文件的操作手段，但所有系统一般都提供以下关于文件的基本操作。

1. 对整体文件而言

（1）打开（open）文件，以准备对该文件进行访问。
（2）关闭（close）文件，结束对该文件的使用。
（3）建立（create）文件，构造一个新文件。
（4）撤销（destroy）文件，删去一个文件。
（5）复制（copy）文件，产生一个文件副本。

2. 对文件中的数据项而言

（1）读（read）操作，把文件中的一个数据项输入给进程。
（2）写（write）操作，进程输出一个数据项到文件中去。
（3）修改（update）操作，修改一个已经存在的数据项。
（4）插入（insert）操作，添加一个新数据项。
（5）删除（delete）操作，从文件中移走一个数据项。

因为二进制文件的效率较高，C 语言提供了相应的文件操作函数 fread 和 fwrite，用于二进制文件的输入输出操作。

二进制读函数 unsigned fread(void *ptr,unsigned size,unsigned nitems,FILE *stream)：函数的功能是从文件指针 stream 中读 nitems 项数据，每项数据长度为 size，到 ptr 所指向的内存区域。

二进制写函数 unsigned fwrite(void *ptr,unsigned size,unsigned nitems,FILE *stream)：函数的功能是将 ptr 所指向的内存区域的数据写入文件指针 stream 所指文件中。

【例 5-4】　以 C 语言为例，描述二进制文件的格式化输入输出。

解答：

```
#include <stdio.h>
main()
{ FILE *fp;  /*fp 指向文件存储区域的起始地址*/
  struct {
      int no;
      float score;
   }student;    /*定义学生信息存储结构*/
   int i;
   fp=fopen("student.bin","wb");  /*将 student.bin 文件按二进制写方式打开*/
   for (i=0;i>10;i++)
   {
       printf("\n 请输入学生的信息\n");
       scanf("%d,%f",&student.no, &student.score);
       fwrite(&student,sizeof(student),1,fp);   /*按二进制格式写入该文件*/
   }
   fcolse(fp);/*关闭文件*/
}
```

另外 C 语言还提供了文件定位函数，以方便对文件的查找定位。常用的文件定位函数如下。

void rewind(FILE *stream)：重置位置指针函数。该函数的功能是使位置指针重新返回文件的开头。

int fseek(FILE *stream,long offset,int origin)：随机定位函数。该函数设置 stream 所指文件的位置指针的新位置，该位置与 origin 指定的文件位置相距 offset 个字节。

Long ftell(FILE *stream)：定位当前位置指针函数。该函数返回当前文件指针的位置。

【例 5-5】　使用 ftell 函数，向二进制文件 exer 中写入指定字符串，然后再读出该文件中 5～10 字节位置的内容。

解答：

```
#include <stdio.h>
main()
{  static char buffer[]="example";
   FILE *fp;
   char c;
   long pick,offset;
   fp=fopen("exer","wb");
   fwrite((char )buffer,1,7,fp);/*向文件 exer 中写入字符串*/
   fclose(fp);
   fp=fopen("exer","r");/*以文本读方式打开文件*/
   for (pick=5;pick<10;pick++)
   {
       fseek(fp,pick,0); /*移动指针到指定文件位置*/
       offset=ftell(fp);/*返回当前文件指针的位置*/
       fscanf(fp,"%c",&c);/*按字符方式从文件中读出当前位置的字符内容*/
       printf("位置%ld 的字符为%c ",offset,c);
   }
  fclose(fp);
}
```

5.4.2　文件控制

文件系统除了对文件内容提供操作功能外，对文件属性也提供了一定的操作功能。

（1）创建和删除文件。当文件不存在时，需要创建文件，当不再需要文件时，可以删除它，以便节省存储空间。

① 创建文件。系统调用的格式为：fd=create(filename,mode);

参数 filename 是指向所要创建的文件路径名的字符串指针；mode 是文件所具有的存取权限。通过该调用，在文件成功创建后，变量 fd 是返回的文件描述符，同时文件呈现打开状态。

② 删除文件。系统调用的格式为：unlink(filename);

该调用能够将指定的文件从其所在的目录文件中删除。在执行删除操作时，要求用户必须对文件具有“写”的操作权。

（2）获取文件属性。通过系统调用获取文件的属性信息，如采用 fstat 调用。

（3）修改文件名。采用 rename 修改指定文件的名称。

（4）修改文件属主（chown），修改访问权限（chmod）。

（5）文件别名控制。创建 syslink 和 link，读取链接路径 readlink。

5.4.3 目录管理

目录管理是指文件系统提供的目录访问和目录属性控制功能。以下是常用的目录管理功能。

（1）创建（mkdir）、删除（rmdir）：由文件系统自动完成。

（2）修改目录名（rename）。

（3）修改当前目录（chdir）。

（4）打开目录：目录可以被读但不能写。在读操作前，首先要打开目录。

（5）关闭目录：目录被关闭才能释放在主存的内部表目空间。

（6）链接：采用 link 和 syslink 系统调用，给出链接路径，将已存文件和目录连接起来；

（7）解除链接：如果文件仅在一个目录中，解除链接命令（unlink）移去目录表目。

5.4.4 文件的共享

当今计算机管理的资源越来越庞大，如何节省外存空间，多个用户又能同时使用同一个文件，使得文件共享技术更加重要。文件共享是指不同用户共同使用同一个文件，它的优点主要是减少由于文件复制而增加的访问外存次数以及节省大量的外存空间。

文件共享可以有多种形式，如文件的静态共享、动态共享和符号链接共享等。

1. 文件的静态共享

在静态共享模式下，允许一个文件同时属于多个目录，多个目录均可以访问到该文件，但文件在物理存储设备上只有一个副本，这种从多个目录可到达同一文件的多对一关系称为文件链接，文件链接可以达到共享一个文件的目的。因为这种共享关系不管用户是否在使用系统，它与文件的链接关系却是存在的，所以称为静态链接。

通常通过文件的索引结点来实现文件共享链接，文件的静态链接就是把不同目录的索引结点指定为同一文件的索引结点即可。

2. 文件的动态共享

文件的动态共享就是系统中不同的用户进程或同一用户的不同进程并发地访问同一文件。这种共享关系只有当用户进程存在时才可能出现，一旦用户的进程消亡，其共享关系也就自动消失。

3. 文件的符号链接共享

符号链接是一种文件，内容是被链接文件的路径名。如用户 A 为了共享用户 B 的文件 F，可以由系统创建符号链接文件，内容是用户 A 的目录与文件 F 的链接。当用户 A 要访问被链接的文件 F 时，将依据符号链接文件中的路径名去读该文件，于是就实现了用户 A 对用户 B 的文件 F 的共享。

符号链接的主要优点是能用于链接计算机网络中不同机器中的文件，仅需提供文件所在机器地址和该机器中文件的路径。这种方法的缺点是扫描包含文件的路径开销大，需要额外的空间存储路径。

5.5 安全性和保护

文件共享免除了系统复制文件的工作，也可节省文件占用的存储空间。为了实现文件共享，系统必须提供文件保护的能力，保证文件安全性。

非共享环境下，只有文件的创建者才能存取文件。文件的共享引出了文件的安全问题。安全性和保护机制是不可分割的，为了保证文件的安全性，操作系统提供相应的保护机制。本节主要讨论保护机制，一个文件保护系统应包含被保护的目标、被允许的文件存取类型、标识能独立地存取某一文件的用户、实现文件保护的过程等内容。

在实现保护机制中，文件的访问权限是一个基本条件。设置文件访问权限的目的是为了在多个用户间提供有效的文件共享机制。

5.5.1 文件的访问权限

从文件访问类型来看，可以设置以下文件访问权限。

（1）读：读取文件内容。

（2）写、修改：把数据写入文件。

（3）执行：读出文件代码并执行。

（4）删除：删除文件。

（5）修改访问权限：修改文件属主或访问权限。

从用户作用范围来看，可以为用户设置如下权限。

（1）指定范围。

（2）用户组。

（3）任意用户。

5.5.2 文件的存取控制

文件系统对文件的保护通常采用存取控制方式进行。存取控制就是规定不同的用户对文件的访问具有不同的权限，以防止出现未经文件主同意的用户对文件进行非法访问。

文件的存取控制常采用存取控制表、存取控制矩阵、用户权限表和口令（密码）等方法实现。

1. 存取控制矩阵

采用二维矩阵的思想，一维表示该文件系统中的所有用户；另一维表示系统中的所有文件。某个用户与某一文件的交叉点即二维矩阵中的一个元素的内容表示该用户对该文件的存取控制权限。当一个用户向文件系统提出存取请求时，由文件系统中的一个存取控制验证模块将本次存取请求与存取控制矩阵中相应元素提供的存取权限进行比较，匹配则执行，否则就拒绝执行。

该方法的优点是实现简单，缺点是往往矩阵容量过大，影响系统执行效率。

2. 存取控制表

对存取控制矩阵的改进方法就是存取控制表方法。系统将用户对文件的访问权限的不同来分类，如 UNIX 系统中将用户分成三类：文件属主、同组用户和一般用户。每类用户对该文件的访问权限是不同的，可以是可读、可写和可执行的组合。由于一个文件通常只与少数几个用户有关，因此这种分类方法可使存取控制表大大简化。每个文件有其存取控制表，存放在每个文件的文件控制模块中，通常采用若干个二进制位来表示三类用户对文件的存取权限。

如存取权限用三个字母 rwx 表示，哪一样操作不允许则用“-”字符表示，所以在 UNIX 系统中只需 9 位二进制表示三类用户对文件的存取权限。

3. 用户权限表

用户权限表则是以用户或用户组为单位，将用户存取的文件集中到一个表中，构成用户权限表。表中每个表目的内容表示该用户对相应文件的存取权限，相当于将存取控制矩阵行化。系统为每个用户建立一张用户权限表，只有负责存取合法性检验的程序才能存取这个权限表。当用户访问某文件时，系统的存取控制验证模块将用户的请求与用户权限表中提供的存取权限进行比较，来验证此次请求的合法性，从而起到了对文件的保护作用。

4. 口令及编码

在较复杂的文件系统中，通常采用口令及加密技术。

口令的使用方法是用户为自己的每个文件设置一个口令，附在文件目录中。存取文件时必须提供口令，只有当提供的口令与目录中保存的口令一致时才允许存取。该方法的优点是简便，而且需要的存储空间少。缺点是保护级别少，只有“允许使用”和“不允许使用”两种，而没有区分可读、可写、可执行等不同的权限；另外，因为口令是要由用户提供的，所以此种方法人为因素大，造成保密性差，存取控制权限修改麻烦等问题。

另一种保护文件防止受到非法方法，造成文件破坏的方法是对文件加密。当文件主初次存入文件时，输入一个代码键启动一个随机数产生器，产生一系列的随机数，编码程序将这些随机数加到文件的字节上，这相当于加密的过程；译码时减去这些随机数，得到源文件。本方案中代码键起到关键的作用，只有当用户提供正确的代码键，才能译码，访问正确的文件。所以这种方法保密性强，但编码和译码时要花费一定的时间，大型文件的执行效率较低。

【例 5-6】　C 语言提供的用于打开文件的标准库函数，函数原型是：

FILE *fopen(char *filename,char *mode);

其中，字符串 mode 是访问文件的方式，可以是下列值之一：

- r：以只读方式打开文件。
- w：以只写方式打开文件。
- a：以添加方式打开文件，在文件末尾添加内容。
- r+：以即可读又可写的方式打开一已存在的文件。
- w+：以即可读又可写的方式创建一新文件；

- a+：以添加方式打开文件，并在末尾更改内容。

C 语言中通过这种方式来控制对文件的访问权限。

【例 5-7】 为保证文件系统的安全性，可以采用哪些措施？

解答：为保证文件系统的安全性可以采取对文件的保护和保密等措施。实现文件保护措施可以从两方面来考虑：一是防止系统故障（包括软、硬件故障）造成的破坏；二是防止用户共享文件时可能造成的破坏。第一种可以采用复制文件副本和定时转储的方法；第二种可以采用树型文件目录、存取控制表、规定文件使用权限等方法。实现文件保密措施包括隐藏文件目录、设置口令和对文件进行加密等方法。

5.5.3 文件的完整性

文件保护中一个重要的问题是保证文件的完整性，即在系统出现意外情况下，如何保证文件不丢失，确保文件的可连续使用性。通常文件系统采用文件复制的方法来达到此目的，文件复制的产物称为备份。

建立文件备份的方法主要有两种：一是周期性转储，也称为全量转储。即按固定的时间周期把存储器中所有文件的内容转储到存储设备中，当系统失效时，将所有文件重新建立并恢复到最后一次转存时的状态。主要缺点是：由于文件的存储量越来越大，这种方法消耗的时间则较长；转储时系统停止向用户开放；当发生故障时，只能恢复上次转储的信息，而丢失了从上次转储以后改变的信息。对于要求快速恢复到故障当时状态的系统，这种周期性地将整个文件转储的方法则不符合要求，这就引入了第二种方法：增量转储方法。增量转储就是只存储上次转储后改变的信息，这种方法的目的是尽量减少转储的信息量，从而缩短转储时间。

本章小结

本章主要介绍文件系统的基本概念和原理，帮助读者了解文件的结构、与文件相关的基本操作。因为文件是计算机系统中组织表示信息的基本形式，所以对信息的访问均以文件的形式进行，高级语言均提供了访问和控制文件的方法，掌握本章内容可以使我们更加清楚地了解文件的组织结构、访问过程以及保护机制，也使得我们在实际应用中可以充分考虑文件的特性，保证文件使用的正确性和有效性。

习题 5

1. 简述文件系统的功能。
2. 什么是文件的逻辑结构？有几种组织形式？
3. 什么是文件的物理结构？有几种组织形式？
4. 有几种存储空间管理方法？
5. 常用的目录结构有哪些？
6. 解释根目录、父目录、子目录、当前目录、绝对路径、相对路径。
7. 文件系统常用的文件操作和目录操作有哪些？
8. 介绍文件共享的分类和实现思想。

9．文件系统由哪些系统组成？

10．通常对文件的操作应遵循什么顺序？

11．如果一个盘块的大小为 1KB，每个盘块号占 4 字节，每块可放 256 个地址，请转换下列文件的字节偏移量为物理地址：（1）8888；（2）18000；（3）606000。

12．一个文件 F 的存取权限为：rwxr-x---，该文件的文件主 uid=12，gid=1，另一个用户的 uid=6，gid=1，是否允许该用户执行文件 F？

13．设某文件为链接文件，由 5 个逻辑记录组成，每个逻辑记录的大小与磁盘块大小相等，均为 512 字节，并依次存放在 50、120、78、88、66 号磁盘块上。如果要存取文件的第 1600 逻辑字节的信息，问要访问哪个磁盘块？

14．高速缓存的命中率决定文件性能的优劣。现假设从高速缓存读取数据需 5ms，从磁盘读取数据需要 50ms。如果命中率为 m，请写出读取数据需要的平均时间。

15．什么是文件的安全控制，有哪些实现安全控制的方法？

16．设一个文件由 50 个物理块组成，对于连续文件、链接文件和索引文件，分别计算执行下列操作时的启动 I/O 次数，设头指针和索引表均在内存中。

（1）把一块加在文件的开头；

（2）把一块加在文件的中间；

（3）把一块加在文件的末尾；

（4）从文件的开头删取一块；

（5）从文件的中间删去一块；

（6）从文件的末尾删去一块。

17．某操作系统的磁盘文件空间共有 500 块，若用字长为 32 位的位示图管理盘空间，问位示图需要多少个字？

18．一个磁盘组共有 10 个盘面，每个盘面有 80 个磁道，每个磁道有 20 个扇区。以扇区位分配单位，请问用位示图管理磁盘空间，需要占用多少空间？

19．若两个用户共享一个文件系统，用户 A 使用文件 FA、FB、FC、FD、FE，用户 B 用到文件 FA、FD、FE、FF。其中用户 A 使用的文件 FA 和用户 B 用到的文件 FA 不是一个文件，而两组中的文件 FD 和 FE 对应的是同一文件。设计一个文件系统，使得用户 A 和用户 B 能共享该文件系统而又不造成混乱。

20．设磁盘共有 100 个柱面，每个柱面有 4 个磁头，每个盘面有 8 个扇区。设逻辑记录与扇区等长，柱面、磁道、扇区均从 0 开始编号。现用 8 位的 400 个字来组成位示图管理盘空间。问位示图中第 16 个字的第 8 位对应的块号是多少？该块的柱面号、磁道号、扇区号是多少？

第 6 章 Windows 和 Linux 操作系统

Windows 和 Linux 是时下最流行的两种操作系统，这两种操作系统在微型计算机上安装比例超过 90%，从事计算机软硬件系统开发的专业人员都必须了解和掌握这两种操作系统。本章第一部分以 Windows2000/XP 为例阐述了 Windows 系列操作系统的总体架构和运行模式，简单介绍了 Windows 操作系统应用程序的启动过程和开发方法；本章第二部分从 Linux 操作系统的历史和发展开始，详细介绍了 Linux 开发者必须掌握的 Linux Shell 命令、vi 文件编辑器、gcc 编译器和 gdb 调试工具等软件的使用方法。

6.1 Windows 2000/XP 操作系统

6.1.1 Windows 2000/XP 简介

作为一个实际应用中的操作系统，Windows 2000/XP 没有单纯地使用某一种体系结构，它的设计融合了分层操作系统和客户/服务器（微内核）操作系统的特点。

Windows 2000/XP 像其他许多操作系统一样通过硬件机制实现了核心态以及用户态两个特权级别。当操作系统状态为前者时，CPU 处于特权模式，可以执行任何指令，并且可以改变状态。而在后面一个状态下，CPU 处于非特权模式，只能执行非特权指令。一般来说，操作系统中那些至关紧要的代码都运行在核心态，而用户程序一般都运行在用户态。当用户程序使用了特权指令，操作系统就能借助于硬件提供的保护机制剥夺用户程序的控制权并做出相应处理。

在 Windows 2000/XP 中，只有那些对性能影响很大的操作系统组件才在核心态下运行。在核心态下，组件可以和硬件交互，组件之间也可以交互，并且不会引起描述表切换和模式转变。例如，内存管理器、高速缓存管理器、对象及安全管理器、网络协议、文件系统（包括网络服务器和重定向程序）和所有线程和进程管理，都运行在核心态。因为核心态和用户态的区分，所以应用程序不能直接访问操作系统特权代码和数据，所有操作系统组件都受到了保护，以免被错误的应用程序侵扰。这种保护使得 Windows 2000/XP 可能成为坚固稳定的应用程序服务器，并且从操作系统服务的角度，如虚拟内存管理、文件 I/O、网络和文件及打印共享来看，Windows 2000/XP 作为工作平台仍是稳固的。

Windows 2000/XP 的核心态组件使用了面向对象设计原则，例如，它们不能直接访问某个数据结构中由单独组件维护的消息，这些组件只能使用外部的接口传送参数并访问或修改这些数据。但是 Windows 2000/XP 并不是一个严格的面向对象系统，出于可移植性以及效率因素的考虑，Windows 2000 的大部分代码不是用某种面向对象语言写成，它使用了 C 语言并采用了基于 C 语言的对象实现。

Windows 2000/XP 的最初设计是微内核化的，随着不断的改型以及对性能的优化，目前的

Windows 2000/XP 已经不是经典定义中的微内核系统。出于对效率的考虑，经典的微内核系统在商业上并不具有实用价值，因为它们太低效了。Windows 2000/XP 将很多系统服务的代码放在了核心态，包括像文件服务、图形引擎这样的功能组件。应用的事实证明这种权衡使得 Windows 2000/XP 更加高效而且并不比一个经典的微内核系统更容易崩溃。

1. 用户态

用户进程有以下 4 种基本类型。

（1）系统支持进程（System Support Process），例如登录进程 WINLOGON 和会话管理器 SMSS，它们不是 Windows 2000/XP 的服务，不由服务控制器启动。

（2）服务进程（Service Process），它们是 Windows 2000/XP 的服务，如事件日志服务。

（3）环境子系统（Environment Subsystem），它们向应用程序提供运行环境（操作系统功能调用接口），Windows 2000/XP 有三个环境子系统：Win32、POSIX 和 OS/2 1.2。

（4）应用程序（User Application），它们是 Win32、Windows3.1、MS-DOS、POSIX 或 OS/2 1.2 这 5 种类型之一。

服务进程和应用程序是不能直接调用操作系统服务的，它们必须通过子系统动态链接库（Subsystem DLLs）和系统交互。子系统动态链接库的作用就是将文档化函数（公开的调用接口）转换为适当的 Windows 2000/XP 内部系统调用。这种转换可能会向正在为用户程序提供服务的环境子系统发送请求，也可能不会。

2. 核心态

Windows 2000/XP 的核心态组件都运行在统一的核心地址空间中。核心类组件包括以下内容。

（1）核心（Kernel）包含了最低级的操作系统功能，如线程调度、中断和异常调度、多处理器同步等，同时它也提供了执行体（Executive）来实现高级结构的一组例程和基本对象。

（2）执行体包含了基本的操作系统服务，如内存管理器、进程和线程管理、安全控制、I/O 以及进程间的通信。

（3）硬件抽象层（Hardware Abstraction Layer，HAL）将内核、设备驱动程序以及执行体同硬件分隔开来，使它们可以适应多种平台。

（4）设备驱动程序（Device Drivers）包括文件系统和硬件设备驱动程序等，其中硬件设备驱动程序将用户的 I/O 函数调用转换为对特定硬件设备的 I/O 请求。

（5）图形引擎包含了实现图形用户界面（Graphical User Interface，GUI）的基本函数。

6.1.2 Windows 操作系统总体架构

1. 内核

内核执行 Windows 2000/XP 中最基本的操作，主要提供下列功能。

（1）线程安排和调度。

（2）陷阱处理和异常调度。

（3）中断处理和调度。

（4）多处理器同步。

（5）供执行体使用的基本内核对象（在某些情况下可以导出到用户态）。

Windows 2000/XP 的内核始终运行在核心态，代码短小紧凑，可移植性也很好。一般来说，除了中断服务例程（Interrupt Service Routine，ISR），正在运行的线程是不能抢占内核的。

2. 内核对象

内核提供了一组严格定义的、可预测的、使得操作系统得以工作的基础设施，这为执行体的高级组件提供了必需的低级功能接口。内核除了执行线程调度外，几乎将所有的策略制定留给了执行体。这一点充分体现了 Windows 2000/XP 将策略与机制分离的设计思想。

在内核以外有很多的系统组件，处理它们的资源分配、安全认证等都要执行体付出策略开销。内核通过一组称为“内核对象”的简单对象帮助控制、处理并支持执行体对象的创建，以降低这种开销。大多数执行体级别的对象都封装了一个或多个内核对象。

一个称为“控制对象”的内核对象集合为控制各种操作系统功能建立了语义。这个对象集合包括内核进程对象、异步过程调用（Asynchronous Procedure Call，APC）对象、延迟过程调用（Deferred Procedure Call，DPC）对象和几个由 I/O 系统使用的对象（如中断对象）。另一个称作“调度程序对象”的内核对象集合负责同步操作并影响线程调度。调度程序对象包括内核线程、互斥体（Mutex）、事件（Event）、内核事件对、信号量（Semaphore）、定时器和可等待定时器。执行体使用内核函数创建内核对象的实例，使用它们来构造更复杂的对象提供给用户态。

3. 硬件支持

内核的另外一个重要功能就是把执行体和设备驱动程序同硬件体系结构的差异隔离开，包括处理功能之间的差异，如中断处理、异常情况调度和多处理器同步。对于与硬件有关的函数，内核的设计也是尽可能使公用代码的数量达到最大。内核支持一组在整个体系结构上可移植、语义完全相同的接口，大多数这种接口的实现在整个体系结构上是完全相同的。当然也有一些接口的实现因体系结构而异。Windows 2000/XP 可以在任何机器上调用那些独立于体系结构的接口，不管代码是否随体系结构而异，这些接口的语义总是保持不变。一些内核接口实际上是在 HAL 中实现的，因为同一体系结构内接口的实现可能也因平台系统而异。

内核包含少量支持老版本 MS-DOS 程序所必需的 x86 专用代码，这些接口是不可移植的。另一个内核中的体系结构专用代码的例子是提供缓冲区和 CPU 高速缓存转化支持的接口。因高速缓存执行方式的不同，对于不同的体系结构，这一支持需要的代码也不同。还有就是描述表切换，虽然在更高层次上来看，线程选择和描述表切换使用的是同一种算法，但它们在不同处理器中执行时还是存在结构上的差异。由于描述表是用处理器状态来描述的，因此保存与加载什么取决于体系结构。

4. 硬件抽象层

Windows 2000/XP 设计的一个至关重要的方面就是在多种硬件平台上的可移植性，HAL 就是使这种可移植性成为可能的关键部分。HAL 是一个可加载的核心态模块 HAL.dll，它为运行在 Windows 2000/XP 上的硬件平台提供低级接口。HAL 隐藏各种与硬件有关的细节，例如 I/O 接口、中断控制器以及多处理器通信机制等任何体系结构专用的和依赖于计算机平台的函数。

5. 执行体

Windows2000/XP 的执行体是 NTOSKRNL.EXE 的上层（内核是其下层）。执行体包括以下 5 种类型的函数。

（1）从用户态导出并且可以调用的函数。这些函数的接口在 NTDLL.DLL 中。通过 Win32 API

或一些其他的环境子系统可以对它们进行访问。

（2）从用户态导出并且可以调用的函数，但当前通过任何文档化的子系统函数都不能使用。

（3）在 Windows 2000DDK 中已经导出并且文档化的核心态调用的函数。

（4）在核心态组件中调用但没有文档化的函数。例如，在执行体内部使用的内部支持例程。

（5）组件内部的函数。

执行体包含下列重要的组件，这些组件将在后续的小节中陆续加以介绍。

（1）进程和线程管理器创建及中止进程和线程。对进程和线程的基本支持在 Windows 2000 内核中实现，而执行体给这些低级对象添加附加语义和功能。

（2）虚拟内存管理器实现“虚拟内存”。内存管理器也为高速缓存管理器提供基本的支持。

（3）安全引用监视器在本地计算机上执行安全策略。它保护了操作系统资源，执行运行时对象的保护和监视。

（4）I/O 系统执行独立于设备的输入/输出，并为进一步处理调用适当的设备驱动程序。

（5）高速缓存管理器通过将最近引用的磁盘数据驻留在主内存中来提高文件 I/O 的性能，并且通过在把更新数据发送到磁盘之前将它们在内存中保持一个短的时间来延缓磁盘的写操作，这样就可以实现快速访问。

另外，执行体还包括四组主要的支持函数，它们由上面列出的执行体组件使用。其中大约有 1/3 的支持函数在 DDK 中已经文档化。这四类支持函数提供下面的功能。

（1）对象管理，创建、管理以及删除 Windows 2000/XP 的执行体对象和用于代表操作系统资源的抽象数据类型，如进程、线程和各种同步对象。

（2）本地过程调用（Local Procedure Call，LPC）机制，在同一台计算机上的客户进程和服务进程之间传递信息。LPC 是一个灵活的、经过优化的“远程过程调用”（Remote Procedure Call，RPC）版本。

（3）一组广泛的公用运行时函数，如字符串处理、算术运算、数据类型转换和完全结构处理。

（4）执行体支持例程，如系统内存分配（页交换区和非页交换区）、互锁内存访问和两种特殊类型的同步对象（资源和快速互斥体）。

6. 设备驱动

设备驱动程序是可加载的核心态模块（通常以.SYS 为扩展名），它们是 I/O 系统和相关硬件之间的接口。Windows 2000/XP 上的设备驱动程序不直接操作硬件，而是调用 HAL 功能作为与硬件的接口。

Windows 2000/XP 中有如下几种类型的设备驱动程序：①硬件设备驱动程序操作硬件，它将输出写入物理设备或网络，并从物理设备或网络获得输入；②文件系统驱动程序接受面向文件的 I/O 请求，并把它们转化为对特殊设备的 I/O 请求；③过滤器驱动程序截取 I/O 并在传递 I/O 到下一层之前执行某些特定处理。

因为安装设备驱动程序是把用户编写的核心态代码添加到系统的唯一方法，所以某些程序通过简单地编写设备驱动程序的方法来访问操作系统内部函数或数据结构，但它们不能从用户态访问。Windows 2000/XP 增加了对即插即用和高级电源选项的支持，它使用 Windows 驱动程序模型（Windows Driver Model，WDM）作为标准驱动程序模型，同时它也支持 Windows NT 的驱动程序，不过因为这些驱动不支持即插即用和电源选项，所以使用这些驱动的系统的实际能力将会降低。

从 WDM 的角度看，有以下 3 种驱动程序。

（1）总线驱动程序用于各种总线控制器、适配器、桥或者可以连接子设备的设备，这是必需的驱动程序。

（2）功能驱动程序用于驱动那些主要的设备，提供设备的操作接口。一般来说，这也是必需的，除非采用一种原始的方法来使用这个设备（功能都被总线驱动和总线过滤器实现了，如 SCSI PassThru）。

（3）过滤器驱动程序用于为一个设备或者一个已经存在的驱动程序增加功能，或者改变来自其他驱动程序的 I/O 请求和响应行为。过滤器驱动程序是可选的，并且可以有任意的数目，它存在于功能驱动程序的上层或者下层、总线驱动程序的上层。

在 WDM 的驱动程序环境中，没有一个单独的设备驱动控制着某个设备。总线设备驱动程序负责向即插即用管理器报告它上面有的设备，而功能驱动程序则负责操纵这些设备。

7. 环境子系统

Windows 2000/XP 有三种环境子系统：POSIX、OS/2 和 Win32（OS/2 只能用于 x86 系统）。在这三个子系统中，Win32 子系统比较特殊，如果没有它，Windows 2000/XP 就不能运行。而其他两个子系统只是在需要时才被启动，而 Win32 子系统必须始终处于运行状态。

环境子系统的作用是将基本的执行体系统服务的某些子集提供给应用程序。每个子集都可以提供访问 Windows 2000/XP 中本地服务的不同子集，函数调用不能在子系统之间混用。用户应用程序不能直接调用 Windows 2000/XP 系统服务，这种调用必须通过一个或多个子系统动态链接库作为中介才可以完成。例如，Win32 子系统动态链接库（如 KERNEL32.DLL、USER32.DLL 和 GD132.DLL）实现 Win32API 函数，POSIX 子系统动态链接库则实现 POSIX1003.1API。

每个可执行的映像（.EXE）都受限于唯一的子系统，进程创建时，程序映像头中的子系统类型代码会告诉 Windows 新进程所属的子系统。类型代码可以使用 Windows 2000 资源管理器中内置的快速查看器、Link/DUMP 命令或者在 Windows 2000 资源工具包中的 Exetype 工具来查看。

当一个应用程序调用子系统动态链接库中的函数时，会出现下面三种情况之一。

（1）函数完全在子系统动态链接库的用户态部分中实现，这时并没有消息发送到环境子系统进程，也没有调用执行体服务。函数在用户态中执行，结果返回到调用者。

（2）函数需要一个或多个对执行体的调用。

（3）函数要求某些工作在环境子系统进程中进行。在这种情况下，将产生一个客户/服务器请求到环境子系统，其中的一个消息将被发送到子系统去执行某些操作，这可能会使用执行体的“本地过程调用”（LPC）机制。然后，子系统动态链接库在消息返回给调用者之前会一直等待应答。

此外，某些函数可能是上述第二、第三项的结合，如 Win32CreateProcess 和 CreateThread 函数。

Windows 2000/XP 可以支持多重独立环境子系统，但从实用角度来看，每个子系统执行所有的代码并处理窗口和显示 I/O 将有大量系统函数的重复，这很可能对系统大小和性能产生负面影响。因而，Windows 2000/XP 中 Win32 是主子系统，基本函数都放在该子系统中，并且让其他子系统调用 Win32 子系统来执行显示 I/O。

8. 系统支持进程

所有的 Windows 2000/XP 系统内都包含了以下系统支持进程。

（1）idle 进程（用来统计每个 CPU 空闲时间）。

（2）系统进程（包含核心态系统线程）。

（3）会话管理器（SMSS）。

（4）Win32 子系统（CSRSS）。

（5）登录进程（WINLOGIN）。

（6）本地安全身份验证服务器（LSASS）。

（7）服务控制器（SERVICES）及其相关的服务进程。

6.1.3　用户模式和内核模式

在 Windows 中，“任务”被“进程”取代。进程就是正在运行的应用程序的实例。在 CPU 的支持下，每个进程都被给予属于进程自己的私有地址空间。当进程内的线程运行时，该线程仅仅能够访问属于它的进程的内存，而属于其他进程的内存被屏蔽了起来，不能被该线程访问。

例如，进程 A 和进程 B，进程 A 有自己的地址空间：0X123456789，并且 A 有属于自己的数据结构；进程 B 有自己的地址空间：0X123456789，B 在 0X123456789 也有完全不同于 A 的数据。当进程 A 中线程访问内存地址 0X123456789，访问的是进程 A 的私有数据；B 的线程访问 0X123456789 的时候访问的是进程 B 的数据。属于进程 A 的线程是不能访问进程 B 的数据，反之亦然。

1. 虚拟内存

在保护模式下，80386 所有的 32 根地址线都可供寻址，处理器寻址的范围是 0x0000，0000～0xffff，ffff（2^{32}，4GB）。因此，32 位的 Windows 系统可寻址 4GB 的地址空间。这就允许一个指针由 4 294 967 296 个不同的取值，它覆盖了整个 4GB 的空间。

然而机器上的 RAM 的大小不可能是 4GB。Windows 为每个进程分配 4GB 的地址空间主要依靠 CPU 的支持。CPU 在保护模式下支持虚拟存储，即虚拟内存。它可以帮助操作系统将磁盘空间当做内存空间来使用。在磁盘上应用这一机制的文件被称为页文件（Paging File），它包含了对所有进程都有效的虚拟内存。

Windows 实现虚拟内存的机制就是基于上述的一个 32 位的线性地址空间。32 位的地址空间能被转化为 4GB 的虚拟内存。在大多数系统上，Windows 将此空间的一半（4GB 的前半部分）留给进程作为私有存储，Windows 操作系统自己使用后半部分，如图 6-1 所示。

各个进程的地址空间被分成了用户空间和系统空间两部分。用户空间部分是进程私有的（未被共享的）地址空间，进程不能够以任何方式读、写其他进程此部分空间中的数据。对所有的应用程序来讲，大量的进程的数据都被保存在这块空间里面。因为每个应用程序都有自己未被共享的保存数据的地方，应用程序很少能被其他应用程序打断，这样会使得整个系统更加稳定。

系统空间部分防止操作系统的代码，包括内核代码、设备驱动代码、设备 I/O 缓冲区等。系统空间部分在所有的进程中是共享的。在 Windows 2000/XP 中，这些数据结构都被完全的保护了起来。如果试图访问这部分内存，访问线程会遇到一个访问异常。

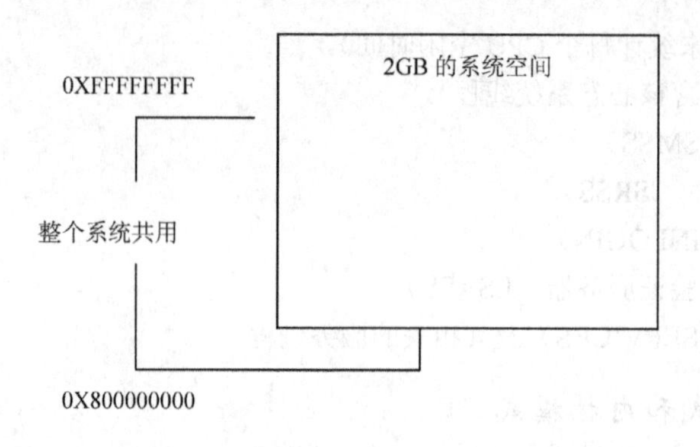

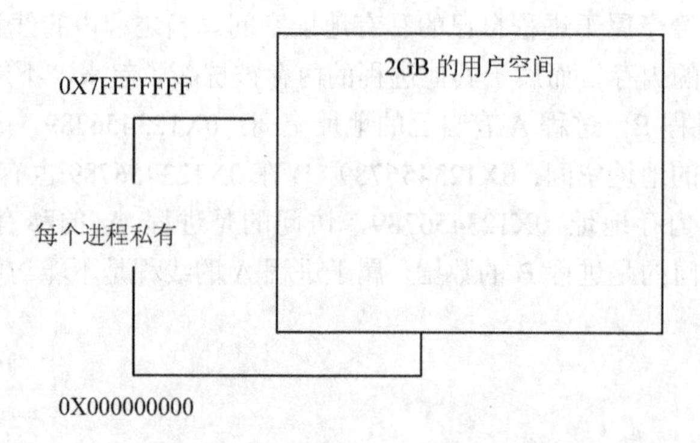

图 6-1 Windows 的地址空间

80386 处理器共定义了 4 种（0～3）特权级别，其中 0 级为最高级（特权级），3 级为最低级（用户级）。为了阻止应用程序访问或者修改关键的系统数据（即 2GB 的系统空间内的数据），Windows 使用了两种访问模式：内核模式和用户模式，它们分别使用了处理器中 0 和 3 这两个特权级别。用户程序的代码在用户模式下运行，系统程序（如系统程序和硬件驱动）的代码在内核模式下运行。

虽然系统中的每个进程都有其自己的 4GB 私有空间，但是内核模式下的系统和设备驱动程序共用一块虚拟地址空间，虚拟内存中的每一页的页属性中都有访问模式标记，它标示了哪一个模式下的代码才有权访问该页。系统地址空间的页仅仅能够从内核模式访问，所有用户地址空间的页都从用户模式访问。当应用程序调用一个系统函数的时候，用户的应用程序会从用户模式切换到内核模式去执行，即应用程序使用的基本服务都是内核模式下的代码提供的。

2. 内核对象

内核对象是系统提供的用户模式下代码与内核模式下代码进行交互的基本接口。Windows 程序开发中，创建、打开和操作内核对象是经常使用的。

为了管理应用程序，系统必须维护一些不允许用户的应用程序直接访问的数据。一个内核对象是一块内核分配的内存，它只能被运行在内核模式下的代码访问。内核对象记录的数据在整个系统中只有一份，所以它们也称为系统资源。

使用内核对象是用程序和系统内核进行交互的重要方式之一。对于每个内核对象，Windows 都提供了在其上操作的 API 函数，这些 API 函数使用应用程序有机会读或者写系统数据，但这一切都是在系统的监视下进行的。内核对象中的数据包含了此对象的状态信息。有一些信息（如安全属性、使用计数等）对所有的对象都是适用的，但是它们当中的大部分信息是不同的。

内核对象和普通对象的数据结构之间的最大的区别就在于内核对象的内部数据结构是隐藏的，必须调用一个对象服务才能从此对象中得到数据，或是向它输入数据，绝不能够直接读或者改变对象内部的数据。增加这些限制来保证内核对象的一致状态。这种机制也允许 Windows 在不打断任何应用程序的情况下来添加、移出或改变这些结构中的成员的值。

引入内核对象的好处，系统可以方便地完成以下 4 个任务：

（1）为系统资源提供可以识别的名字；

（2）在进程之间共享资源和数据；

（3）保护资源不会被未经过认可的代码访问；

（4）跟踪对象的引用情况。

3. 对象句柄

内核对象的数据结构仅仅能够从内核模式访问，所以直接在内存中定位这些数据结构是不可能的。应用程序必须使用 API 函数访问内核对象。调用函数创建内核对象的时候，API 函数会返回表示此内核对象的句柄。可以想象此句柄是一个能够被进程中的所有线程都可以使用的一个不透明的值，许多 API 函数都需要以这个句柄作为参数，以便系统知道要操作那一个内核对象。

为了使系统稳定，这些句柄是进程相关的，也就是说仅仅对创建该内核对象的进程有效。如果将一个句柄值通过某种机制传给其他进程中的线程，那么该线程以此句柄为参数调用相关函数就一定会失败。

4. 使用计数

内核对象是进程内的资源，使用计数属性指明进程对特定内核对象的引用次数，当系统发现引用次数是 0 的时候，它就会自动关闭资源。这种计数机制是这样的：一个进程在第一次创建内核对象的时候，系统为进程分配内核对象资源，并将该内核对象的使用技术属性初始化为 1；以后每次打开这个内核对象，系统就会将使用计数加 1，如果关闭它，系统将使用计数减 1，减到 0 就说明进程对这个对象的所有引用都已经关闭，系统应该释放此内核对象。

6.1.4　Windows 操作系统和应用程序

1. Windows 进程的创建

进程通常被定义为一个正在运行的程序的实例。简单来说，磁盘上的可执行文件被载入内存执行之后，就变成“进程”。“进程是一个正在运行的程序，它拥有自己的虚拟地址空间，拥有自己的代码、数据和其他系统资源，如进程创建的文件、管道、同步对象等。一个进程也包含了一个或者多个运行在此进程内的线程。”

虽然程序和进程在表面上很相似，但是它们有着本质上的区别：程序是一连串的静态指令；进程是一个容器，它包含了一系列运行在这个程序实例上下文中的线程使用的资源。

进程是不活泼的。一个进程要完成内核的事情，它必须有一个运行在它的地址空间的线程。此线程负责执行该进程地址空间的代码。每个进程至少拥有一个在它的地址空间中运行的线程。对一个不包含任何线程的进程来说，它是没有任何理由继续存在下去的，系统会自动销毁此进程和它的地址空间。

线程是进程内执行代码的独立实体。没有它，进程中的程序代码是不可能执行的。操作系统创建进程之后，会创建一个线程执行进程中的代码。通常我们称这个线程为该进程的主线程，主线程在运行过程中可能会创建其他线程。一般将主线程创建的线程称为该进程的辅助线程。

Win32 进程的两个组成部分：进程内核对象和私有的虚拟地址空间。

（1）进程内核对象。操作系统使用此内核对象来管理该进程。这个内核对象也是操作系统存放进程统计信息的地方。

（2）私有的虚拟地址空间。此地址空间包含了所有可执行的或者是 DLL 模块的代码和数据，它也是程序动态申请内存的地方，比如说线程堆栈和进程堆栈。

2. 应用程序的启动过程

应用程序必须有一个入口函数，它在程序开始运行的时候就被调用了。如果创建的是控制台应用程序，此入口函数就是 main。

注意：操作系统事实上并不是真的调用 main 函数，而是去调用 C/C++运行期启动函数，此函数将会初始化 C/C++运行期库。因此，在程序中可以调用 malloc 和 free 之类的函数。它也会保证在用户的代码执行之前所有全局的或静态的 C++对象能够被正确的创建，即执行这些对象构造函数中的代码。

在控制台应用程序中，C/C++运行期启动函数回调用程序入口函数 main，所以如果程序中没有一个 main 函数实现代码的话，link 会报出“unresolved external symbol”错误。

Win32 程序的启动过程：应用程序的启动过程就是进程的创建过程，操作系统是通过调用 CreateProcess 函数来创建新的进程。当一个线程调用 CreateProcess 函数的时候，系统会创建一个进程内核对象，其使用计数被初始化成为 1。此进程内核对象不是进程本身，仅仅是一个系统用来管理这个进程的小的数据结构。系统然后会为新的进程创建一个虚拟地址空间，加载应用程序运行的时候所需要的代码和数据。

系统接着会为新进程创建一个主线程，这个主线程通过执行 C/C++运行期启动代码开始运行，C/C++运行期启动代码又会调用 main 函数。如果系统能够成功创建新的进程和进程的主线程，CreateProcess 函数会返回 TRUE，否则会返回 FALSE。

一般将创建的进程称为父进程，被创建的进程称为子进程。系统在创建新的进程的时候会为新进程制定一个 STARTUPINFO 类型的变量，这个结构包含了父进程传递给子进程的一些显示信息。对于图形界面应用程序来说，这些信息将影响新的进程中主线程的主要窗口显示；对控制台应用程序来说，如果有一个新的控制台窗口被创建的话，这些信息将影响这个控制台窗口。

对于一个进程来说，可以调用 GetStartupInfo 函数来取得父进程创建自己时使用的 STARTUPINFO 结构。事实上，Windows 系统就是通过调用这个函数来取得当前进程的创建信息，以便对新进程中主窗口的属性设置默认值。函数定义如下：

```
VOID GetStartUpInfo (LPSTARTUPINFO lpStartupInfo);
```

定义了一个 STARTUPINFO 结构的对象之后，总要在使用此对象之前将对象的 cb 成员初始化为 STARTUPINFO 结构的大小。这步不可以省略，这是因为随着 Windows 版本的改变，API 函数支持的结构体的成员有可能要增加，但是又要兼容以前的版本，所以 Windows 要通过结构体的大小来确定其成员的数目。代码如下：

```
STARTUPINFO si = {sizeof (si) };
:: GetStartupInfo (si);
```

3. CreateProcess 函数

CreateProcess 函数创建一个新的进程和该进程的主线程，新的进程会在父进程的安全上下文中运行制定的可执行文件。

CreateProcess 函数的参数比较重要，但在完成某一种功能的时候，真正被使用的参数并不多。以下的参数是比较重要的几个参数：

lpApplicationName 和 lpCommandLine 参数指定了新的进程将要使用的可执行文件的名称和传递给新进程的参数。例如，下面代码启动了 Windows 自带的“画图”程序。

```
char szCommandLine[] = "mspaint" ;
STARTUPINFO si = {sizeof(si)} ;
PROCESS_INFORMATION pi ;
BOOL bRet = ::CreateProcess(
     NULL,                    //可执行文件的名称
     szCommandLine,           //制定了要传递给执行模块的参数
     NULL,                    //进程安全性 NULL 表示使用默认的安全性
     NULL,                    //线程安全性 NULL 表示默认安全性
     FALSE,                   //指定当前进程中可继承句柄是否可被新进程继承
     CREATE_NEW_CONSOLE,      //新进程优先级
//这里告诉 Windows 为新的进程创建一个
//新的控制台，如果不使用这个标示则
//新进程就同父进程共用一个控制台
     NULL,                    //新进程的环境变量
     NULL,                    //新进程使用的当前目录
     &si,                     //新进程主窗口位置，大小
     &pi);                    //返回新进程的标志信息
```

执行完这段代码之后，Windows 自带的“画图”程序就会被打开。上述代码中使用了 lpCommandLine 参数为新的进程指定了一个完整的命令行。当 CreateProcess 函数得到了这个字符串，首先检查传递进入的字符串的第一个单词，并假设这个单词就是程序员提供的想要运行的可执行文件的名字。如果这个可执行文件没有后缀，那么一个“.EXE”后缀将被添加。CreateProcess 函数会按照下面的默认路径搜索可执行文件：

（1）调用进程的可执行文件所在的目录；

（2）调用进程的当前目录；

（3）Windows 的系统目录（System32 目录）；

（4）Windows 目录；

（5）在名称为 PATH 的环境变量中列出的目录。

如果传递过来的字符串中包含了目录，系统会直接在这个目录中间查找可执行文件，而不会再去其他路径中间查找。如果系统找到了可执行文件，系统就会创建一个新的进程并将该可执行文件中的代码和数据映射到新进程的地址空间。接下来，系统会调用 C/C++运行期启动函数，这个函数检查新进程的命令行，将文件名的第一个参数的地址传给新进程的入口函数。

如果将上述代码的第一行修改为：

```
char szCommandLine[] = "mspaint cat.bmp" ;
```

再次运行这个程序，画图进程打开之后，还会打开父进程当前目录下的 cat.bmp 文件。

lpProcessInformation 参数是指向 PROCESS_INFORMATION 结构的指针，CreateProcess 函数在返回之前会初始化此结构的成员。PROCESS_INFORMATION 结构如下：

```
typedef struct{
    HANDLE hProcess;            //新建进程的内核句柄
    HANDLE hThread;             //新建进程的内核句柄
    DWORD dwProcessId;          //新建进程的 ID
    DWORD dwThreadId;           //新建线程的 ID
}
```

分析这个结构体可以看出，创建一个新的进程将促使系统创建一个进程内核对象和一个线程内核对象。在创建它们的时候，系统将每个对象的使用计数初始化为 1。然后，在 CreateProcess 返回之前，这个函数打开此进程内核对象和线程内核对象的句柄，并将它们的值传递给上述结构的 hProcess 和 hThread 成员。CreateProcess 在内部打开这些对象的时候，对象的使用计数将会增加到 2。因此，父进程中必须有一个线程调用 CloseHandle 去关闭 CreateProcess 函数返回的两个内核对象的句柄。否则即便是子进程已经终止了，该进程的进程内核对象和主线程内核对象仍然不会被释放。这就造成了资源泄露。

当一个进程内核对象创建以后，系统会为这个内核对象分配一个唯一的 ID 号，在系统中不会再有其他的进程内核对象拥有这个 ID 号。线程内核对象也是这样，当一个线程内核对象创建以后，该对象也会被分配一个系统唯一的 ID 号。同时，由于进程 ID 和线程 ID 使用同一个号码分配器，因此一个进程和一个线程不会拥有同样的 ID 号。

下面是程序设计的初学人员容易忽视的一个环节：当采用 ID 号来跟随进程和线程，必须清楚，进程和线程的 ID 号是可以重复使用的。假设一个进程创建的时候，系统申请了一个进程内核对象，并为这个进程安排了一个值为 134 的 ID 号，显然，在这个进程的生存期内不会再有其他的进程的 ID 号为 134。但是，一旦这个进程生存期结束了，即这个进程消亡了，那么这个 134 号就有可能被系统安排给下一个新的进程对象。因此，我们在编写应用程序的时候，应当避免误操作进程号：获取并保存一个进程的 ID 并不困难，但是这个进程的内核对象是会被释放的，这个 ID 也会被回收。新的进程内核对象会使用相同的 ID 号。如果不加注意，使用保存的 ID 号的时候，很有可能操作的是新的进程，而不是原先想要操作的进程。

4. 进程控制

终止当前进程也就是结束程序的执行，让这个进程从内存中卸载。要结束当前进程通常的做法就是在主线程的入口函数（main 函数）返回。当用户的程序入口函数返回的时候，启动函数会调用 C/C++运行期退出函数 exit，并将用户的返回值传递给它，exit 函数会销毁所有全局的或静态的 C++对象，然后调用系统函数 ExitProcess 促使操作系统终止应用程序。ExitProcess 是一个 API 函数，它会结束当前应用程序的执行，并设置它的退出代码，其用法如下：

```
void ExitProcess（UINT uExitCode）
```

对于操作系统来说，调用 ExitProcess 函数强制当前程序的执行立即结束是正常的。但是对于我们设计的 C/C++应用程序应当避免直接调用这个函数，原因是一旦调用 ExitProcess 函数会使 C/C++运行库得不到通知，这样就没有机会去调用全局的或静态的 C++对象的析构函数，这样就会导致没有办法回收资源。

同时，ExitProcess 函数的使用仅仅局限于结束当前的进程，不能用于结束其他进程。如果需要结束其他进程的执行，可以使用 TerminateProcess 函数。

```
BOOL TerminateProcess{
    HANDLE  hProcess;          //要结束的进程（目标进程）的句柄
    UINT        uExitCode;     //指定目标进程的退出代码，可以使用
                               //GetExitCodeProcess 取得一个进程的退出代码
}
```

在对一个进程操作之前，必须首先取得该进程的进程句柄。CreateProcess 函数创建进程后会返回一个进程句柄，而对于一个已经存在的进程，只需使用 OperPnocess 函数来取得这个进程的访问权限。

```
HANDLE OpenProcess{
DWORD   dwDesireAccess,         //想得到的访问权限，可以是 PROCESS_ALL_ACCESS
    BOOL bInheritHandle,        //指定返回的句柄是否可以被继承
    DWORD   dwProcessId         //指定要打开的进程的 ID 号
};
```

这个函数打开一个存在的进程并返回其句柄。dwDesireAccess 参数指定了对该进程的访问权限，主要的有以下几个。

（1）PROCESS_ALL_ACCESS 是指所有可进行的权限。

（2）PROCESS_QUERY_INFORMATION 查看该进程信息的权限。

bInheritHandle 参数指定此函数返回的句柄是否可以被继承。dwProcessId 参数指定了要打开进程的 ID，可以从任务管理器中找到它们，也可以用 ToolHelp 函数获取。

进程结束以后，调用 GetExitCodeProcess 函数可以取得其退出代码，如果在调用这个函数的时候，目标进程还没有结束，此函数会返回 STILL_ACTIVE，表示进程还在运行。通过这个返回值就可以检测一个进程是否已经终止。

6.2　Linux 操作系统

6.2.1　Linux 简介

1. Linux 的诞生

1990 年秋天，Linus Torvalds 在芬兰赫尔辛基大学学习操作系统课程。因为上机需要排队等待，Linus 自己买了一台 PC，开发了第一个程序。该程序包括两个进程，分别向屏幕上写字母 A 和 B，并用定时器来切换进程。

此外，Linus 需要一个终端仿真程序来存取 USENET 新闻组的内容，于是他编写了从调制解调器上接发信息的程序以及显示器、键盘和调制解调器的驱动程序，还编写了磁盘驱动程序和文件系统。有了进程切换、文件系统和设备驱动程序，自然就有了一个操作系统原型，或者至少是它的一个内核。于是，Linux 就以这样极其古怪也极其自然的方式问世。

2. GNU 和 Linux

GNU 是 GNU is Not UNIX 的递归缩写，是自由软件基金会（Free Software Foundation，FSF）的一个项目。该项目的目标是开发一个自由的 UNIX 版本，这一版本称为 HURD。尽管 HURD 尚未完成，但 GNU 项目已经开发了许多高质量的编程工具，包括 Emacs 编辑器、著名的 GNU C 和 C++编译器（gcc 和 g++），这些编译器可以在任何计算机系统上运行。所有的 GNU 软件和派生工

作均适用 GNU 通用公共许可证，即 GPL。GPL 允许软件作者拥有软件版权，但授予其他任何人以合法复制、发行和修改软件的权利。

3. Linux 内核

Linux 内核指的是在 Linus 领导下的开发小组开发出的系统内核，它是所有 Linux 发布版本的核心。Linux 内核的开发人员一般在 100 人以上，任何自由程序员都可以提交自己的修改工作，但是只有领导者 Linus Torvalds 和 Alan Cox 才有权限将这些工作合并到正式的核心发布版本中。他们一般采用邮件列表方式来进行项目管理、交流，发布错误报告。其好处是软件更新速度和发展速度快，计划的开放性好。由于有大量的用户进行测试，而最终裁决人只有少数非常有经验的程序员，因此正式发布的代码质量很高。

6.2.2 Linux Shell

Shell 是提供到 UNIX 操作系统的接口的一个命令编程语言。它的特征包括控制流原语、参数传递、变量和字符串替换。还可获得如 while、if then else、case 和 for 这样的构造。在 Shell 和命令之间可以有双向通信。可以把字符串值参数、典型的文件名字和标志传递给命令。命令设置的返回值可用来决定控制流，而来自命令的标准输出可用作 Shell 输入。

Shell 可以修改命令在其中运行的环境。输入和输出可以重定向到文件，可以调用通过“管道”通信的进程。通过按照可以由用户指定的顺序查找文件系统中的目录来找到命令。命令可以读取自终端或文件，这允许把命令过程存储起来以备将来使用。

1. 简单命令

简单命令由一个或多个用空白分隔的单词组成。第一个单词是要执行的命令的名字；所有余下的单词被作为传递给命令的实际参数。例如，命令

```
ls -l
```

打印在当前目录中的文件的一个列表。其中，实参“-l”表示以长格式为每个文件的状态信息、大小和建立日期。

2. 后台命令

要执行一个命令，Shell 通常建立一个新进程并等待它完成。可以执行一个命令而不用等待它完成。例如，命令

```
cc pgm.c &
```

调用 C 编译器来编译文件 pgm.c。尾随的“&”是指示 Shell 将当前命令放置后台运行的一个操作符。为了跟踪这样一个进程，Shell 在建立它之后报告它的进程编号。可以使用 ps 命令来获得当前活跃进程的一个列表。

3. 输入输出重定向

多数命令在最初连接到这个终端上的标准输出上生成输出。这个输出可以通过写操作发送到一个文件，例如，命令：

```
ls -l >file
```

其中记号“>file”由 Shell 来解释并且不作为一个实际参数传递给 ls。如果文件不存在则 Shell 创建它，否则文件的最初内容被来自 ls 的输出所替代。

可以使用下面的记号把输出添加到文件 file 中：

```
ls -l >>file
```

在这种情况下如果 file 不存在则创建该文件。

可以通过写操作使一个命令的标准输入接受自一个文件而不是终端，例如，命令：

```
wc <file
```

wc 读它的标准输入(在这种情况下重定向自文件)并打印发现的字符、字和行的数目。如果只需要行的数目则可以使用以下命令：

```
wc -l <file
```

4. 管道线和过滤器

可以通过写“管道”操作符“|”把一个命令的标准输出连接到另一个命令标准输入上，如在

```
ls -l | wc
```

中以这种方式连接的两个命令组成一个管道线与下面的表述：

```
ls -l >file; wc <file
```

除了未使用 file 之外整体效果上等同。但这两个进程是用管道连接的而且是并行运行。

管道是单向的，并通过当管道中没有东西可读的时候暂停 wc 和当管道满的时候暂停 ls 来实现同步。

过滤器是读它的标准输入，以某种方式转换它，并输出结果作为输出的命令。这样的一个过滤器如 grep，从它的输入中选择出包含指定字符串的那些行。例如，命令

```
ls | grep old
```

打印来自 ls 的输出中包含字符串 old 的那些行，如果有的话。另一个有用的过滤器是 sort。例如，命令

```
who | sort
```

将打印登录的用户的按字符排序的一个列表。

一个管道线可以由多于两个的命令组成。例如，命令

```
ls | grep old | wc -l
```

打印在当前目录中的文件名字中包含字符串 old 的数目。

5. 文件名生成

许多命令接受的实参是文件名字。例如，命令

```
ls -l main.c
```

打印与文件 main.c 相关的信息。

Shell 提供一种机制来生成匹配一个模式的文件名字的一个列表。例如，命令

```
ls -l *.c
```

生成在当前目录中的结束于.c 的所有文件名字，作为给 ls 的实参。字符“*”是匹配包括空串的任何字符串的一个模式。一般的模式可以指定如下。

- *：匹配包括空串的任何字符串。
- ?：匹配任何单一字符。

[...]匹配包围的字符中的任何一个。用减号分隔的一对字符匹配在词法上位于这两个字符之间的任何字符（含这两个字符）。例如，[a-z]*匹配在当前目录中开始于 a 到 z 中的一个字母的所有名字。例如，/usr/fred/test/?匹配在目录/usr/fred/test 中由一个单一字符组成的所有名字。如果没有找

到匹配这个模式的名字，则把这个模式不做变动的作为实际参数传递。

这个机制对保存输入和依据某个模式选择名字二者都有用，它还用于查找文件。例如，命令

```
echo /usr/fred/*/core
```

找到并打印在/usr/fred 的子目录中所有 core 文件的名字。(echo 是标准 UNIX 命令，回显命令后由空格分隔的实参)。

针对模式的一般规则有一个例外。在一个文件名字开始处的字符“.”必须被显式的匹配。命令

```
echo *
```

将回显在当前目录中不以“.”开始的所有文件名字。命令

```
echo .*
```

将回显以“.”开始的所有文件名字。这避免了无意中匹配了名字“.”和“..”，它们分别意味着“当前目录”和“父目录”。(注意 ls 抑制针对“.”和“..”的信息。)

6. 引用

对 Shell 有特定意义的字符，如 < 、>、 *、 ?、 | 和& 叫做元字符。上述字符如以“\”为前导，则该字符失去它自身元字符意义，变成一个简单字符。例如，命令

```
echo \?
```

将回显一个单一“?”，而

```
echo \\
```

将回显一个单一的“\”。为了允许长字符串在多于一行上延续，该行最后一个字符可以用“\”作为换行标记。字符串可以通过用单引号包围来引用。例如，命令

```
echo xx'****'xx
```

将回显“xx****xx”。

引用的字符串不可以包含单引号但可以包含并保留换行。这种引用机制是最简单的，建议偶尔使用。

6.2.3 vi 文本编辑器

对于 Linux 操作员来说，都应该至少要学会一种文字处理器，以方便系统日常的管理行为。特别地，我们建议使用文字模式来处理 Linux 的系统设定问题，因为这样不但可以较为深入了解到 Linux 的运作状况，也比较容易了解整个设定的基本原理，更能确保我们对操作系统的修订可以顺利地运作。由于 Linux 与 UNIX 系统中的参数文件几乎都是 ASCII 码的纯文本文件，因此利用简单的文本编辑软件就可以马上修改 Linux 的参数。然而，与 Windows 不同的是，如果我们习惯了 Microsoft Word，那么除了 X-Windows 里面的编辑程序（如 gedit、xemacs）用起来尚可应付外，对于 Linux 的文字模式下，会觉得档案编辑程序都没有 Windows 程序那么方便。所以，我们有必要学习一下文字模式下的文本编辑器。

1. vi 的使用

基本上 vi 共分为三种模式：一般模式、编辑模式与命令模式。这三种模式的作用是不同的。

（1）一般模式

以 vi 处理一个文档时，一开始进入该文档就是一般模式了。在这个模式中，可以使用上下左

右按键来移动光标，也可以使用删除字符或删除整行来处理档案内容，并可以使用复制、粘贴来处理文件数据。

（2）编辑模式

在一般模式中可以处理删除、复制、粘贴等动作，但是却无法编辑的。要等到用户按下 i、I、o、O、a、A、r 或 R 等字母之后才会进入编辑模式。在 Linux 操作系统中，按下上述的字母时，在画面的左下方会出现 INSERT 或 REPLACE 的字样，才可以输入任何字来输入到待编辑的文档中。而如果要回到一般模式时，则必须要按下 Esc 这个按键即可退出编辑模式。

（3）命令模式

在一般模式中，输入“:”或“/”或“?”就可以将光标移动到最底下那一行，在这个模式当中，可以提供查找的动作，而读取、存盘、大量取代字符、离开 vi、显示行号等的动作则是在此模式中实现的。

【例 6-1】 使用 vi 建立一个档名为 test.txt 的资料，整个步骤可以是这样的：

① 使用 vi 进入一般模式，即

```
vi test.txt
```

直接输入 vi 文件名，即可进入 vi 了。在屏幕左下角还会显示这个文档目前的状态。如果是新建档案会显示 [New File]，如果是已存在的文件，则会显示目前的文件名、行数与字符数，如 "/etc/man.config" 145L, 4614C。

② 按下 i 进入编辑模式，开始编辑文字。

在一般模式之中，只要按下 i、o、a 等字符，就可以进入编辑模式了！在编辑模式当中，可以发现在左下角会出现–INSERT-的画面，那就是可以输入任意字符的提示。此时，键盘上除了 Esc 这个按键之外，其他的按键都可以视作为一般的输入按钮了，所以可以进行任何文字编辑。

③ 按下 Esc 按键回到一般模式。

当文档已经编辑完毕了，按下 Esc 这个按键即可完成退出！此时可以发现画面左下角的–INSERT–不再显示。

④ 在一般模式中输入“:wq”储存后离开 vi。

输入“ :wq ”存盘并离开的指令，即可存档离开。（注意了，按下“:”该光标就会移动到最底下一行去！）这时在提示字符后面输入“ls –l”，即可看到我们刚刚建立的 test.txt 文档。

2. vi 的常用快捷键

vi 对初学者而言，常因其特殊的使用方法，却不得其门而入，由于对 vi 的不熟悉或不够了解，而无法发挥出 vi 强大的编辑能力，表 6-1 和表 6-2 将简单介绍 vi 的使用方法。不必死记硬背，多操作几次就能记住常用的命令。

表 6-1 vi 命令模式中的移动命令

命 令 键	功 能
h	将光标向左移一个字符
j	将光标向下移一个字符
k	将光标向上移一个字符
l	将光标向右移一个字符
w	将光标向前移一个单词

续表

命 令 键	功 能
b	将光标向后移一个单词
e	将光标移到下一个单词之后
0	将光标移到行首
$	将光标移到行末
)	将光标移到下一句句首
(	将光标移到上一句句首
}	将光标移到下一段开始处
{	将光标移到上一段开始处
G	将光标移到当前文档的底部
^	将光标移到行内非空格的第一个字符
H	将光标移到屏幕上第一行
L	将光标移到屏幕上最后一行

表 6-2 vi 的其他命令

vi 中滚动屏幕命令	
z 然后按回车	移至屏幕顶部
z 然后按"-"	移至屏幕底部
z 然后按"."	移至屏幕中部
Ctrl+u	向上滚动半屏
Ctrl+d	向下滚动半屏
Ctrl+f	向前滚动全屏
Ctrl+b	向后滚动全屏
Ctrl+e	向下滚动一行
Ctrl+y	向上滚动一行
vi 的文本编辑命令	
D	从光标定位的行末删除文本
dd	删除光标定位的当前行
ndd	n 代表即将删除的行数
rc	光标下方的字符将被替换为 r 后面的字符 c
R	R 后输入的文本将改写当前文本，直到按下 Esc 键返回命令模式
S	删除当前行，并开始在当前的空白行插入文本
x	删除光标下方的字符，并将字符右移填空
X	删除光标前的字符，并移动字符，令光标下方的字符来填空
~	更改光标下方的字母的大小写
J	将当前行和前一行连接起来，并删除因此而来的空行
vi 中的文件操作命令	
:wq	保存对当前文件的更改，然后退出 vi
:w	保存对当前文件的更改
:w!	保存对当前文件的更改，如果有同名文件存在的话，就改写它
:q	退出 vi。如果有未保存的更改，vi 将发出警告，并"拒绝"退出

续表

vi 中的文件操作命令	
:q!	强制退出 vi。所有未保存的更改将被丢失
:e filename	把指定文件载入 vi 进行编辑。如指定文件不存在，将创建新文件
:e!	放弃所有更改，并从硬盘中重载已保存的文件
vi 中的查找和替换命令	
/pattern	在文件中向前查找与 pattern 指定内容匹配的位置
/	重复上一次查找，在文件中查找下一个匹配位置
?pattern	在文件中向后查找与 pattern 指定内容匹配的位置
?	重复上一次查找，在文件中查找与上一次查找内容匹配的位置
%	把当前光标移至匹配的圆括号或方括号
vi 中的 yank 命令	
yw	把光标当前所在的单词移到缓冲区
y$	把当前行及其以前的所有文本移到缓冲区
yy	把当前行整行移到缓冲区
nyy	n 代表打算移到缓冲区的文本的行数。例如 5yy 将把当前行和紧随其后的 4 行移到缓冲区

6.2.4　gcc 编译器和 gdb 调试

1. gcc 介绍

gcc（GNU Compiler Collection，GNU 编译器套装），是一套由 GNU 开发的编程语言编译器。它是一套以 GPL 及 LGPL 许可证所发行的自由软件，也是 GNU 计划的关键部分，亦是自由的类 UNIX 及苹果计算机 Mac OS X 操作系统的标准编译器。gcc（特别是其中的 C 语言编译器）也常被认为是跨平台编译器的事实标准。

gcc 原名为 GNU C 语言编译器（GNU C Compiler），因为它原本只能处理 C 语言，通过扩展，现在可以处理 C++，以后将可以处理 Fortran、Pascal、Objective-C、Java，以及 Ada 与其他语言。gcc 和 g++分别是 GNU 的 C 和 C++编译器，gcc/g++在执行编译工作的时候，总共需要 4 个步骤：

（1）预处理，生成.i 的文件[预处理器 gcc -E]；

（2）将预处理后的文件转换成汇编语言，生成文件.s[编译器 gcc]；

（3）由汇编语言转换为目标代码（机器代码）生成.o 的文件[汇编器 as]；

（4）连接目标代码，生成可执行程序[链接器 ld]。

首先，我们应该知道如何调用编译器。实际上，这很简单。我们将从那个著名的第一个 C 程序开始。

```
#include <stdio.h>
int main()
{
  printf("Hello World!");
}
```

把这个文件保存为 hello.c。在命令行下编译它：

```
gcc -o hello hello.c
```

gcc 编译器将生成一个名为 hello 的可执行文件。输入如下命令运行它：

```
./hello
Hello World!（运行结果）
```

gcc 在每一次编译程序时，默认生成的可执行程序是 a.out，而且将覆盖原来的程序，以至于用户无法知道是哪个程序创建的 a.out。可以通过使用“-o”编译选项，告诉 gcc 我们想把可执行文件命名为什么名字。上例中，我们将把这个程序命名为 hello。

2. gdb 调试器

Linux 提供了一个名为 gdb 的 GNU 调试程序：gdb 是一个用来调试 C 和 C++程序的强力调试器。它使用户能在程序运行时观察程序的内部结构和内存的使用情况。以下是 gdb 所提供的一些功能。

在命令行上输入“gdb”并按回车键就可以运行 gdb 了，如果一切正常的话，gdb 将被启动，屏幕上将会显示如图 6-2 所示的内容。

```
GDB is free software and you are welcome to distribute copies of it
under certain conditions; type "show copying" to see the conditions.
There is absolutely no warranty for GDB; type "show warranty" for details.
GDB 4.14 (i486-slakware-linux), Copyright 1995 Free Software Foundation, Inc.
(gdb)
```

图 6-2 显示内容

启动 gdb 后，可在命令行上指定很多的选项。也可以以下面的方式来运行 gdb：

```
gdb fname
```

用这种方式运行 gdb 时，可以直接指定想要调试的程序。这将告诉 gdb 装入名为 fname 的可执行文件。也可以用 gdb 去检查一个因程序异常终止而产生的 core 文件，或者与一个正在运行的程序相连。可以参考 gdb 指南页或在命令行上输入“gdb –h”，得到一个有关这些选项说明的简单列表。

3. gdb 基本命令

gdb 支持很多命令以实现不同的功能。这些命令从简单的文件装入到检查所调用的堆栈内容等复杂命令，下面列出了用 gdb 调试时可用命令。

file　　装入想要调试的可执行文件
kill　　终止正在调试的程序
list　　列出产生执行文件的源代码的一部分
next　　执行一行源代码但不进入函数内部
step　　执行一行源代码而且进入函数内部
run　　执行当前被调试的程序
quit　　终止 gdb
watch　　可监视一个变量的值而不管它何时被改变
break　　在代码里设置断点，这将使程序执行到这里时被挂起
make不退出 gdb 就可以重新产生可执行文件
shell　　不离开 gdb 就执行 UNIX Shell 命令

gdb 支持很多与 UNIX Shell 程序一样的命令编辑特征。我们可用像在 bash 或 tcsh 里那样按 Tab 键让 gdb 帮你补齐一个唯一的命令，如果不唯一的话 gdb 会列出所有匹配的命令，也可以用光标键上下翻动历史命令。

4. gdb 调试实例

下面通过一个实例演示 gdb 调试程序的详细过程。虽然被调试的程序比较简单，但它展示了 gdb 的典型应用。图 6-3 列出了将被调试的程序。这个程序被称为 greeting.c，它显示一个简单的问候，再用反序将它列出。

```
#include  <stdio.h>
main ()
{
   char my_string[] = "hello there";
   my_print (my_string);
   my_print2 (my_string);
}
void my_print (char *string)
{
   printf ("The string is %s\n", string);
}
void my_print2 (char *string)
{
   char *string2;
   int size, i;
   size = strlen (string);
   string2 = (char *) malloc (size + 1);
   for (i = 0; i < size; i++)
      string2[size - i] = string[i];
   string2[size+1] = `\0';
   printf ("The string printed backward is %s\n", string2);
}
```

图 6-3　greeting 调试程序

用下面的命令编译它：

```
gcc -o greeting greeting.c
```

这个程序执行时显示如下结果：

```
The string is hello there
The string printed backward is
```

输出的第一行是正确的，但第二行打印出的东西并不是我们所期望的。我们所设想的输出应该是：

```
The string printed backward is ereht olleh
```

由于某些原因，my_print2 函数没有正常工作。让我们用 gdb 看看问题究竟出在哪儿，先输入如下命令：

```
gdb greeting
```

注意：记得在编译 greeting 程序时把调试选项打开。如果你在输入命令时忘了把要调试的程序作为参数传给 gdb，可以在 gdb 提示符下用 file 命令来载入它：

```
(gdb)file greeting
```

这个命令将载入 greeting 可执行文件就像你在 gdb 命令行里装入它一样。这时可以用 gdb 的 run 命令来运行 greeting 了。当它在 gdb 里被运行后结果如图 6-4 所示。

```
(gdb) run
Starting program:  /root/greeting
The string is hello there
The string printed backward is
Program exited with code 041
```

图 6-4　gdb 调试程序

这个输出和在 gdb 外面运行的结果一样。问题是，为什么反序打印没有工作？为了找出症结所在，我们可以在 my_print2 函数的 for 语句后设一个断点，具体的做法是在 gdb 提示符下输入"list"命令三次，列出源代码：（技巧：在 gdb 提示符下按回车键将重复上一个命令。）

```
(gdb) list
(gdb) list
(gdb) list
```

第一次输入"list"命令的输出如图 6-5 所示。

```
1        #include  <stdio.h>
2
3        main ()
4        {
5          char my_string[] = "hello there";
6
7          my_print (my_string);
8          my_print2 (my_string);
9        }
10
```

图 6-5　gdb list 命令

如果按下回车键，将列出 greeting 程序的剩余部分，如图 6-6 所示。

```
21         size = strlen (string);
22         string2 = (char *) malloc (size + 1);
23         for (i = 0; i < size; i++)
24           string2[size - i] = string[i];
25         string2[size+1] = `\0';
26         printf ("The string printed backward is %s\n", string2);
27       }
```

图 6-6　gdb 显示剩余程序段

根据列出的源程序，我们可看到要设断点的地方在第 24 行，在 gdb 命令行提示符下输入如下命令设置断点：

```
(gdb) break 24
```

gdb 将做出如下响应：

```
Breakpoint 1 at 0x139:  file greeting.c, line 24
(gdb)
```

现在再输入“run”命令，将产生输出的内容，如图 6-7 所示。

```
Starting program:  /root/greeting
The string is hello there
Breakpoint 1, my_print2 (string = 0xbfffdc4 "hello there") at greeting.c ： 24
24    string2[size-i]=string[i]
```

图 6-7　gdb break 信息

我们可设置一个观察 string2[size-i]变量的值的观察点来查看错误是怎样产生的，做法是输入：

```
(gdb)watch string2[size - i]
```

gdb 将做出如下回应：

```
Watchpoint2：string2[size-i]
```

现在可以用 next 命令来一步步地执行 for 循环了：

```
(gdb) next
```

经过第一次循环后，gdb 告诉我们 string2[size-i]的值是“h”。gdb 用如图 6-8 所示的显示来告诉你这个信息。

```
Watchpoint 2, string2[size - i]
Old value = 0 `\000'
New value = 104 `h'
my_print2(string = 0xbfffdc4 "hello there") at greeting.c：23
23 for (i=0; i<size; i++)
```

图 6-8　gdb next 命令后显示信息

这个值正是期望的。后来的数次循环的结果都是正确的。当 i=10 时，表达式 string2[size-i]的值等于“e”，size-i 的值等于 1，最后一个字符已经复制到新串里了。

如果再把循环执行下去，会看到已经没有值分配给 string2[0]了，而它是新串的第一个字符，因为 malloc 函数在分配内存时把它们初始化为空(null)字符。所以 string2 的第一个字符是空字符。这解释了为什么在打印 string2 时没有任何输出了。

现在找出了问题出在哪里，修正这个错误是很容易的。只需把代码里写入 string2 的第一个字符的偏移量改为 size-1 而不是 size。这是因为 string2 的大小为 12，但起始偏移量是 0，串内的字符从偏移量 0 到偏移量 10，偏移量 11 为空字符保留。

本章小结

本章主要介绍了 Windows 和 Linux 两个主流的操作系统的体系结构。以应用较为广泛的 Windows 2000/XP 操作系统被作为一个典范的操作系统进行了全面的分析和介绍，重点对其系统结构、存储系统、进程、线程及处理器管理、I/O 系统、文件系统等方面的核心技术进行了较为深入的分析，以及调用 Win32API 创建 Windows 应用程序的基本方法。

Linux 是一个源代码开放的、支持多用户的类 UNIX 操作系统，得到了非常广泛的应用。本章介绍了 Linux 操作系统基本情况、Linux 系统中的 Shell 命令、常用的 vi 文本编辑器，以及使用 gcc 和 gdb 编译和调试 Linux 应用程序的基本方法。

习题 6

1．Windows 内核与硬件抽象层的区别在哪里？它和 Linux 的内核有什么区别？
2．如何为 Windows 操作系统创建一个进程？
3．Linux 是 UNIX 的变种吗？它是如何组织系统程序的？
4．Shell 是什么？如何编写一个 Shell 脚本？
5．如何用 gdb 为 Linux 系统调试一个程序？

附录A　操作系统参考实验项目

第一部分　基本实验部分

实验1　进程管理

1．实验目的和要求

通过实验加强对操作系统中最重要、最基本的概念——进程的理解并通过程序设计予以模拟，深入掌握进程及其实现。本实验是验证型实验。

2．实验内容

创建新的进程；查看运行进程；换出某个进程；杀死运行进程以及进程之间通信等功能。

3．实验环境

（1）Windows 系列或 Linux 系列。

（2）C/C++语言或 Java 语言。

4．相关数据结构与算法

进程控制块（PCB）是进程存在的方式和标志。可以通过 C/C++或 Java 的结构、类来描述。一般来说，PCB 包括三种信息：标识信息、现场信息和控制信息，具体有进程号、进程名、用户组名、通用寄存器的内容、控制寄存器的内容、用户堆栈指针、系统堆栈指针、进程优先级、进程所占用的 CPU 时间、进程状态、等待事件和等待原因、当前队列指针、正文段指针、数据段指针、消息队列指针、信号量、剩余时间片、主存资源、I/O 设备、打开文件表等。在本实验中，PCB 结构成员的选择根据实际情况自定。

5．实验运行结果及分析

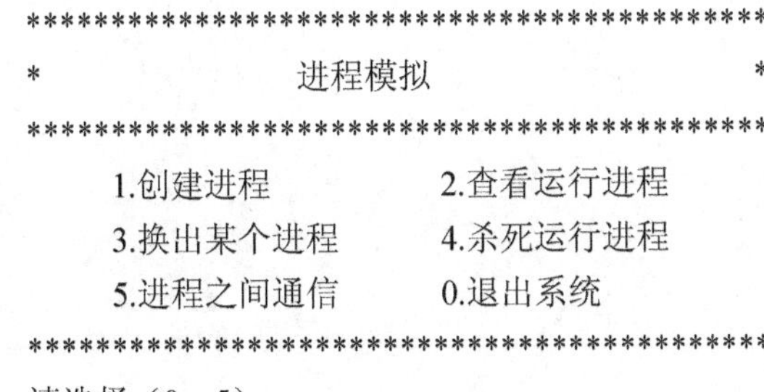

```
******************************************
*               进程模拟                 *
******************************************
      1.创建进程          2.查看运行进程
      3.换出某个进程      4.杀死运行进程
      5.进程之间通信      0.退出系统
******************************************
请选择（0～5）
```

实验2 进程调度

1. 实验目的和要求

进程调度是也称为低级调度、短程调度，是处理器管理的核心内容。本实验要求实现一个简单的进程调度程序的模拟。通过本实验可以加深对进程控制块、进程队列等概念的理解和运用，并从实验中直观地理解三种基本的进程调度算法思想及其实现。本实验是设计性实验。

2. 实验内容

（1）设计进程控制块（PCB）的结构，分别适用于先来先服务、优先级调度算法和时间片轮转调度算法。

（2）建立进程就绪队列，对三种不同算法编制进程入队、出队函数。

（3）编程实现三种进程调度算法：先来先服务调度、优先级调度、时间片轮转调度。

3. 实验环境

（1）Windows 系列或 Linux 系列。

（2）C/C++语言或 Java 语言。

4. 相关数据结构与算法

（1）本实验采用三种调度算法对 5 个进程进行模拟调度，每个进程有三个基本状态：运行态、就绪态和等待态，刚创建的进程态为就绪态。

（2）为了方便，进程运行时间设为时间片的整数倍，各进程的优先级或轮转时间数以及进程需运行的时间片数的初始值均由用户给定，并设优先数越大，进程的优先级越高。

（3）在先来先服务算法中，进程的就绪队列按到来的时间先后排序即可。在时间片轮转算法中，采用固定时间片，当某进程达到时间片还未完成，就将该进程从运行态变为就绪态并插入到就绪队列的末尾。在优先级调度算法中，优先数可以先取值为一个正整数，进程每执行一次，优先数减小一个正整数，CPU 的时间片数加 1，进程还需要的时间片数减 1。当进程的优先级相等时采用先来先服务（FIFO）算法解决。

（4）进程队列采用链表实现。

（5）在实验中，当输入信息量较大时，可以采用文件方式进行。

5. 实验运行结果及分析

请选择进程调度算法（1. 先来先服务，2. 优先级，3. 时间片轮转）：2

进程名	估算时间
p1	2
p2	3
p3	4
p4	2
p5	4

优先级算法的输出如下：

CPU 时间:1

进程名	CPU 时间	所需时间	优先数	进程状态
p1	1	1	45	运行
p2	0	3	47	就绪
p3	0	4	46	就绪
p4	0	2	48	就绪
p5	0	4	46	就绪（后面略）

实验 3 存储管理

1. 实验目的和要求

实验要求在深入学习存储管理的原理和常用操作的同时，能够具体实现分页存储管理中的地址转换工作。通过实验，进一步了解地址转换的原理以及应用。本实验是验证性实验。

2. 实验内容

设计一个分页存储管理系统，逻辑地址长度、页面大小，以及某作业的逻辑地址，页表中的内容等均由理论数据设计，通过程序将逻辑地址转换成相应的物理地址。实验中可以考虑到快表的应用。

3. 实验环境

（1）Windows 系列或 Linux 系列。

（2）C/C++语言或 Java 语言。

4. 相关数据结构与算法

程序中涉及二进制数据的处理，因为要在二进制数据中取出所需的位数，可以将二进制数据存储到一维数组中，或采用二进制数据的位运算。考虑快表的应用，可以设计一个短小的快表，另外一个较大的页表来模拟演示。

5. 实验运行结果及分析

（1）提示可以手动输入运行所需的参数，快表和页表中的数据提前建立。

（2）程序运行结果提示有无使用快表。

（3）以二进制或八进制（十六进制）形式给出转换得到的物理地址。

（4）根据运行结果分析使用快表的原因，并理论上分析使用快表的好处。

实验 4 独占设备的静态分配模拟

1. 实验目的和要求

一般来说，独占设备采用静态分配方式。本实验要求实现一个简单的独占设备的静态分配模拟程序。通过本实验可以加深对设备分配、设备类表、设备分配表、设备类相对号、设备绝对号、设备独立性等概念的理解和运用，并从实验中直观地理解静态分配方式的优点和缺点，同时掌握设备类表和设备分配表的设计与使用。本实验是验证性实验。

2．实验内容

（1）设计设备类表的结构，根据模拟的要求，自己决定必须设置的字段。

（2）设计设备分配表的结构，根据模拟的要求，自己决定必须设置的字段。

（3）编程实现独占设备的静态模拟程序。

3．实验环境

（1）Windows 系列或 Linux 系列。

（2）C/C++语言或 Java 语言。

4．相关数据结构与算法

（1）本实验是对独占设备进行静态分配的模拟实现，需要建立设备类表、设备分配表等数据结构。

（2）为了方便，设备类表可以设置以下几个字段：设备类、该设备类的设备总数、可用设备数、设备分配表指针。

（3）设备分配表可以设置以下字段：设备的绝对号、是否分配、是否损坏、设备的相对号、占用的作业名等。

（4）设备类表和设备分配表可以通过指针建立联系。

（5）设备类表和设备分配表既可以用数组方式进行，也可以采用指针方式运用空间动态分配与回收技术予以实现。

5．实验运行结果及分析

用户在键盘上通过输入新的设备请求进行设备的分配，并从功能上进行测试，判断分配的正确性。

实验 5　文件管理

1．实验目的和要求

在掌握文件的概念和文件管理功能后，通过实验进一步了解文件的组织结构以及常规操作，从而了解文件的实际应用，为大量信息处理问题提供一种实用有效的管理模式。本实验是设计型实验。

2．实验内容

创建一个新文件，文件内容为本班级所有同学的学号、姓名、操作系统课程成绩，要求采用有格式的存储方式；文件建立之后，能够对文件进行插入、删除、查找等操作。

3．实验环境

（1）Windows 系列或 Linux 系列。

（2）C/C++语言或 Java 语言。

4．相关数据结构与算法

（1）本班级所有同学的学号、姓名、操作系统课程成绩的逻辑结构为二维表格，在文件中可以按行存储每个学生的三类信息，程序中可以采用二维数组来暂存三类信息。

（2）熟练掌握文件的常用操作命令。

5．实验运行结果及分析

创建的文件内容如下：

学号	姓名	操作系统课程成绩
01	张磊	85
02	李丽	80
---	---	---

对此文件进行如下操作：

（1）插入信息。

（2）删除信息。

（3）查找。

显示进行相关操作后文件内容。

第二部分　创新实验部分（Linux）

操作系统是计算机最重要的系统软件。Linux 操作系统历经了几十年的发展，至今已经成为了主流的操作系统。创新实验部分试图通过以下 5 组实验初步解释 Linux 的工作原理。循序渐进地讲解实现 Linux 中系统命令的方法，让读者理解并逐步熟悉 Linux 操作系统，具有编制 Linux 应用程序的能力，加深对操作系统理论知识的感性认识。

实验 6　more 命令实现

1．实验目的和要求

模仿并实现 Linux 下的常用命令 more，要求该程序能够显示文件的内容，在文件长度超过屏幕长度的时候能够实现分页功能。

2．实验内容

（1）可以分页显示文件内容，它可以显示文件第一屏的内容，在屏幕的底部用反白字体显示文件的百分比。

（2）如果按空格键，文件的下一屏内容会显示出来。

（3）如果按回车键，显示的则是下一行；如果输入“q”，结束显示；如果输入“h”，显示出来的是 more 的联机帮助。

3．实验环境

（1）Windows 系列或 Linux 系列。

（2）C/C++语言。

4．相关数据结构与算法

（1）本实验接受命令行参数，如果没有传递，则给出相应的提示信息，否则，就分页显示这个文件。

（2）为了方便，在最后一行显示文件所占的百分比。

（3）在屏幕下方反白显示 more 命令的控制行，以便人机交互。

5．实验运行结果及分析

我们知道 Linux 操作系统支持文本形式的人机交互方式，命令 more 可以分页显示文件内容，它可以显示文件第一屏的内容，在屏幕的底部用反白字体显示文件的百分比，这时如果按空格键，文件的下一屏内容会显示出来，如果按回车键，显示的则是下一行；如果输入“q”，结束显示；如果输入“h”，显示出来的是 more 的联机帮助，如图 A-1 所示。

```
[root@localhost linux-2.4]# more README
        Linux kernel release 2.4.xx

These are the release notes for Linux version 2.4.  Read them carefully,
as they tell you what this is all about, explain how to install the
kernel, and what to do if something goes wrong.

WHAT IS LINUX?

  Linux is a Unix clone written from scratch by Linus Torvalds with
  assistance from a loosely-knit team of hackers across the Net.
  It aims towards POSIX compliance.

  It has all the features you would expect in a modern fully-fledged
  Unix, including true multitasking, virtual memory, shared libraries,
  demand loading, shared copy-on-write executables, proper memory
  management and TCP/IP networking.

  It is distributed under the GNU General Public License - see the
  accompanying COPYING file for more details.

ON WHAT HARDWARE DOES IT RUN?

--More--(5%)
```

图 A-1　more 命令的运行效果

那么，如果我们尝试着能够编写一个程序实现 more 命令的功能，不就可以解决这个问题了吗？根据我们学过的 C 语言，思考一下，more 这个程序的流程是什么呢？

那么，我们开始动手实现这个程序吧，根据 C 语言知识，让我们的 C 程序接受命令行参数，如果没有传递，则给出相应的提示信息，否则，我们就分页显示这个文件。more 的工作流程如图 A-2 所示。

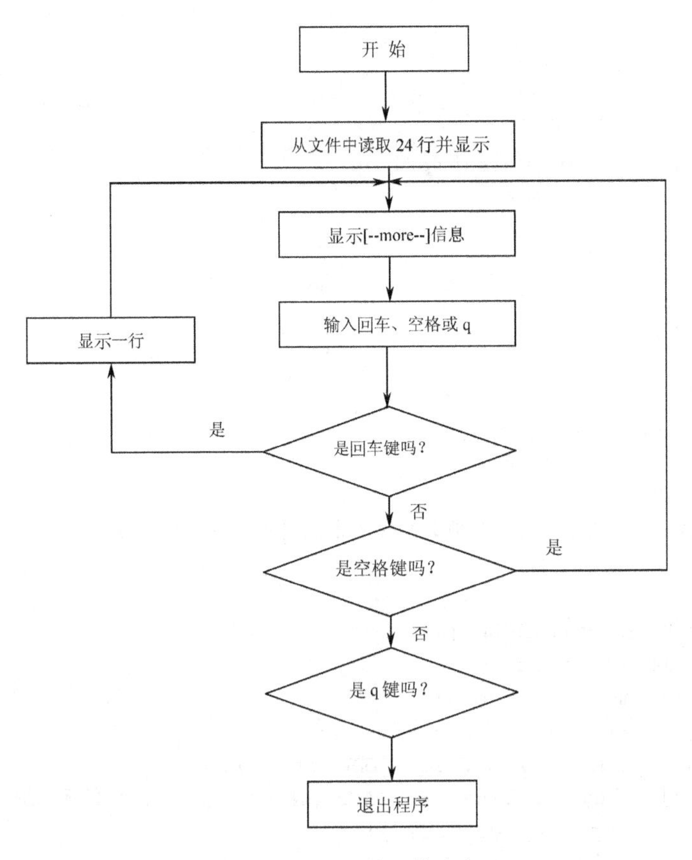

图 A-2　more 的工作流程

下面是这个程序的实现代码：

```
/* Mymore.c
 *   显示一个文件的内容
 */

#include    <stdio.h>

#define PAGELEN 24
#define LINELEN 512

void do_more(FILE *);
int  see_more();

int main( int ac , char *av[] )
{
    FILE    *fp;

    if ( ac == 1 )
        {
            printf("请输入需要显示的一个文件名");
            return -1;
        }
```

```
    else
        while ( --ac )
            if ( (fp = fopen( *++av , "r" )) != NULL )
            {
                do_more( fp ) ;
                fclose( fp );
            }
            else
                exit(1);
    return 0;
}

void do_more( FILE *fp )
/*
 *  函数功能:
 *  读入宏 PAGELEN 预定义的函数, 接下来调用 see_more()函数
 */
{
    char    line[LINELEN];
    int num_of_lines = 0;
    int see_more(), reply;

    while ( fgets( line, LINELEN, fp ) ){
        if ( num_of_lines == PAGELEN ) {    /* 已经显示满屏了吗?  */
            reply = see_more();
            if ( reply == 0 )
                break;
            num_of_lines -= reply;
        }
        if ( fputs( line, stdout )  == EOF ) /* 如果文件显示完最后一行  */
            exit(1);                        /* 退出  */
        num_of_lines++;                     /* 计算行数, 为了统计显示的百分比*/
    }
}

int see_more()
/*
 *  函数功能:
 *  显示文件内容, 并接受用户交互
 *  'q'表示退出显示, 空格表示再显示 24 行, 回车表示再向下显示一行
 */
{
    int c;
    printf("\033[7m  more?\033[m");               /*在屏幕下方反白显示 more? */
    while( (c=getchar()) != EOF )                 /* 接受用户交互   */
    {
        if ( c == 'q' )                           /* 'q'-> 程序退出*/
            return 0;
        if ( c == ' ' )                           /* 空格 => 显示下一页*/
```

```
            return PAGELEN;                     /* 显示预定义的行数    */
        if ( c == '\n' )                        /* 回车 => 下一行 */
            return 1;
    }
    return 0;
}
```

编译并测试新的程序：

```
$ gcc mymore.c -o mymore
$ mymore mymore.c
```

这个程序就完成了基本的功能——显示24行以后等待用户的输入，而且在屏幕下方有反白的more?的显示，按回车键会显示下一行。

实验7 文件列表命令实现

1. 实验目的和要求

模仿并实现Linux下的常用命令ls，要求该程序能够罗列文件和目录的信息，并能够接受命令行参数将文件和目录属性分别展现。

2. 实验内容

（1）可以分页显示文件属性，文件列表应当排序。

（2）如果按空格键，文件的下一屏内容会显示出来。

（3）如果按回车键，显示的则是下一行；如果输入“q”，结束显示；如果输入“h”，显示出来的是more的联机帮助。

3. 实验环境

（1）Windows系列或Linux系列。

（2）C/C++语言。

4. 相关数据结构与算法

（1）本实验接受命令行参数，如果没有传递，则给出相应的提示信息，否则，就分页显示这个文件。

（2）为了方便，在最后一行显示文件所占的百分比。

（3）在屏幕下方反白显示ls命令的控制行，以便人机交互。

5. 实验运行结果及分析

先来看看Linux操作系统是如何组织磁盘上的文件的。磁盘上的文件和目录被组成一棵目录树，每个结点都是目录或文件，在Linux操作系统中有一个i结点的概念（参见文件系统理论部分的介绍）。

Linux常见文件处理命令。

（1）剖析一个文件列表

ls 命令用来查看用户有执行权限的任意目录中的文件列表，该命令有许多有趣的选项。例如：

```
$ ls -liah *
21684 -rw-r--r--    1 susan   users    952 Dec 28   18:43    .profile
17942 -rw-r--r--    1 John    users     30 Jan 3    20:00    hello.c
```

12925 -rwxr-xr-x 1 John users 378 Sep2 2002 test.sh

第 1 列指示文件的 inode，因为我们使用了-i 选项。剩下的列通过 -l 选项来进行显示。

第 2 列显示文件类型和文件访问权限。

第 3 列显示链接数，包括目录。

第 4 列和第 5 列显示文件的所有者和组所有者。这里，所有者“susan”属于组“users”。

第 6 列显示文件大小（单位不是默认的字节数，因为使用了-h 选项）。

第 7 列显示日期（它看起来像是三列），包括月、日和年，以及当天的时间。

第 8 列显示文件名。在选项列表中使用 -a 使列表中包含隐藏文件（如 .profile）的列表。

（2）重定向和管道

重定向允许将命令输出重定向到文件中，而不是标准输出，或者类似地，也可重定向输入。重定向的标准符号“>”创建一个新的文件。“>>”符号将输出添加到一个现有的文件中：

```
$ more test2.out
Another test.
$ cat test.out >> test2.out
$ cat test2.out
Another test.
This is a test.
```

重定向在一个命令和文件之间或文件和文件之间工作。重定向语句的一项必须是一个文件。

管道使用“|”符号，并且在命令之间工作。最常见的一种管道使用方法是将上一个命令的输出，作为 more、cat 等文件显示命令的输入。例如，可以用以下方式将一个命令的输出直接发送到打印机上：

```
$ ls -l * | lpr
```

可以用以下方式快速地找到历史列表中的一个命令：

```
$ history | grep cat
```

命令 grep、fgrep 和 egrep 都显示匹配一种模式的行。这三个命令都在文件中搜索指定的模式，这将非常有用。基本格式是：

$ more “待显示文件” | grep “要查找的内容”

例如：$ more hello.c | grep main

该命令将显示 hello.c 的源文件，并且查找包含 main 的内容。

（3）从操作系统的角度理解文件

在我们上文介绍的操作系统实践中，有一个叫做 ls 的 Linux 标准命令可以完成显示目录下所有文件的功能。如果我们可以自己动手编程完成 ls 的功能，不就可以解决问题了吗？

我们先直接运行一下 ls 命令，其执行结果如图 A-3 所示。

```
[root@localhost /]# ls
bin   dev  home    lib         misc  opt   root  test  usr
boot  etc  initrd  lost+found  mnt   proc  sbin  tmp   var
[root@localhost /]#
```

图 A-3 ls 命令执行结果

回顾一下，在操作系统理论中学习的文件系统的概念，参照 Linux 的文件系统模型，我们知道，在 Linux 操作系统中，磁盘上的文件和目录被组成一棵目录树，每个结点都是目录或文件。每个文件都位于某个目录中，在逻辑上是没有驱动器或卷的，当然在物理上一个系统可以有多个驱动器或分区，每个驱动器上都可以有分区，位于不同驱动器和分区上的目录通过文件树无缝地连接在一起，甚至 U 盘、光盘这些移动存储介质也被挂到文件树的某一个子目录来处理。这些使得列出文件的实现极为简单，只需考虑文件和目录两种情况，而无须考虑驱动器或分区。

接下来，我们重点关注一下目录。什么是目录呢？目录是一种特殊的文件，它的内容是文件和目录的名字。从某种程度上说，目录文件包含很多记录，每个记录的格式由统一的标准定义。每条记录的内容代表一个文件或目录。与普通文件不同的是，目录文件永远不会空，每个目录都至少包含两个特殊的项——“.”和“..”，其中“.”表示当前目录，“..”表示上一级目录。

（4）动手实践

在计算机的应用实践中，如果我们疑惑某些问题，我们会上网使用 Google 或者 Baidu 之类的搜索引擎寻找信息。如果编写程序的时候，也有这样的信息检索工具能够为我们提供思路就再好不过了。其实在实际的编程中，联机帮助文档是我们解决问题的重要手段。有过 Java 编程经验的程序员会参看 Java API Document，在 Windows 平台下编程一定会参看 MSDN。那么在 Linux 平台下，我们如何查找需要的信息帮助我们完成任务呢？答案就是 man。

联机帮助 man 中可以查到关于命令、系统调用、系统设备等帮助信息，它们分别是什么，各代表什么含义。熟练地使用 man 命令可以使我们更有效地提高解决问题的能力。

我们的目标是查看 ls。首先使用一下 man 命令，其命令的示例如 A-4 所示。

```
[root@localhost /]# man
What manual page do you want?
```

图 A-4 man 命令的示例

命令 man 是 manual 的简写，其实就是 Linux 下的帮助文档，基于基本的搜索经验，我们需要指定关键字，其语法是 man –k 关键字。

当我们使用 man –k ls 会列出一系列的内容，回到我们的问题：如何读目录呢？其实根据我们的经验，我们应当以目录为关键字。由于 Linux 的特性，我们不能 man –k 目录，首先试试 man –k directory。使用 man 查找读写目录的方法，如图 A-5 所示。

```
telldir              (3)  - return current location in directory stream
TIFFCurrentDirectory [TIFFquery] (3t)  - query routines
TIFFLastDirectory [TIFFquery] (3t)  - query routines
TIFFPrintDirectory   (3t)  - print a description of a TIFF directory
TIFFReadDirectory    (3t)  - get the contents of the next directory in an open T
IFF file
TIFFRewriteDirectory [TIFFWriteDirectory] (3t)  - write the current directory in
 an open TIFF file
TIFFSetDirectory     (3t)  - set the current directory for an open TIFF file
TIFFSetSubDirectory [TIFFSetDirectory] (3t)  - set the current directory for an
open TIFF file
TIFFWriteDirectory   (3t)  - write the current directory in an open TIFF file
tk_chooseDirectory [chooseDirectory] (n)  - pops up a dialog box for the user to
 select a directory
tk_chooseDirectory   (n)  - pops up a dialog box for the user to select a direct
ory
vdir                 (1)  - list directory contents
versionsort [scandir] (3)  - scan a directory for matching entries
vgmknodes            (8)  - create volume group directory and special files
XmFileSelectionDoSearch (3)  - A FileSelectionBox function that initiates a dire
ctory search .iX XmFileSelectionDoSearch .iX FileSelectionBox functions XmFileSe
lectionDoSearch
[root@localhost /]#
```

图 A-5 使用 man 查找读写目录的方法

很遗憾，并没有提供很直观的信息。那么有没有继续的思路呢？如果我们能够过滤出和读目录相关的信息就好了，能不能多指定几个关键字，比如这样（图 A-6）：

$man –k directory read

```
XSetWMColormapWindows (3x)  - set or read a window's WM_COLORMAP_WINDOWS propert
y
XSetWMHints [XAllocWMHints] (3x)  - allocate window manager hints structure and
set or read a window's WM_HINTS property
XSetWMIconName        (3x)  - set or read a window's WM_ICON_NAME property
XSetWMName            (3x)  - set or read a window's WM_NAME property
XSetWMNormalHints [XAllocSizeHints] (3x)  - allocate size hints structure and se
t or read a window's WM_NORMAL_HINTS property
XSetWMProtocols       (3x)  - set or read a window's WM_PROTOCOLS property
XSetWMSizeHints [XAllocSizeHints] (3x)  - allocate size hints structure and set
or read a window's WM_NORMAL_HINTS property
XSizeHints [XAllocSizeHints] (3x)  - allocate size hints structure and set or re
ad a window's WM_NORMAL_HINTS property
XStandardColormap [XAllocStandardColormap] (3x)  - allocate, set, or read a stan
dard colormap structure
XStoreName [XSetWMName] (3x)  - set or read a window's WM_NAME property
XtAppGetExitFlag [XtAppSetExitFlag] (3x)  - thread support functions
XtAppSetExitFlag      (3x)  - thread support functions
XtToolkitThreadInitialize (3x)  - initialize the toolkit for multiple threads
XUnlockDisplay [XInitThreads] (3x)  - multi-threading support
XWMHints [XAllocWMHints] (3x)  - allocate window manager hints structure and set
 or read a window's WM_HINTS property
XWriteBitmapFile [XReadBitmapFile] (3x)  - manipulate bitmaps
[root@localhost /]# █
```

图 A-6　man -k directory read

很遗憾，结果并不正确。命令 man 并不能支持多关键字的查找。那怎么办呢？回想一下 Linux 的常用命令中，有一个叫做管道的概念。它可以把上一级的内容作为下一级的输入，我们只要把 man –k directory 的内容输入到查找命令 grep 中不就可以了吗？

管道过滤读目录命令，如图 A-7 所示。

$man –k directory | grep read

```
[root@localhost /]# man -k directory | grep read
pax                   (1)  - read and write file archives and copy directory hier
archies
readdir               (2)  - read directory entry
readdir               (3)  - read a directory
seekdir               (3)  - set the position of the next readdir() call in the d
irectory stream
```

图 F1-7　管道过滤读目录命令

不难发现有一个叫做 readdir 的条目的解释和我们的目标很相近，于是我们输入 man 3 readdir，得到关于 readdir 的方法：

关于 readdir 的解释如下：

```
Name readdir - read a directory
Synopsis
#include <sys/types.h>
```

```
#include <dirent.h>
struct dirent *readdir(DIR *dir);
……
On LINUX, the dirent structure is defined as follows:
struct dirent {
   ino_t          d_ino;       /* inode number */
   off_t          d_off;       /* offset to the next dirent */
   unsigned short d_reclen;    /* length of this record */
   unsigned char  d_type;      /* type of file */
   char           d_name[256]; /* filename */
};
```

它给出了使用 readdir 函数需要的头文件和数据结构，好了，我们可以动手实践了。

(5) 罗列目录与文件 Myls

罗列文件的算法思路并不困难，其程序基本流程如图 A-8 所示。

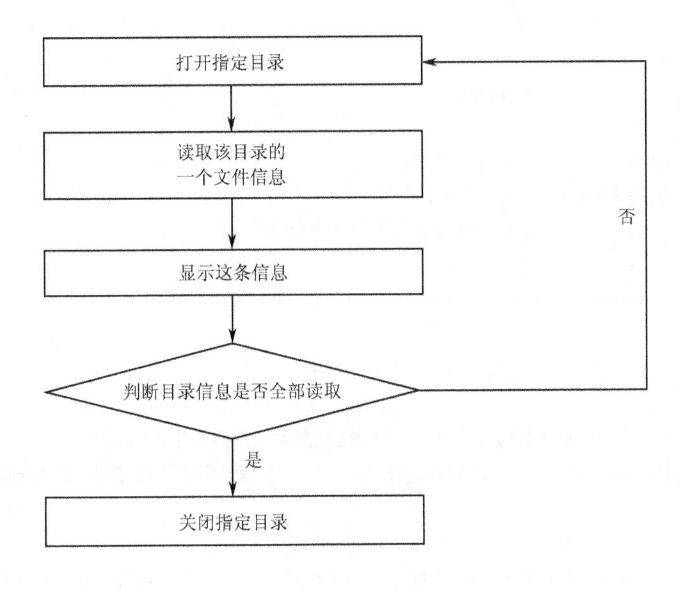

图 A-8 ls 的程序流程

示例代码：

```
/** Myls.c
 **   程序功能： 罗列指定目录下的目录和文件信息
 **   程序说明： 使用命令行参数获取指定目录，
 **   如果没有命令行参数罗列当前目录信息
 **   否则以命令行参数作为指定参数地址
 **/
#include    <stdio.h>
#include    <sys/types.h>
#include    <dirent.h>

void do_ls(char []);
```

```
main(int ac, char *av[])
{
    if ( ac == 1 )
        do_ls( "." );
    else
        while ( --ac ){
            printf("%s:\n", *++av );
            do_ls( *av );
        }
}

/*
 * 函数说明：将命令行参数以 dirname 形参传入
 * 以 dirname 作为 opendir 函数的实参传入（dirent.h 中定义）
 * 以 dir_ptr 作为 direntp 结构体指针，获得 opendir 的返回值
=======================================================
  struct dirent {
   ino_t        d_ino;
   off_t        d_off;
   unsigned short d_reclen;
   unsigned char  d_type;
   char         d_name[256]; //文件名信息
  };
=======================================================
 */
void do_ls( char dirname[] )
{
    DIR     *dir_ptr;         /* 获取列出文件信息的指针*/
    struct dirent   *direntp;        /* 获取的目录中的每一条具体条目   */

    if ( ( dir_ptr = opendir( dirname ) ) == NULL )
        fprintf(stderr,"Myls: cannot open %s\n", dirname);
    else
    {
        while ( ( direntp = readdir( dir_ptr ) ) != NULL )
            printf("%s\n", direntp->d_name );
        closedir(dir_ptr);
    }
}
```

编译，运行即可：

```
$gcc -o Myls myls.c
$Myls
```

这个程序就基本完成了，不过需要注意的是：

第一，这个显示在屏幕上的文件列表没有排序。

第二，标准命令 ls 是分栏显示的，Myls 则是分行显示，显示结构不清晰。

第三，列出了“.”和“..”的信息，其实并无必要。

实验8　文件系统路径命令实现

1．实验目的和要求

模仿并实现 Linux 下的常用命令 pwd，要求该程序能够罗列文件和目录的物理路径信息。

2．实验内容

（1）可以分页显示文件路径信息。

（2）如果按空格键，文件的下一屏内容会显示出来。

（3）如果按回车键，显示的则是下一行，如果输入“q”，结束显示；如果输入“h”，显示出来的是 more 的联机帮助。

3．实验环境

（1）Windows 系列或 Linux 系列。

（2）C/C++语言。

4．相关数据结构与算法

（1）本实验接受命令行参数，如果没有传递，则给出相应的提示信息，否则，就分页显示这个文件。

（2）为了方便，在最后一行显示文件所占的百分比。

（3）在屏幕下方反白显示 pwd 命令的控制行，以便人机交互。

5．实验运行结果及分析

（1）文件基本结构

文件包含数据，而目录是文件的列表。不同的目录互相连接构成树状的结构。目录还可以包含其他的目录。文件“在一个目录中”是什么意思呢？当用户登录到一台 Linux 的机器上，可以说你处在“你的主目录中”。那么对于操作系统来说，“处在某个目录中”又是什么意思呢？

树状结构是常见的数据结构的逻辑表示。一个硬盘实际上是由一些金属圆盘构成的，每个盘面上都有磁性物质。这些金属盘如何显示为一个包含文件、属性和目录的树状结构呢？让我们回想一下 Linux 的标准命令 pwd 吧。标准命令 pwd 显示用户在目录树中的当前位置。从树根到你所处位置所经过的目录的序列被称为路径（path）。如果我们了解了 pwd 命令的实现原理，自然就会了解文件和目录是如何组织和存储的。

（2）从操作系统角度看文件系统

硬盘实际上是由一些磁性盘片组成的计算机系统的一个设备。前面章节中所提及的文件系统是对该设备的一种多层次的抽象。

第一层抽象：从磁盘到分区

一个磁盘能够存储大量的数据，就像一个国家能被划分成省→市→区等，一个磁盘可被划分成分区，以便在一个大的实体内创建独立的区域。每个分区都可以看做是一个独立的磁盘。

第二层抽象：从磁盘到块序列

一个硬盘由一些磁性盘片组成，每个盘片的表面都被划分为很多同心圆，这些同心圆称为磁道。每个磁道又进一步被划分成扇区，就像郊外的街道被划分成居住单元。每个扇区可以存储一定字节数的数据，例如每个扇区有 512 字节。扇区是磁盘上的基本存储单元，现在的磁盘包含大量的扇区，如图 A-9 所示。

给数据块分配编号，使得磁盘看起来像一个数组。即我们可以把硬盘看成一个巨大的数组。

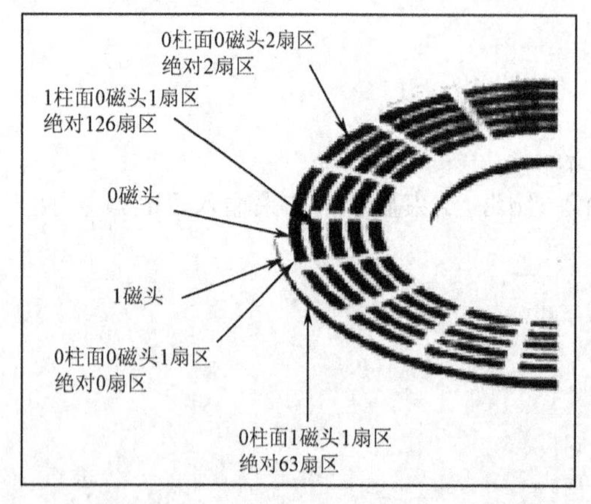

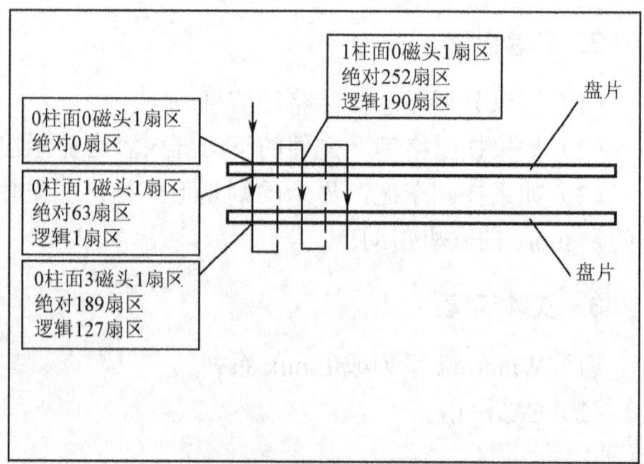

图 A-9　物理硬盘介质

为磁盘块编号是一种很重要的方法。给每个磁盘块分配连续的编号使得系统能够计算磁盘上的每个块。可以一个磁盘接一个磁盘地从上到下给所有的块编号，还可以一个磁道接一个磁道地从外向里给所有的块编号。就像给每条街道上的每所房子编号一样，磁盘上存储数据的软件给磁盘上每条磁道上的每个块分配了一个序号。

一个将磁盘扇区编号的系统使得我们可以把磁盘视为一系列块的组合。

接下来的问题是文件系统是可以用来存储文件内容、文件属性（文件所有者、日期等）和目录，这些不同类型的数据是如何存储在被编号的磁盘块上的呢？

在类 UNIX 系统中，一个典型的文件系统将这些磁盘块分成了三部分：第一部分称为超级块（super block），用来存放文件系统本身的信息；第二部分称为 i 结点表（inode table），用来存放文件属性；第三部分称为数据区，用来存放文件内容。文件系统由这三部分组合而成，其中任一部分都是由很多有序磁盘块组成的，如图 A-10 所示。

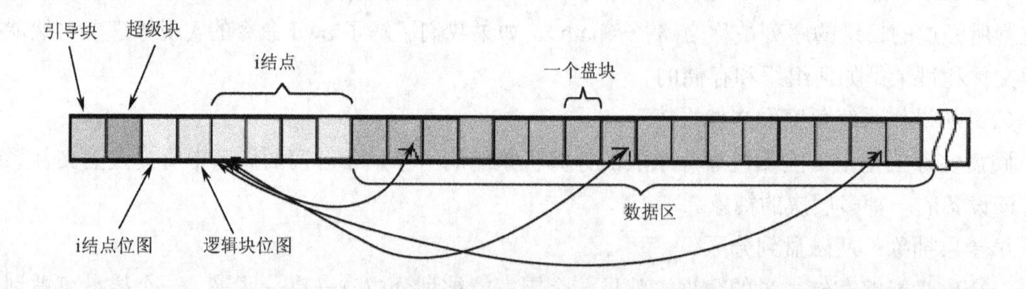

图 F1-10　物理文件系统到逻辑文件系统的映射

① 超级块。文件系统中的第一个块被称为超级块，这个块存放文件系统本身的结构信息。例如，超级块记录了每个区域的大小。超级块也存放未被使用的磁盘块的信息，不同版本 UNIX 的

超级块的内容和结构稍有不同，可以查看联机帮助和头文件，以确定系统的超级块所包含的内容。

② i 结点表。文件系统的下一个部分被称为 i 结点表。每个文件都有一些属性，如大小、文件所有者和最近修改时间等。这些性质被记录在一个称为 i 结点的结构中。所有的 i 结点都有相同的大小，并且 i 结点表是这些结构的一个列表。文件系统中的每个文件在该表中都有一个 i 结点。表中的每个 i 结点都通过位置来标识。

③ 数据区。文件系统的第三部分是数据区。文件的内容保存在这个区域。磁盘上所有块的大小都是一样的。如果文件包含了超过一个块的内容，则文件内容会存放在多个磁盘块中。一个较大的文件很容易分布在上千个独立的磁盘块中。那么，系统是如何跟踪这些独立的磁盘块呢？

文件有内容和属性，内核将文件内容存放在数据区，文件属性存放在 i 结点，文件名存放在目录。一个新文件需要 3 个存储块来存放各部分的数据，如图 A-11 所示。

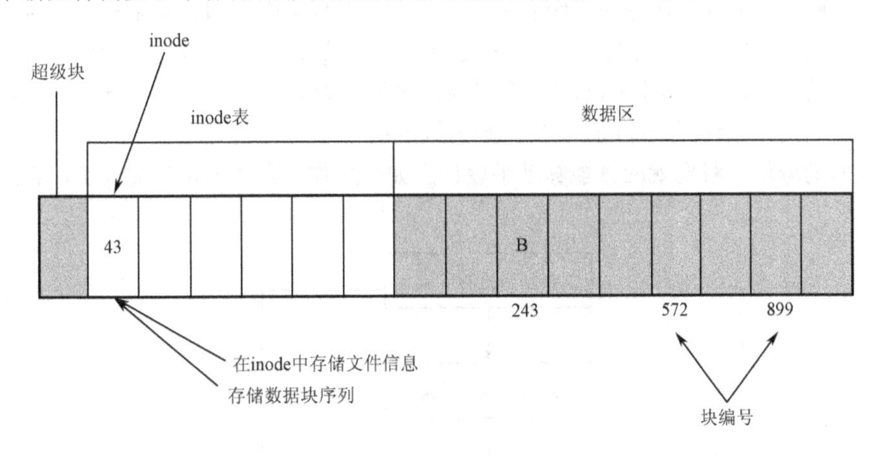

图 A-11　MyTest.c 示意图

假定我们创建一个名为 MyTest.c 的文件。对于这个新创建文件，操作系统将其保存到硬盘介质需要的 4 个主要步骤如下。

首先，文件属性的存储：内核先找到一个空的 i 结点。在图 A-12 中，内核找到 i 结点 43。内核把文件的信息记录其中。

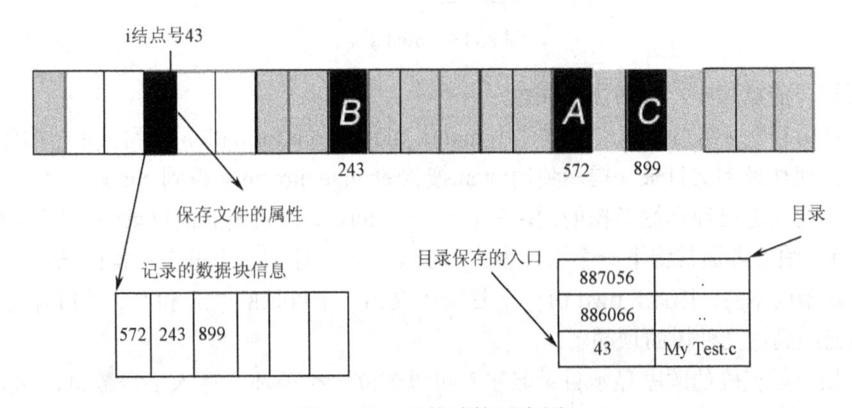

图 A-12　文件结构示意图

其次，进行文件内容的存储：由于该新文件需要 3 个存储磁盘块，因此内核从自由块的列表中找出 3 个自由块。如图 A-12 所示，它找到块 572、243 和 899。内核缓冲区的第一块数据复制到块 572，下一块数据复制到块 243，最后一块数据复制到块 899。

再次，记录文件分配情况。文件已经按顺序存放在块 572、243 和 899 中。内核在 i 结点的磁盘分布区记录了上述的块序列。磁盘分布区是一个磁盘块序号的列表，这 3 个编号放在最开始的 3 个位置。

最后，还需要添加文件名到目录。新文件的名字是 MyTest。UNIX 如何在当前的目录中记录这个文件？答案很简单。内核将入口（43，MyTest）添加到目录文件。文件名和 i 结点号之间的对应关系将文件名和文件的内容及属性连接了起来。

因此，我们可以这样认为：目录是一种包含了文件名字列表的特殊文件，是一个包含 i 结点号和文件名的表。所谓“文件在目录中”意味着：目录中存放的只是文件在 i 结点表的入口，而文件的内容则存储在数据区。在操作系统看来，文件在某个目录中，即目录中有一个包含文件名和这个文件所对应 i 结点号所对应的入口。换言之，目录包含的是文件的引用，每个引用被称为链接。文件的内容存储在数据块，文件的属性被记录在一个被称为 i 结点的结构中，i 结点的编号和文件名存储在目录中。“目录包含子目录”的原理与此相同。

经过上面的分析，我们就应该能够动手设计出如何从物理介质上定位文件了，算法思路如图 A-13 所示。

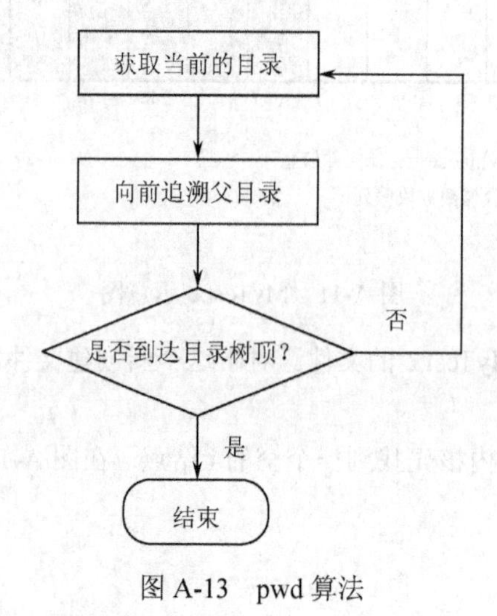

图 A-13　pwd 算法

在编写程序的过程中，我们需要注意：

第一，如何得到 i 结点信息（提示使用 man-k file | grep information 得到 stat 结构体）。

第二，如何切换到父目录（提示使用 man 搜索 change directory 得到 chdir）。

第三，如何知道已经到达了树的顶端？在一个 Linux 文件系统的根目录中，“.”和“..”指向同一个 i 结点。编程者通常将下一个指针置为 NULL，用来标识一个链表结构的结束。Linux 的设计者将根目录指向本身。因此，pwd 命令重复循环直到一个目录的“.”和“..”的 i 结点号相同时，就可以认为已经到达文件树的顶端。

第四，如何以正确的顺序显示目录名字？可以建立一个循环，存入字符数组，建立目录名字的字符串序列。其实，从算法的角度，树形结构是一个典型的递归定义的结构，我们通过一个递归的程序逐步到达树的顶端来一个接一个地显示目录名，从而避免了复杂的字符串的操作。

（3）Mypwd 的实现（参考）

```
/* Mypwd.c: pwd 命令的实现
 *  程序说明:
 *  从当前目录使用递归算法
 *  回溯至根目录树顶
 *  打印目录路径
 *  使用 readdir()函数获取目录信息
 *
 **/
#include    <stdio.h>
#include    <sys/types.h>
#include    <sys/stat.h>
#include    <dirent.h>

ino_t   get_inode(char *);
void    printpathto(ino_t);
void    inum_to_name(ino_t , char *, int );

int main()
{
    printpathto( get_inode( "." ) );    /*递归打印路径     */
    putchar('\n');
    return 0;
}

void printpathto( ino_t this_inode )
/*
 *  函数说明
 *  根据 inode 结点递归打印目录路径
 */
{
    ino_t   my_inode ;
    char    its_name[BUFSIZ];

    if ( get_inode("..") != this_inode )
    {
        chdir( ".." );                /* 去父目录  */

        inum_to_name(this_inode,its_name,BUFSIZ);/* 读取目录名*/

        my_inode = get_inode( "." );         /* 当前目录的 inode    */
        printpathto( my_inode );         /* 递归  */
        printf("/%s", its_name );        /* 输出目录名 */

    }
}
```

```
void inum_to_name(ino_t inode_to_find , char *namebuf, int buflen)
/*
 *  根据形参 inode_to_find 的值遍历目录,
 *  并以形参 namebuf 作为待打印的文件名的存放地址
 */
{
    DIR     *dir_ptr;        /* 目录的结构体指针 */
    struct dirent   *direntp;        /* 目录中的每一个条目   */

    dir_ptr = opendir( "." );
    if ( dir_ptr == NULL ){
        perror( "." );
        exit(1);
    }

    /*
     * 根据指定的 inode 编号查找目录
     */

    while ( ( direntp = readdir( dir_ptr ) ) != NULL )
        if ( direntp->d_ino == inode_to_find )
        {
            strncpy( namebuf, direntp->d_name, buflen);
            namebuf[buflen-1] = '\0';
            closedir( dir_ptr );
            return;
        }
    fprintf(stderr, "error looking for inum %d\n", inode_to_find);
    exit(1);
}

ino_t get_inode( char *fname )
/*
 *  获得文件的 inode 信息
 */
{
    struct stat info;

    if ( stat( fname , &info ) == -1 ){
        fprintf(stderr, "Cannot stat ");
        perror(fname);
        exit(1);
    }
    return info.st_ino;
}
```

实验9 操作系统引导程序的实现

1. 实验目的和要求

模仿并实现操作系统引导过程。

2. 实验内容

（1）了解软盘引导结构。
（2）理解BIOS引导操作系统的基本流程。
（3）能够操作软盘扇区进行引导工作

3. 实验环境

（1）Windows系列或Linux系列。
（2）C/C++语言。

4. 相关数据结构与算法

使用8086汇编语言完成操作系统的引导。

5. 实验运行结果及分析

（1）操作系统引导介绍

首先，我们看一下操作系统启动部分的执行流程。当PC的电源打开以后，80x86结构的CPU将自动进入实模式，并从地址0xFFFF0开始自动执行程序代码，这个地址通常是BIOS中的地址。PC的BIOS将执行某些系统的硬件检测，并在物理地址0处开始初始化中断向量。此后，计算机将可启动设备的第一个扇区（磁盘引导扇区，512字节）读入内存绝对地址0x7C00处，并跳转到这个地方。

现在假定机器在BIOS自检完成后，选择从软盘启动，那么计算机就会检查软盘的0面0磁道1扇区，如果发现磁盘以0xAA55结束，则计算机就会认为这是一个引导扇区，此时计算机将这512个字节的内容装载到内存地址0000:7c000处，然后跳转到0000:7c000处将控制权彻底交给这段引导代码。从此，计算机不再由固化在主板上的BIOS的程序控制，而变成由操作系统的一部分来控制。

（2）从计算机组成原理看操作系统引导

一个操作系统源代码中通常就会包含大约10%的起关键作用的汇编语言代码。为了便于大家理解，我们从最为熟悉的桌面PC平台，开始讲解。

首先让我们看一下，下面一段的汇编代码：

```
org 07c00h
mov ax, cs
mov ds, ax
mov es, ax
```

上述的汇编代码完成这样的功能，其中汇编指令org 07c00h就是告诉编译器程序，将这段代码加载到7c00处，这样在计算机自检完成后就可以访问我们的程序了。那么，考虑一下，我们如何验证，我们的代码被计算机读取并开始工作呢？如果能让计算机显示诸如“hello world”的字样可以吗？这就要求我们实现字符加载的功能。

在开机的默认状态下，显示器处于 80×25 的文本模式。显存的范围是 0xB8000 到 0xBFFFF，共计 32KB。每两个字节代表一个字符，其中低字节表示字符的 ASCII 码，高字节表示字符属性。一个屏幕总共可以显示 25 行，每行 80 个字符。我们可以使用 BIOS 的显示中断完成显示。

INT 10H 是由 BIOS 对屏幕及显示器所提供的服务程序。使用 INT 10H 中断服务程序时，先指定 AH 寄存器为表 A-1 所示编号其中之一，该编号表示欲调用的功用，而其他寄存器的详细说明，参考表后文字，当一切设定好之后再调用 INT 10H。

如果要清除屏幕，我们可以使用：

```
mov ah, 06h          ; 屏幕初始化或上卷
mov aL, 00h          ; AH = 6,   AL = 0h
mov bx, 01111h       ; 设置底色为蓝色
mov cx, 0            ; 左上角开始: (0, 0)
mov dl, 4fh          ; 到第 x 列
mov dh, 1fh          ; 到第 x 行
int 10h              ; 显示中断
```

如果要显示一个字符，我们可以使用：

```
;显示字符
  mov ah, 09h
  mov al, 'O'
  mov cx, 1
  mov bx, 0014h        ; 页号为 0(BH = 0)  蓝底红字(BL = 14h)
  int 10h              ; 显示中断
```

表 A-1 是它们的说明

表 A-1　BIOS INT 10 号说明表

AH	功　能	调 用 参 数	返回参数 / 注释
1	置光标类型	(CH) 0—3 = 光标开始行 (CL) 0—3 = 光标结束行	
2	置光标位置	BH = 页号 DH = 行 DL = 列	
3	读光标位置	BH = 页号	CH = 光标开始行 CL = 光标结束行 DH = 行 DL = 列
4	置显示页	AL = 显示页号	
5	屏幕初始化或上卷		
6	屏幕初始化或上卷	AL = 上卷行数 AL =0 全屏幕为空白 BH = 卷入行属性 CH = 左上角行号 CL = 左上角列号	

续表

		DH＝ 右下角行号 DL＝ 右下角列号	
7	屏幕初始化或下卷	AL＝ 下卷行数 AL＝0 全屏幕为空白 BH＝ 卷入行属性 CH＝ 左上角行号 CL＝ 左上角列号 DH＝ 右下角行号 DL＝ 右下角列号	
8	读光标位置的属性和字符	BH＝ 显示页	AH＝ 属性 AL＝ 字符
9	在光标位置显示字符及其属性	BH＝ 显示页 AL＝ 字符 BL＝ 属性 CX＝ 字符重复次数	
A	在光标处只显示字符	BH＝ 显示页 AL＝ 字符 CX＝ 字符重复次数	
E	显示字符(光标前移)	AL＝ 字符 BL＝ 前景色	光标跟随字符移动
13	显示字符串	ES:BP＝ 串地址 CX＝ 串长度 DH，DL＝ 起始行列 BH＝ 页号 AL＝0，BL＝ 属性 串：char，char，……，char AL＝1，BL＝ 属性 串：char，char，……，char AL＝2 串：char，attr，…… AL＝3 串：char，attr，……	光标返回起始位置 光标跟随移动 光标返回起始位置 光标跟随串移动

（3）动手实践

在实现一个简单的操作系统时，我们是不可能拿一台真正的机器做实验的，一是很少人有这个条件，还有就是那样做比较麻烦。所以我们使用虚拟机来模拟一台真实的计算机，这样我们就能直接用虚拟机加载软盘镜像来启动了。

在 Windows 下有很多虚拟机软件，如 Virtual PC、Vmware 和 Bochs 等。其中微软公司推出的 Virtual PC2007 已经提供了免费下载，同时 Bochs 系统调试功能非常强大，我们将这两个平台作为主要的实现平台。

Virtual PC 做演示，而 Bochs 主要用做调试。今天的实验我们主要使用 Bochs 虚拟机，下面给出一些虚拟机设置的指导。

Bochs 是一种开源且高度可移植的 IA-32(x86)PC 模拟器，用 C++语言写成，能够在大部分常见的平台上运行。它包括了对 Intel x86 CPU、通用 I/O 设备和定制 BIOS 的模拟。通常情况下，Bochs 能够被编译成模拟 386、486 或者 Pentium CPU。Bochs 能够模拟运行大部分的操作系统，包括 Linux、DOS 和 Windows。

Bochs 的下载可以通过“http://bochs.sourceforge.net”访问，如图 A-14 所示：

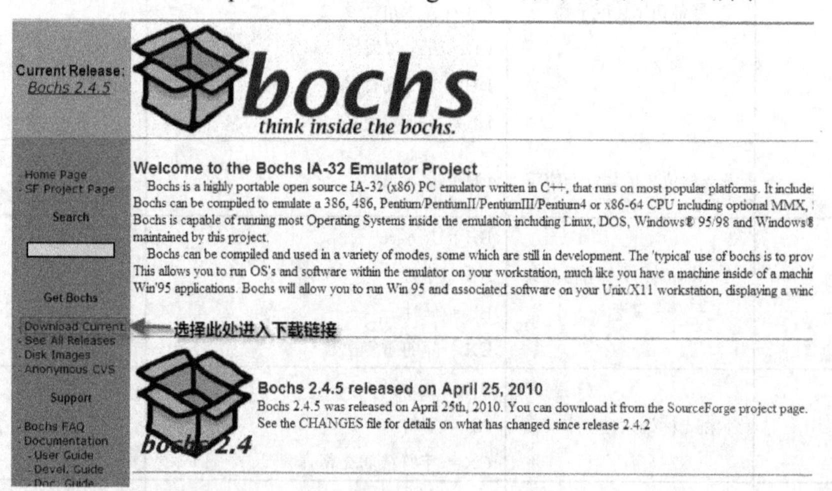

图 A-14　Bochs 下载链接

接下来，会导航到 Bochs 的发行界面，如图 A-15 所示。

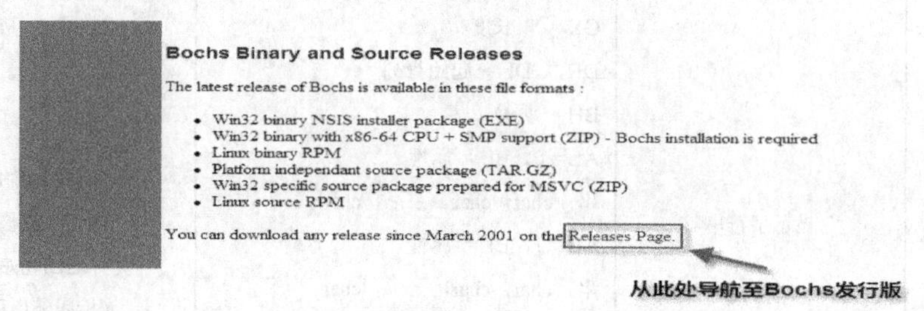

图 A-15　Bochs 发行导航

最后，进入下载界面，如果是 Windows 平台，选择 exe 格式即可，如图 A-16 所示。

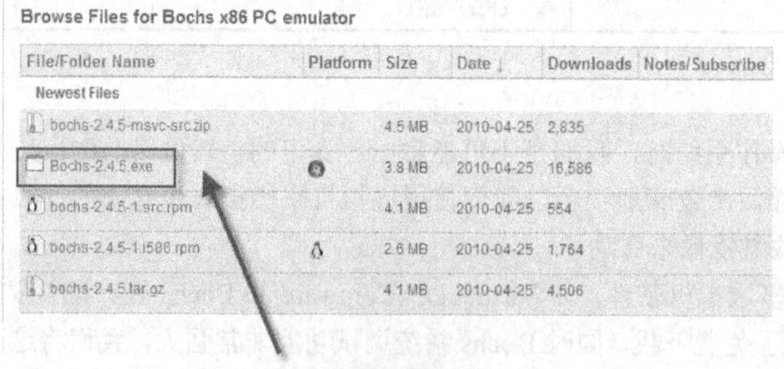

图 A-16　Windows 版本的 Bochs

下载完毕之后，按照提示进行安装即可（安装时建议将自带的“DLX LINUX Demo”选中，这样可以有利于我们参考 Bochs 的安装文件）。

其次，需要下载的工具是汇编编译器 nasm。类似地，我们可以到 NASM 的官方网站下载，当前最新版本为 2.09，参考网址为，http://www.nasm.us/pub/nasm/releasebuilds/2.09rc6/win32/nasm-2.09rc6-installer.exe。

下载完毕之后，按照提示进行安装即可。

最后，由于我们是在虚拟机上进行试验，还需要一个虚拟软盘读写工具，这里使用“dd for windows”，下载地址为 http://www.chrysocome.net/download/ dd-0.5.zip。

直接解压即可。

（4）引导扇区编写显示字符串的引导程序（参考）

```
ORG 7c00h                  ; 告诉编译器，在 7c00 处加载程序
  mov ax, cs
  mov ds, ax
  mov es, ax
  ; 清屏
  mov ah, 06h              ; 屏幕初始化或上卷
  mov aL, 00h              ; AH = 6,  AL = 0h
  mov cx, 0                ; 左上角开始: (0, 0)
  mov dl, 4fh              ; 到第 x 列
  mov dh, 1fh              ; 到第 x 行
  int 10h                  ; 显示中断
  ; 显示字符串
  mov ax,&Msg
  mov bp,ax                ; es:bp=串地址
  mov ah, 13h              ; AH:13 显示字符串
  mov al, 1h               ; AH = 13,  AL = 01h
  mov bx, 000Bh            ; 页号为 0(BH = 0) 黑底青字(BL = 0Bh)
  mov cx, MsgLngth         ; CX = 串长度
  mov dl, 00h              ; 起始列
  mov dh, 00h              ; 起始行
  int 10h                  ; 显示中断
Msg:  db "Welcome To OS World ^-^";
```

首先，我们将上述代码使用记事本编写，并保存为 boot.asm。接下来我们使用 nasm 对上述代码进行编译。

在开始菜单中，选中运行，在运行中输入 cmd，打开命令行菜单，如图 A-17 所示。

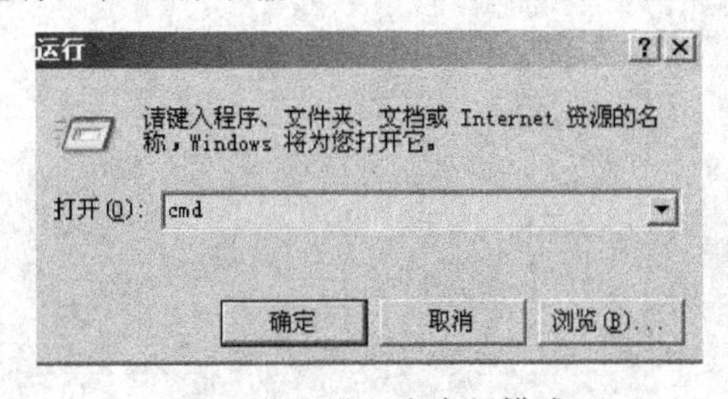

图 A-17　进入命令行模式

在命令行状态下，切换到 nasm 的安装目录，在笔者的计算机中 nasm 的安装路径为 D:\Program_Files\nasm-2.05rc2，我们使用如下的 DOS 命令：

```
cd D:\Program_Files\nasm-2.05rc2
```

执行命令后显示内容如图 A-18 所示。

提示：安装路径中最好不要有空格或中文。

```
C:\WINDOWS\system32\cmd.exe
Microsoft Windows XP [版本 5.1.2600]
(C) 版权所有 1985-2001 Microsoft Corp.

C:\Documents and Settings\Administrator>cd D:\Program_Files\nasm-2.05rc2

C:\Documents and Settings\Administrator>
```

图 A-18　切换工作目录演示

此时，我们的工作目录仍然是逻辑盘符 C，我们输入“D:”，即可到达 nasm 目录，如图 A-19 所示。

```
C:\WINDOWS\system32\cmd.exe
Microsoft Windows XP [版本 5.1.2600]
(C) 版权所有 1985-2001 Microsoft Corp.

C:\Documents and Settings\Administrator>cd D:\Program_Files\nasm-2.05rc2

C:\Documents and Settings\Administrator>D:

D:\Program_Files\nasm-2.05rc2>
```

图 A-19　进入 nasm 目录

这是因为我们需要启动 nasm 才能将 boot.asm 代码编译成为可执行代码，将刚刚编写好的 boot.asm 复制到 nasm 目录下，输入如下命令：

```
nasm boot.asm -o boot.bin
```

在虚拟机中，我们是使用虚拟文件 IMG 来模拟软盘的，所以需要使用 Bochs 帮助我们生成一个 IMG 文件。

第一步，在命令行方式下切换到 Bochs 目录。

第二步，输入“bximage”，这是 Bochs 自带的生成 IMG 文件的工具，在交互中输入“fd”以外，其余直接按回车键就可以得到一个名为 a.img 的文件，如图 A-20 所示。

```
D:\Program Files\Bochs-2.1.1>bximage
========================================================================
                                bximage
                  Disk Image Creation Tool for Bochs
        $Id: bximage.c,v 1.19 2003/08/01 01:20:00 cbothamy Exp $
========================================================================

Do you want to create a floppy disk image or a hard disk image?
Please type hd or fd. [hd] fd

Choose the size of floppy disk image to create, in megabytes.
Please type 0.36, 0.72, 1.2, 1.44, or 2.88. [1.44]
I will create a floppy image with
  cyl=80
  heads=2
  sectors per track=18
  total sectors=2880
  total bytes=1474560   这里输入fd,表示生成虚拟软盘，其他保持默认即可

What should I name the image?
[a.img]

Writing: [] Done.
```

图 A-20　使用 bximage 生成虚拟软盘

接下来，将得到 a.img 文件复制到“dd for windows”的安装目录。同样的，我们将编译成功得到的 boot.bin 复制至“dd for windows”的安装目录，在命令行状态下切换到该目录，输入如下命令：

```
dd if=boot.bin of=a.img bs=512 count=1
```

就将我们的可执行文件复制至 a.img 虚拟软盘中，启动 Virtual PC。在首次进入 Virtual PC 时，我们需要生成一个虚拟机：

首先，系统会启动“新建虚拟机向导（New Virtual Machine Wizard）”，询问是否使用向导一步步创建新的虚拟机。这里选择“Create a virtual machine”，单击 Next 按钮，如图 A-21 所示。

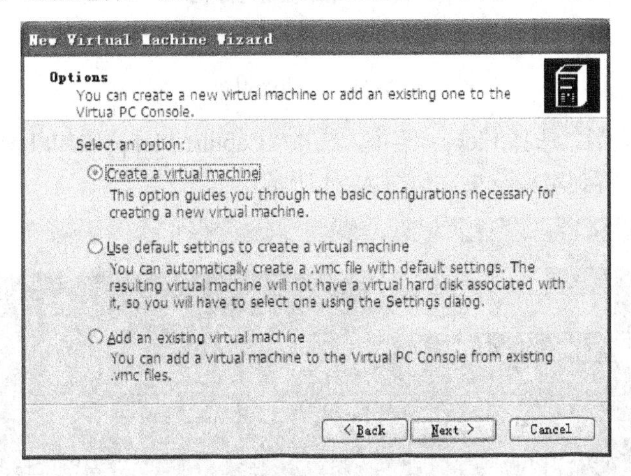

图 A-21　设置 Virtual PC 虚拟机

接下来，系统会提问将虚拟机文件存放在哪个位置，我们选择虚拟机的存放路径如图 A-22 所示，其他均保持默认即可。

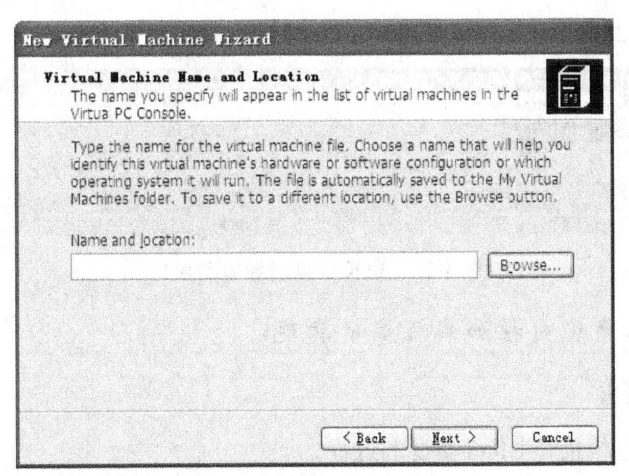

图 A-22　设置存放虚拟机文件路径

当虚拟设置完毕，单击 Start 按钮，启动虚拟机，如图 A-23 所示。

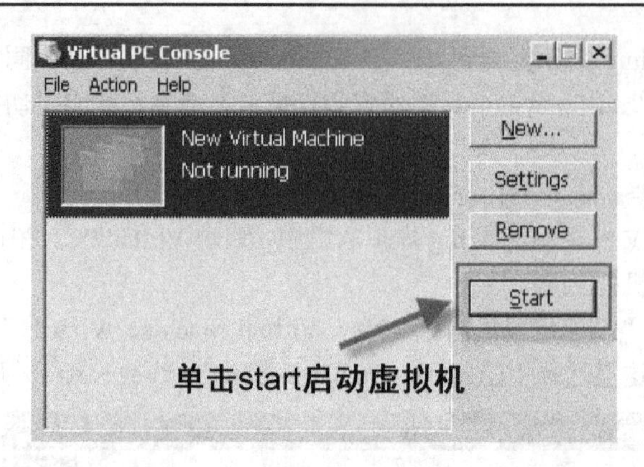

图 A-23　启动虚拟机

等待虚拟机启动之后，选择 Floppy 菜单，选择“Capture Floppy Disk Image”将虚拟软盘镜像文件 a.img 插入，即可得到实验结果，如图 A-24 所示。

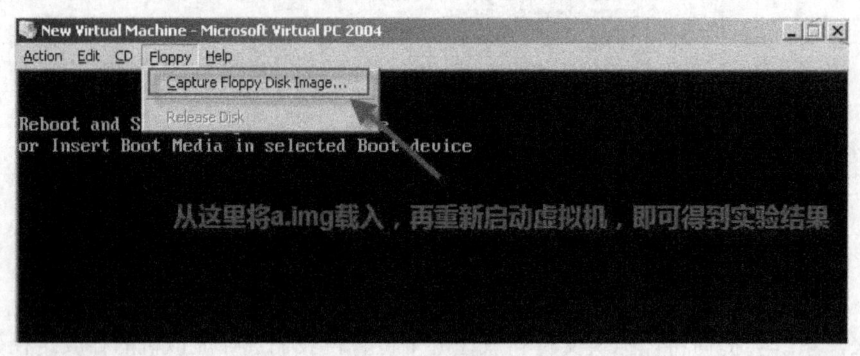

图 A-24　载入虚拟镜像

实验结果如图 A-25 所示。

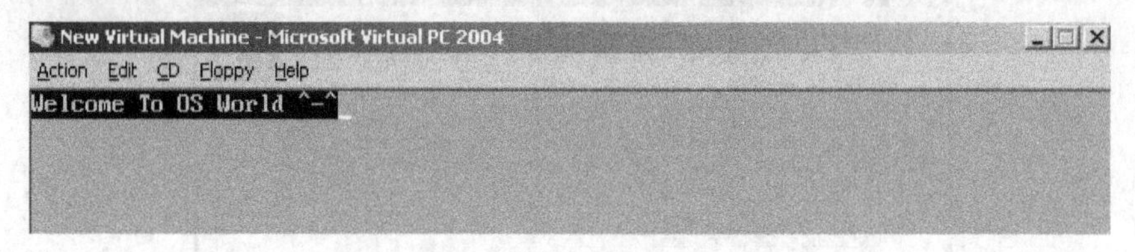

图 A-25　虚拟软盘引导启动成功

实验 10　操作系统内核加载程序的实现

1. 实验目的和要求

模仿并实现操作系统接管 BIOS 资源的过程。

2. 实验内容

（1）了解引导过程的内存分布。
（2）理解 FAT32 文件格式。
（3）能够加载操作系统程序进入内核态。

3．实验环境

（1）Windows 系列或 Linux 系列。

（2）C/C++语言。

4．相关数据结构与算法

使用 8086 汇编语言完成操作系统的引导。

5．实验运行结果及分析

（1）操作系统加载介绍

那么需要加载的程序如何实现呢？我们来看看现行的一种解决方案——Boot Loader。所谓 Boot Loader 就是在操作系统内核运行之前运行的一段小程序。通过这段小程序，可以初始化硬件设备、建立内存空间的映射图，从而将系统的软硬件环境带到一个合适的状态，以便为最终调用操作系统内核做好一切准备。仿造 Boot Loader，我们可以这样做简化设计：在使用某种文件系统对软盘格式化之后，可以像普通软盘一样使用它来存储多个文件和目录，为了使用软盘上的文件，给启动扇区的代码加上寻找文件和加载执行文件功能，让启动扇区将系统控制权转移给软盘上的某个文件，这样突破启动扇区 512 字节大小的限制。

（2）从操作系统加载看计算机资源的接管

从上面的描述可以知道，引导程序需要将存在于磁盘上的操作系统读入内存，因此这里不得不再讲一讲，怎样不通过操作系统（因为现在还没有操作系统）去读磁盘磁区。一般来说，这有两种方法可以实现，一种是直接读写磁盘的 I/O 端口，一种是通过 BIOS 中断实现。前一种方法是最底层的方法（后一种方法也是在它的基础上实现的），具有极高的灵活性，可以将磁盘上的内容读到内存中的任意地方，但编程复杂。第二种方法是前一种方法稍微高层一点的实现，牺牲了一点灵活性，例如，它不能把磁盘上的内容读到 0x0000:0x0000 ～ 0x0000:0x03FF 处。为什么不能读到此处呢？这里我们将不得不描述一下 CPU 在加电后的中断处理机制。当由中断信号产生时，中断信号通过“中断地址形成部件”产生一个中断向量地址，此向量地址其实就是指向一个实际内存地址的指针，而这个实际内存地址中往往安排一条跳转指令（jmp）跳转到实际处理此中断的中断服务程序中去执行。这一块专门用于处理中断跳转的内存就被称为中断向量表。在内存中这块中断向量表被放在什么地方的呢？而实际的中断处理程序又在什么地方的呢？

在 CPU 被加电的时候，最初的 1MB 的内存，是由 BIOS 为我们安排好了的，每一字节都有特殊的用处，如表 A-2 所示。

表 A-2　BIOS 系统的内存安排

系统的内存安排	
0x00000～0x003FF	中断向量表
0x00400～0x004FF	BIOS 数据区
0x00500～0x07BFF	自由内存区
0x07C00～0x07DFF	引导程序加载区
0x07E00～0x9FFFF	自由内存区
0xA0000～0xBFFFF	显示内存区
0xC0000～0xFFFFF	BIOS 中断处理程序区

从表 A-2 可以看出，由于 0x00000～0x003FF 是中断向量表所在，因此不能将磁盘从操作系统读到此处，因为这样会覆盖中断向量表，就无法再通过 BIOS 中断读取磁盘内容了。

同时，要读取磁盘扇区，需要使用 BIOS 的 13 号中断，13 号中断会将几个寄存器的值作为其参数，因此我们在调用 13 号中断的过程中需要首先设置寄存器。那么应当怎样设置寄存器呢？会用到哪些寄存器呢？

AH 寄存器：存放功能号，为 2 的时候，表示使用读磁盘功能。

DL 寄存器：存驱动器号，表示欲读哪一个驱动器。

CH 寄存器：存磁头号，表示欲读哪一个磁头。

CL 寄存器：存扇区号，表示欲读的起始扇区。

AL 寄存器：存计数值，表示欲读入的扇区数量。

在设置了这几个寄存器后，我们就可以使用 INT 13 这条指令调用 BIOS 13 号中断读取指定的磁盘扇区，它将磁盘扇区读入 ES:BX 处。

（3）动手实践

现在我们来编写一个简单的符合 FAT12 格式的引导程序，用它来领略一下程序的力量，并以此来敲开操作系统神秘的大门。现在来看看这个简单的引导源程序，使用的 NASM 语法：

```
;-----------------------------------------------------------------------
;名称：boot.asm
;用途：符合 FAT12 格式的引导程序
;-----------------------------------------------------------------------

    org 07c00h
    jmp short start

    nop
    NJIT_Logo: db 'NJIT.edu'
    BPB_BytsPerSec: dw 512
    BPB_SecPerClus: db 1
    BPB_RsvdSecCnt: dw 1
    BPB_NumFATs: db 2
    BPB_RootEntCnt: dw 0e0h
    BPB_TotSec16: dw 0b40h
    BPB_Media: db 0F0h
    BPB_FATSz16: dw 9
    BPB_SecPerTrk: dw 12h
    BPB_NumHeads: dw 2
    BPB_HiddSec: dd 0
    BPB_TotSec32: dd 0
    BS_DrvNum: db 0
    BS_Reserved1: db 0
    BS_BootSig: db 29h
```

```
    BS_VolID: dd 0
    BS_VolLab: db '           '
    BS_FileSysType: db 'FAT12   '
start:

    mov ax,cs
    mov ds,ax
    mov es,ax
    mov ax, NJIT_Logo
    mov bp,ax
    mov cx,8
    mov ax,01301h
    mov bx,0ch
    mov dl,0
    int 10h
    jmp $
times 510-($-$$) db 0
    dw 0aa55h
```

程序非常的简单，首先是使用 org 07c00h 使程序加载到 07c00h 处，因为 BIOS 在搜索引导扇区的时候，会把有效的启动扇区(512B)加载到 07c00h 处，然后再跳转到这里继续引导操作系统。

代码的开始将 ds 数据寄存器和 es 附加数据寄存器的值设置为 cs 代码寄存器的值相同，即为 07c00h，然后调用 int10h 中断打印 NJIT_Logo 字符串。显示字符串后的代码是 jmp $，$表示汇编后的当前行地址，也就是死循环。这里只是将上次引导程序做了简单的扩展，使得这个软盘符合 FAT12 文件格式罢了。对于 FAT 12 文件格式详情请参见相关内容。

现在我们的软盘已经是 FAT12 的文件格式了，接下来，需要做的就是利用 BIOS 中断读取软盘，将“操作系统”加载进入内存。为做测试用，我们写一个最小的程序，让它显示一个字符，然后进入死循环，这样如果 loader 加载成功并成功执行的话，就能看到这个字符。新建一个文件 loader.asm，内容如下：

```
mov ax, 0B800h
mov gs, ax
mov ah, 0Fh                ; 0000: 黑底    1111: 白字
mov al, 'O'
mov [gs:((80 * 0 + 39) * 2)], ax    ; 屏幕第 0 行, 第 39 列。
```

在 boot.asm 添加如下代码：

```
LABEL_START:
    mov ax, cs
    mov ds, ax
    mov es, ax
    mov ss, ax
    mov sp, BaseOfStack

    xor ah, ah  ; ┓
    xor dl, dl  ; ┣ 软驱复位
    int 13h ;     ┛
```

```
; 下面在 A 盘的根目录寻找 LOADER.BIN
    mov word [wSectorNo], SectorNoOfRootDirectory
LABEL_SEARCH_IN_ROOT_DIR_BEGIN:
    cmp word [wRootDirSizeForLoop], 0; ┐
    jz  LABEL_NO_LOADERBIN     ;         ├ 判断根目录区是不是已经读完
    dec word [wRootDirSizeForLoop] ;   ┘ 如果读完表示没有找到 LOADER.BIN
    mov ax, BaseOfLoader
    mov es, ax          ; es <- BaseOfLoader
    ; bx <- OffsetOfLoader 于是, es:bx = BaseOfLoader:OffsetOfLoader
mov bx, OffsetOfLoader
    mov ax, [wSectorNo] ; ax <- Root Directory 中的某 Sector 号
    mov cl, 1

    call    ReadSector

    mov si, LoaderFileName  ; ds:si -> "LOADER  BIN"
; es:di -> BaseOfLoader:0100 = BaseOfLoader*10h+100
    mov di, OffsetOfLoader
    cld
    mov dx, 10h
LABEL_SEARCH_FOR_LOADERBIN:
    cmp dx, 0                                  ; ┐ 循环次数控制,
    jz  LABEL_GOTO_NEXT_SECTOR_IN_ROOT_DIR;如果已经读完了一个 Sector,
    dec dx                                     ; ┘ 就跳到下一个 Sector
    mov cx, 11
LABEL_CMP_FILENAME:
    cmp cx, 0
    jz  LABEL_FILENAME_FOUND    ; 如果比较了 11 个字符都相等, 表示找到
dec cx
    lodsb                       ; ds:si -> al
    cmp al, byte [es:di]
    jz  LABEL_GO_ON
    jmp LABEL_DIFFERENT       ; 只要发现不同的字符就表明 DirectoryEntry
                              ; 不是我们要找的 LOADER.BIN
LABEL_GO_ON:
    inc di
    jmp LABEL_CMP_FILENAME  ;   继续循环

LABEL_DIFFERENT:
    and di, 0FFE0h                  ; else ┐    di &= E0 让它指向本条目开头
    add di, 20h                     ;      │
    mov si, LoaderFileName          ;      ├ di += 20h  下一个目录条目
    jmp LABEL_SEARCH_FOR_LOADERBIN ;      ┘

LABEL_GOTO_NEXT_SECTOR_IN_ROOT_DIR:
    add word [wSectorNo], 1
```

```
    jmp LABEL_SEARCH_IN_ROOT_DIR_BEGIN

LABEL_NO_LOADERBIN:
    mov dh, 2              ; "No LOADER."
    call    DispStr            ; 显示字符串
%ifdef  _BOOT_DEBUG_
    mov ax, 4c00h          ;    ┓
    int 21h                ; ┛ 没有找到 LOADER.BIN, 回到 DOS
%else
    jmp $              ; 没有找到 LOADER.BIN, 死循环在这里
%endif

LABEL_FILENAME_FOUND:          ; 找到 LOADER.BIN 后便来到这里继续
    jmp $                        ; 代码暂时停在这里



;=================================================================
;变量
;-----------------------------------------------------------------------
; Root Directory 占用的扇区数, 在循环中会递减至零
wRootDirSizeForLoop dw  RootDirSectors
wSectorNo       dw  0                   ; 要读取的扇区号
bOdd            db  0                   ; 奇数还是偶数

;=================================================================
;字符串
;-----------------------------------------------------------------------
LoaderFileName  db  "LOADER  BIN", 0    ; LOADER.BIN 之文件名
; 为简化代码, 下面每个字符串的长度均为 MessageLength
MessageLength   equ 9
BootMessage:    db  "Booting  "; 9字节, 不够则用空格补齐. 序号 0
Message1        db  "Ready.   "; 9字节, 不够则用空格补齐. 序号 1
Message2        db  "No LOADER"; 9字节, 不够则用空格补齐. 序号 2
;=================================================================
;-----------------------------------------------------------------------
; 函数名: DispStr
;-----------------------------------------------------------------------
; 作用:
; 显示一个字符串, 函数开始时 dh 中应该是字符串序号(0-based)
DispStr:
    mov ax, MessageLength
    mul dh
    add ax, BootMessage
    mov bp, ax              ; ┓
    mov ax, ds              ; ┣ ES:BP = 串地址
    mov es, ax              ; ┛
```

```
    mov cx, MessageLength  ; CX = 串长度
    mov ax, 01301h       ; AH = 13, AL = 01h
    mov bx, 0007h        ; 页号为0(BH = 0) 黑底白字(BL = 07h)
    mov dl, 0
    int 10h          ; int 10h
    ret


;----------------------------------------------------------------------
; 函数名: ReadSector
    ; 设扇区号为 x
    ;                          ┌ 柱面号 = y >> 1
    ;       x             ┌ 商 y ┤
    ; --------------        => ┤      └ 磁头号 = y & 1
    ;  每磁道扇区数        │
    ;                     └ 余 z => 起始扇区号 = z + 1
    push    bp
    mov bp, sp
    sub esp, 2       ; 辟出两个字节的堆栈区域保存要读的扇区数: byte [bp-2]

    mov byte [bp-2], cl
    push    bx           ; 保存 bx
    mov bl, [BPB_SecPerTrk] ; bl: 除数
    div bl           ; y 在 al 中, z 在 ah 中
    inc ah           ; z ++
    mov cl, ah       ; cl <- 起始扇区号
    mov dh, al       ; dh <- y
    shr al, 1        ; y >> 1 (其实是 y/BPB_NumHeads, 这里 BPB_NumHeads=2)
    mov ch, al       ; ch <- 柱面号
    and dh, 1        ; dh & 1 = 磁头号
    pop bx           ; 恢复 bx
        ; 至此, "柱面号, 起始扇区, 磁头号" 全部得到 ^^^^^^^^^^^^^^^^^^
    mov dl, [BS_DrvNum]    ; 驱动器号 (0 表示 A 盘)
.GoOnReading:
    mov ah, 2
    mov al, byte [bp-2]       ; 读 al 个扇区
    int 13h
    jc  .GoOnReading;如果读取错误 CF 会被置为 1, 这时不停地读, 直到正确为止

    add esp, 2
    pop bp

    ret

times   510-($-$$)  db  0;    填充剩下的空间, 使生成的二进制代码恰好为 512 字节
dw  0xaa55          ;     结束标志
```

附录B　操作系统课程设计参考案例

案例1　多线程编程解决进程间同步和互斥问题的实现

1. 设计要求

编写程序实现并发线程之间的同步和互斥问题。

线程间的互斥：并发执行的线程共享某些类临界资源，对临界资源的访问应当采取互斥的机制。

线程间的同步：并发执行的线程间通常存在相互制约的关系，线程必须遵循一定的规则来执行，同步机制可以协调相互制约的关系。

可选题目：生产者-消费者问题、键盘输入-屏幕输出问题等多线程并发执行问题。

2. 功能设计要求

在掌握基本的算法理论原理的基础上，能够选取合适的语言和开发工具，编写程序将线程间同步与互斥的机制动态的演示出来。具体功能主要包括以下几个。

（1）多线程编程技术：能够创建多个线程，分别负责完成相应功能。

（2）线程之间的同步与互斥：运用同步与互斥技术实现线程之间的竞争和协作关系。

（3）界面设计：要求有图形界面，能够直观地了解各个线程的运行效果，可以用数字或图形的方式表示出来。

3. 程序设计

（1）线程间互斥。

分析问题，创建多个线程，找出临界资源，划出正确的临界区，根据互斥机制的操作模式，编写程序。

互斥机制的操作模式：

```
p(mutex);/*关锁*/
```

临界区的操作；

```
v(mutex);/*开锁*/
```

（2）线程间同步。

分析问题，创建多个线程，分析线程间的同步问题，设计多个同步信号量表达相应的同步关系，然后编写程序。

4. 参考程序

```
#include <windows.h>
#include <iostream>
```

```
    const unsigned short SIZE_OF_BUFFER = 10; //缓冲区长度
    unsigned short ProductID = 0;     //产品号
    unsigned short ConsumeID = 0;     //将被消耗的产品号
    unsigned short in = 0;       //产品进缓冲区时的缓冲区下标
    unsigned short out = 0;       //产品出缓冲区时的缓冲区下标
    int g_buffer[SIZE_OF_BUFFER];     //缓冲区是个循环队列
    bool g_continue = true;       //控制程序结束
    HANDLE g_hMutex;        //用于线程间的互斥
    HANDLE g_hFullSemaphore;      //当缓冲区满时迫使生产者等待
    HANDLE g_hEmptySemaphore;      //当缓冲区空时迫使消费者等待
    DWORD WINAPI Producer(LPVOID);     //生产者线程
    DWORD WINAPI Consumer(LPVOID);     //消费者线程
    int main()
    {
        //创建各个互斥信号
        g_hMutex = CreateMutex(NULL,FALSE,NULL);
    g_hFullSemaphore = CreateSemaphore(NULL,SIZE_OF_BUFFER-1,
    SIZE_OF_BUFFER-1,NULL);
        g_hEmptySemaphore = CreateSemaphore(NULL,0,SIZE_OF_BUFFER-1,NULL);
        //调整下面的数值，可以发现，当生产者个数多于消费者个数时，
        //生产速度快，生产者经常等待消费者；反之，消费者经常等待
        const unsigned short PRODUCERS_COUNT = 3;  //生产者的个数
        const unsigned short CONSUMERS_COUNT = 1;  //消费者的个数
        //总的线程数
        const unsigned short THREADS_COUNT = PRODUCERS_COUNT+CONSUMERS_COUNT;
        HANDLE hThreads[PRODUCERS_COUNT]; //各线程的handle
        DWORD producerID[CONSUMERS_COUNT]; //生产者线程的标识符
        DWORD consumerID[THREADS_COUNT]; //消费者线程的标识符
        //创建生产者线程
        for (int i=0;i<PRODUCERS_COUNT;++i){
            hThreads[i]=CreateThread(NULL,0,Producer,NULL,0,&producerID[i]
);
            if (hThreads[i]==NULL) return -1;
        }
        //创建消费者线程
        for (int i=0;i<CONSUMERS_COUNT;++i){
            hThreads[PRODUCERS_COUNT+i]=CreateThread(NULL,0,Consumer,NULL,
    0,&consumerID[i]);
            if (hThreads[i]==NULL) return -1;
        }
        while(g_continue){
            if(getchar()){ //按回车键后终止程序运行
                g_continue = false;
            }
        }
        return 0;
    }
```

```
//生产一个产品。简单模拟了一下，仅输出新产品的 ID 号
void Produce()
{
    std::cerr << "Producing " << ++ProductID << " ... ";
    std::cerr << "Succeed" << std::endl;
}
//把新生产的产品放入缓冲区
void Append()
{
    std::cerr << "Appending a product ... ";
    g_buffer[in] = ProductID;
    in = (in+1)%SIZE_OF_BUFFER;
    std::cerr << "Succeed" << std::endl;
    //输出缓冲区当前的状态
    for (int i=0;i<SIZE_OF_BUFFER;++i){
        std::cout << i <<": " << g_buffer[i];
        if (i==in) std::cout << " <-- 生产";
        if (i==out) std::cout << " <-- 消费";
        std::cout << std::endl;
    }
}
//从缓冲区中取出一个产品
void Take()
{
    std::cerr << "Taking a product ... ";
    ConsumeID = g_buffer[out];
    out = (out+1)%SIZE_OF_BUFFER;
    std::cerr << "Succeed" << std::endl;
    //输出缓冲区当前的状态
    for (int i=0;i<SIZE_OF_BUFFER;++i){
        std::cout << i <<": " << g_buffer[i];
        if (i==in) std::cout << " <-- 生产";
        if (i==out) std::cout << " <-- 消费";
        std::cout << std::endl;
    }
}
//消耗一个产品
void Consume()
{
    std::cerr << "Consuming " << ConsumeID << " ... ";
    std::cerr << "Succeed" << std::endl;
}
//生产者
DWORD  WINAPI Producer(LPVOID lpPara)
{
    while(g_continue){
        WaitForSingleObject(g_hFullSemaphore,INFINITE);
```

```
            WaitForSingleObject(g_hMutex,INFINITE);
            Produce();
            Append();
            Sleep(1500);
            ReleaseMutex(g_hMutex);
            ReleaseSemaphore(g_hEmptySemaphore,1,NULL);
        }
        return 0;
    }
    //消费者
    DWORD  WINAPI Consumer(LPVOID lpPara)
    {
        while(g_continue){
            WaitForSingleObject(g_hEmptySemaphore,INFINITE);
            WaitForSingleObject(g_hMutex,INFINITE);
            Take();
            Consume();
            Sleep(1500);
            ReleaseMutex(g_hMutex);
            ReleaseSemaphore(g_hFullSemaphore,1,NULL);
        }
        return 0;
    }
```

5. 结果分析

通过运行多线程并发执行，观察运行的效果，分析互斥与同步的运行效果。在互斥机制下，能否同时访问临界资源；在同步机制下，线程的执行是否存在固定的协调次序，如何修改程序来控制线程的协调运行？

案例 2　固定分区/可变分区管理算法的模拟

1. 设计要求

编写程序实现固定分区/可变分区管理算法。

固定分区存储管理：静态地把可分配的主存储器空间分割成若干个连续区域。每个区域的位置固定，但大小可以相同也可以不同，每个分区在任何时刻只装入一道程序执行。

可变分区存储管理：按作业的大小来划分分区，但划分的时间、大小、位置都是动态的。

可选题目：固定分区/可变分区管理算法中常用算法，如最先适应、下次适应、最优适应、最坏适应等算法。

2. 功能设计要求

在掌握基本的算法理论原理的基础上，能够选取合适的语言和开发工具，编写程序将固定分区/可变分区管理算法动态的演示出来。具体功能主要包括以下几个。

（1）数据结构：定义合适的数据结构，描述存储空间中各分区情况。

（2）算法：选择算法完成存储空间的分配和去配。

3. 程序设计

数据结构：以可变分配算法为例，主要包括已分配区表和未分配区表。

分区号	起始地址	长度	标志
1	4KB	6KB	JOB1
2	46KB	6KB	JOB1

(已分配区表)

分区号	起始地址	长度	标志
1	10KB	36KB	未分配
2	52KB	76KB	未分配

(未分配区表)

4. 参考程序

（1）设置初始状态的已分配区表和未分配区表，并输入申请作业的情况：采用两个二维数组分别存放已分配区表和未分配区表的初始数据。

（2）利用一次循环查找满足条件的空闲区，然后分别修改两张表的内容。

（3）按地址从小到大对两张表进行排序，为下次查找做准备。

（4）输出当前已分配区表和未分配区表的内容，并输入下次要访问的作业情况。

（5）流程回到第（2）步循环执行。

对上述算法中的第(3)步进行修改，将已分配区表和未分配区表按长度大小从小到大排序后，就可以将上面的最先适应算法修改为最优适应算法。

5. 结果分析

通过提交作业道数的增加，运行程序观察随着作业增多，哪种算法内存分配效率更高？

案例3　页面置换算法的模拟

1. 设计要求

编写程序实现页面置换算法中常用的FIFO（先进先出）、LRU（最近最少用）。

FIFO页面置换算法：基于程序总是按线性顺序来访问物理空间的机理，该算法总是淘汰最先调入主存的那一页，或者说在主存中驻留时间最长的那一页。

LRU页面置换算法：该算法淘汰的页面是在最近一段时间里较久未被访问的那一页，它是根据程序执行时的局部性原理而设计的。

2. 功能设计要求

在掌握基本的算法理论原理的基础上，能够选取合适的语言和开发工具，编写程序将虚拟存储管理中页面置换算法的机制动态的演示出来。具体功能主要包括以下几个。

（1）数据结构的定义：采用合适的数据结构描述页表。

（2）页面置换：采用选定的页面置换算法来模拟管理页表中页的置换过程。

（3）界面设计：要求有图形界面，能够直观地了解页面置换的过程，能够给出当前被置换出的页号，以及总的缺页次数。

3. 程序设计

（1）FIFO 页面置换算法。

4*	4*	4*	3*	3*
	3	3	0	0
		0	1	1
√	√	√	√	

定义一个二维数组，行数表示系统分配给该作业的页架数，列数表示作业的页面访问序列的次数。算法可以设计：二维数组中每列的第一个数字表示的页面是当前最先进入主存的页面，意思就是说如果发生缺页中断，就应该将该页面移出，方法是将本列下面的两个数据前移，然后将移入的页面置入本列最后的位置。

算法的伪代码描述形式：

```
while (I<页面访问序列的次数)
{
if(要访问的页面在当前第 I 列中)
不做任何处理，该列内容保持不变；
else (要访问的页面不在当前第 I 列中)
做页面置换处理；}
打印二维数组中的内容
```

（2）LRU 页面置换算法：

4*	4	4	3	0
	3*	3	0	1
		0*	1*	3*
√	√	√	√	

定义一个二维数组，行数表示系统分配给该作业的页架数，列数表示作业的页面访问序列的次数。算法可以设计：二维数组中每列的第一个数字表示的页面是当前最近最少用的页面，意思就是说如果发生缺页中断，就应该将该页面移出，方法是将本列下面的两个数据前移，然后将移入的页面置入本列最后的位置。

算法的伪代码描述形式：

```
while (I<页面访问序列的次数)
{
if(要访问的页面在当前第 I 列中)
    将该页面前移至该列最后一个位置，其余页面数字向前移动一位；
else (要访问的页面不在当前第 I 列中)
    做页面置换处理；}
打印二维数组中的内容
```

4. 参考程序

```
#include <iostream.h>
#define Bsize 3
#define Psize 20
struct pageInfor
```

```
{
 int content;//页面号
 int timer;//被访问标记
};
class PRA
{
public:
    PRA(void);
 int findSpace(void);//查找是否有空闲内存
 int findExist(int curpage);//查找内存中是否有该页面
 int findReplace(void);//查找应予置换的页面
 void display(void);//显示
 void FIFO(void);//FIFO 算法
 void LRU(void);//LRU 算法
 void Optimal(void);//OPTIMAL 算法
 void BlockClear(void);//BLOCK 恢复
 pageInfor * block;//物理块
 pageInfor * page;//页面号串
private:
};
PRA::PRA(void)
{
 int QString[20]={7,0,1,2,0,3,0,4,2,3,0,3,2,1,2,0,1,7,0,1};
    block = new pageInfor[Bsize];
 for(int i=0; i<Bsize; i++)
 {
  block[i].content = -1;
  block[i].timer = 0;
 }
 page = new pageInfor[Psize];
 for(i=0; i<Psize; i++)
 {
  page[i].content = QString[i];
  page[i].timer = 0;
 }
}
int PRA::findSpace(void)
{
 for(int i=0; i<Bsize; i++)
  if(block[i].content == -1)
   return i;//找到空闲内存，返回 BLOCK 中位置
 return -1;
}
```

```
int PRA::findExist(int curpage)
{ for(int i=0; i<Bsize; i++)
   if(block[i].content == page[curpage].content)
    return i;//找到内存中有该页面，返回 BLOCK 中位置
 return -1;
}
int PRA::findReplace(void)
{
 int pos = 0;
 for(int i=0; i<Bsize; i++)
  if(block[i].timer >= block[pos].timer)
    pos = i;//找到应予置换页面，返回 BLOCK 中位置
 return pos;
}
void PRA::display(void)
{

 for(int i=0; i<Bsize; i++)
  if(block[i].content != -1)
    cout<<block[i].content<<" ";
 cout<<endl;
}

void PRA::Optimal(void)
{
 int exist,space,position ;
 for(int i=0; i<Psize; i++)
 {
  exist = findExist(i);
  if(exist != -1)
  { cout<<"不缺页"<<endl; }
  else
  {
   space = findSpace();
   if(space != -1)
   {
    block[space] = page[i];
    display();
   }
   else
   {
     for(int k=0; k<Bsize; k++)
    for(int j=i; j<Psize; j++)
```

```
      {
       if(block[k].content != page[j].content)
       { block[k].timer = 1000; }//将来不会用，设置 TIMER 为一个很大数
       else
       {
        block[k].timer = j;
        break;
       }
      }
     position = findReplace();
     block[position] = page[i];
     display();
    }
   }
  }
 }
void PRA::LRU(void)
{
 int exist,space,position ;
 for(int i=0; i<Psize; i++)
 {
  exist = findExist(i);
  if(exist != -1)
  {
      cout<<"不缺页"<<endl;
   block[exist].timer = -1;//恢复存在的并刚访问过的 BLOCK 中页面 TIMER 为-1
  }
  else
  {
   space = findSpace();
   if(space != -1)
   {
    block[space] = page[i];
    display();
   }
   else
   {
    position = findReplace();
    block[position] = page[i];
    display();
   }
  }
  for(int j=0; j<Bsize; j++)
```

```
    block[j].timer++;
  }
 }
 void PRA::FIFO(void)
 { int exist,space,position ;
  for(int i=0; i<Psize; i++)
  {
   exist = findExist(i);
   if(exist != -1)
    {cout<<"不缺页"<<endl;}
 else
   {
    space = findSpace();
    if(space != -1)
    {
     block[space] = page[i];
     display();
    }
    else
    {
     position = findReplace();
     block[position] = page[i];
     display();
    }
   }
   for(int j=0; j<Bsize; j++)
       block[j].timer++;//BLOCK中所有页面TIMER++
  }
 }
 void PRA::BlockClear(void)
 {
  for(int i=0; i<Bsize; i++)
     {
     block[i].content = -1;
     block[i].timer = 0;
  }
 }

 void main(void)
 {
  cout<<"|----------页 面 置 换 算 法----------|"<<endl;
  cout<<"|---power by zhanjiantao(028054115)---|"<<endl;
  cout<<"|-------------------------------------|"<<endl;
```

```
cout<<"页面号引用串:7,0,1,2,0,3,0,4,2,3,0,3,2,1,2,0,1,7,0,1"<<endl;
cout<<"------------------------------------------------------------"<<endl;
cout<<"选择<1>应用 Optimal 算法"<<endl;
cout<<"选择<2>应用 FIFO 算法"<<endl;
cout<<"选择<3>应用 LRU 算法"<<endl;
cout<<"选择<0>退出"<<endl;
int select;
PRA test;
while(select)
{
 cin>>select;
 switch(select)
 {
  case 0:
       break;
  case 1:
       cout<<"Optimal 算法结果如下:"<<endl;
    test.Optimal();
    test.BlockClear();
       cout<<"----------------------"<<endl;
       break;
  case 2:
       cout<<"FIFO 算法结果如下:"<<endl;
       test.FIFO();
       test.BlockClear();
       cout<<"----------------------"<<endl;
       break;
  case 3:
       cout<<"LRU 算法结果如下:"<<endl;
       test.LRU();
       test.BlockClear();
       cout<<"----------------------"<<endl;
       break;
  default:
       cout<<"请输入正确功能号"<<endl;
       break;
 }
}}
```

5. 结果分析

程序可以设计为动态输入作业的页面访问序列，或将二维数组设计为动态数组，这样可以通过调整页面访问序列的次数或系统分配给作业的页架数，考察对缺页中断率的影响。

案例 4 银行家算法的模拟

1. 设计要求

编写程序实现银行家算法。建议采用 VC 或 Java 语言。

要求能够正确实现银行家算法，数据初始化：可利用资源向量、最大需求矩阵和分配矩阵的数据可以由键盘录入，也可以使用默认数据，但请求向量须由键盘录入。程序使用方便、实用，界面美观，运行稳定。

2. 功能设计要求

银行家算法也称为资源分配-拒绝法，是死锁避免的重要算法。

银行家算法之所以能够避免死锁，是因为每次在进程提出资源请求后，系统先试探分配，试探分配后若发现系统处于安全状态，则执行分配，否则拒绝分配，请求进程进入等待态。这样，采用银行家算法，系统始终处于安全状态，安全状态肯定不会是死锁状态，因此，银行家算法能够避免死锁。

3. 银行家算法的数据结构及算法设计

（1）银行家算法的数据结构

为了实现银行家算法，系统中必须要设置一些数据结构（向量、矩阵，以数组表示）。为了讨论问题的方便，设一个系统中进程的个数为 N，表示为 P1、P2、…、PN，资源种类为 M，表示为 R1、R2、…、RM。

系统中每种资源的总数 Resource[M]:每个元素 Resource[i] (1=<j<=M) 代表系统中该类资源的个数。

当前可用的资源向量 Available[M]:每个元素 Available[M] (1=<j<=M)代表该种资源当前还可以使用的个数。初始值与 Resource 向量相等，随着进程对资源的分配与回收不断改变。

最大需求矩阵 Claim[N][M]：每个元素 Claim[i][j](1=<i<=N,1=<j<=M)表示进程 Pi 对资源 Rj 的最大需求，这个矩阵信息根据需要必须事先设定。

已分配矩阵 Allocation[N][M]:每个元素 Allocation[i][j] (1=<i<=N,1=<j<=M)表示进程 Pi 已得到资源 Rj 的个数。

尚需资源矩阵 Need[N][N]：每个元素 Need[i][j] (1=<i<=N,1=<j<=M)表示进程 Pi 还需要资源 Rj 的个数。尚需资源矩阵可以从最大需求矩阵 Claim[N][M]和已分配矩阵 Allocation [N][M]导出，即 Need[i][j]=Claim[i][j]-Allocation[i][j]；为了处理方便，设置尚需资源矩阵 Need。

（2）银行家算法设计

在系统工作过程中，进程不断对资源进程申请。设进程 Pi 的请求向量为 Requesti[M]。根据银行家算法（资源分配拒绝法）的思想，系统按如下步骤进行检查。

① 若 Requesti>=Need[i]，即进程 Pi 的请求超过了该进程所需要的资源最大值，则发生错误，此次申请无效；否则，继续执行。

② 若 Requesti>=Available[i]，即进程 Pi 的当前请求超出了当前系统中能够使用的最大资源向量 Available[i]，则发生错误，此次申请不能满足，该进程必须等待；否则继续执行。

③ 系统对进程 Pi 的申请进行试探性分配，即假设分配后的情况，对相关数据结构中的数值进行调整。

当前系统的可用资源会减少，即 Available-=Requesti；

当前进程 Pi 的已分配资源会增加，即 Allocation[i]+=Requesti；

当前进程尚需资源会减少，即 Need[i]-=Requesti。

④ 经过步骤③的资源试探性分配，对系统的当前状态进行安全性检查。若此时系统处于安全状态，则这次试探性分配可以进行，就完成此次分配（"提交"，commit)；若此时系统处于不安全状态，就撤销这次试探性分配，系统恢复到该次试探性分配前的安全状态（"回卷"，rollback），进程 Pi 进入等待态。

上述银行家算法执行的 4 个步骤中，步骤④的系统安全性检查还需要进一步细化，这也是银行家算法的核心所在，也是银行家算法比较耗时的部分，也是值得优化的部分。

安全性检查算法步骤如下。

① 定义一个工作向量 CurrentAvailable[M]，该向量的值初始化为 Availbale[M]向量的值，表示系统在有可能进程成功运行完成后假设释放的资源累计。

定义一个进程集合 ProcessSet，初始化为所有的进程，即 ProcessSet={P1，P2,…，PN}。

② 在进程集合 ProcessSet 查找是否有这样的进程 Pi，满足 Need[i]<= CurrentAvailable。若找不到这样的 Pi，则转步骤④；若找到，则继续执行步骤③。

③ 当进程 Pi 获得资源后继续执行，早晚会完成而释放它所占用的资源，这些资源又会被其他进程所用，即 CurrentAvailable+=Allocation[i]；此时 Pi 可以假设完成从进程集合 ProcessSet 删去，即 ProcessSet-=Pi。

④ 若 ProcessSet 是空集，返回安全状态（safe)；否则返回不安全状态(unsafe)。

4. 参考程序

```
//本程序引自 http://wenku.baidu.com
#include<iostream.h>
#include<time.h>
#include<stdlib.h>
int xtzy()                          //自定随机数函数
{
    int xtzys;
    //srand((unsigned)time(NULL));
    xtzys=rand()%10+20;
     return xtzys;
}
int yyzy()
{
    int yyzys;
   // srand((unsigned)time(NULL));
    yyzys=rand()%3+3;
     return yyzys;
}
int zdxq()
{
    int zdxqs;
```

```
    //srand((unsigned)time(NULL));
     zdxqs=rand()%3+6; //调用随机函数赋值
     return zdxqs;
 }
void main()
{
     const n=3;
     int i,j;
     int pneed[n][3],claim[n][3],allocation[n][3],
          resource[3],available[3],useall[3]={0,0,0};

     srand((unsigned)time(NULL));
     for(i=0;i<n;i++)
     {
          resource[i]=xtzy();
          for(j=0;j<3;j++)
          {
               claim[i][j]=zdxq();
                 allocation[i][j]=yyzy();
          }
     }
     allocation[0][0]=2;
     allocation[0][1]=5;
     int temp[3]={0,0,0};
     for(j=0;j<3;j++)
     {
          for(i=0;i<n;i++)
          {
               useall[j]=useall[j]+allocation[i][j];
                pneed[i][j]=claim[i][j]-allocation[i][j];
          }
          available[j]=resource[j]-useall[j];
     }
     cout<<"***************************************"<<endl;
     cout<<"********银行家算法全自动演示***********"<<endl;
     cout<<"***************************************"<<endl<<endl;
     cout<<"各进程最大需求资源情况如下："<<endl;
     cout<<"————————————————————————"<<endl;
     cout<<"|            |磁带机  |  绘图仪  |  打印机  |"<<endl;
     cout<<"————————————————————————"<<endl;
     for(i=0;i<n;i++)
     {
          cout<<"|    进程"<<i+1<<"  |    ";
```

```
            for(j=0;j<3;j++)
            {
            cout<<claim[i][j]<<"    |     ";
            }
            cout<<endl;
            cout<<"————————————————————————"<<endl;

        }

        cout<<"当前进程占用系统资源情况分布如下："<<endl;
        cout<<"————————————————————————"<<endl;
        cout<<"|              |磁带机  |  绘图仪  |  打印机  |"<<endl;
        cout<<"————————————————————————"<<endl;
        cout<<"|系统资源总数|    "<<resource[0]<<"     |     "<<resource[1]<<"  |
"<<resource[2]<<"     |"<<endl;
        cout<<"————————————————————————"<<endl;
        for(i=0;i<n;i++)
        {
            cout<<"|    进程"<<i+1<<"    |    ";
            for(j=0;j<3;j++)
            {
            cout<<allocation[i][j]<<"    |     ";
            }
            cout<<endl;
          cout<<"————————————————————————"<<endl;
        }

        cout<<"|  已使用      |    "<<useall[0]<<"     |      "<<useall[1]<<"      |
"<<useall[2]<<"     |"<<endl;
        cout<<"————————————————————————"<<endl;
        cout<<"|  剩余资源  |   "<<available[0]<<"     |      "<<available[1]<<"
|    "<<available[2]<<"     |"<<endl;
        cout<<"————————————————————————"<<endl;

      if(available[0]<0||available[1]<0||available[2]<0)//判断随机数产生正确性
        {
            cout<<"系统随机数申请不当！系统剩余资源为负！"<<endl;
        }
        else
        {
           cout<<"各进程仍需资源情况如下："<<endl;
           cout<<"————————————————————————"<<endl;
           cout<<"|              |磁带机  |  绘图仪  |  打印机  |"<<endl;
```

```
cout<<"————————————————————————"<<endl;
for(i=0;i<n;i++)
{
    cout<<"|    进程"<<i+1<<"    |    ";
    for(j=0;j<3;j++)
    {
 cout<<pneed[i][j]<<"    |    ";
    }
 cout<<endl;
    cout<<"————————————————————————"<<endl;
}
int a=0,b=0;
for(i=0;i<n;i++)
{
    for(j=0;j<3;j++)
    {
    if(pneed[i][j]<=available[j])
        a++;
        else
        a=0;
        cout<<"信号量a为: "<<a<<endl;
    }
    if(a==3)
    {
        for(j=0;j<3;j++)
        {
         available[j]=available[j]+allocation[i][j];
           pneed[i][j]=100;
            if(available[j]>resource[j])
             available[j]=resource[j];
        }
    cout<<"当前系统请求安全! "<<endl;
      cout<<"进程"<<i+1<<"可以申请到系统资源"<<endl;
        cout<<"进程"<<i+1<<"运行结束，并释放系统资源! "<<endl;
    cout<<"当前系统剩余资源情况如下: "<<endl;
       cout<<"————————————————————————"<<endl;
   cout<<"|            |磁带机  |  绘图仪  |  打印机  |"<<endl;
       cout<<"————————————————————————"<<endl;
    cout<<"|剩余资源     |    "<<available[0]<<"      |
"<<available[1]<<"    |    "<<available[2]<<"      |"<<endl;
       cout<<"————————————————————————"<<endl;
        a=0;
    }
```

```
            else
            {cout<<"进程"<<i+1<<"申请失败！"<<endl;
            b++;}
            a=0;
            if(b==n)
            cout<<"当前系统申请不安全！"<<endl;
           if(available[0]==resource[0]&&available[1]==resource[1]
&&available[2]==resource[2])
          cout<<"演示结束！"<<endl;
        }
    }
}
```

5. 结果分析

银行家算法的编程并不难，但是要做成一个美观的界面，并且输入参数不固定的情况下，编程会有些技巧。此外，银行家算法在资源较多时，会进行大量的试探，效率会很低，请根据你的程序运算情况，分析验证资源增减与银行家程序计算效率之间的关系。

案例5 移动臂调度算法的模拟

1. 课程设计要求

编写程序实现移动臂调度算法的模拟。能够实现先来先服务、最短寻找时间和电梯调度算法，能比较每种算法的特点与效率。程序运行稳定，界面美观。

2. 功能设计要求

移臂调度算法包括以下4种：

（1）先来先服务算法（根据访问者提出访问请求的先后次序来决定执行次序）；

（2）最短寻找时间优先调度算法（从等待的访问者中挑选寻找时间最短的那个请求执行，而不管访问者的先后次序）；

（3）电梯调度算法（从移动臂当前位置沿移动方向选择最近的那个柱面的访问者来执行，若该方向上无请求访问时，就改变移动方向再选择）；

（4）单向扫描调度算法（从0柱面开始往里单向扫描，扫到哪个执行哪个）。

以上几种算法要求记住定义并根据访问条件，做出调度后的访问序列。

例如：假定某磁盘共有200个柱面，编号为0～199，如果在为访问143号柱面的请求者服务后，当前正在为访问125号柱面的请求服务，同时有若干请求者在等待服务，它们每次要访问的柱面号为86，147，91，177，94，150，102，175，130。

请回答下列问题：

① 分别用先来先服务算法，最短寻找时间优先算法、电梯调度算法和单向扫描算法来确定实际的服务次序。

② 按实际服务计算上述算法下移动臂需移动的距离。

答：当前柱面位置：125号。

① 采用不同的调度算法服务满足次序：

调度算法	作业调度次序
先来先服务	（125）86.147.91.177.94.150.102.175.130
最短寻找时间优先	（125）130.147.150.175.177.102.94.91.86
电梯调度	（125）102.94.91.86.130.147.150.175.177
单向扫描	（125）130.147.150.175.177.86.91.94.102

② 上述各算法移动臂需移动的距离：

调度算法	移动臂的移动距离
先来先服务	39＋61＋56＋86＋83＋56＋48+73+45＝547
最短寻找时间优先	5+17+3+25+2+75+8+3+5=143
电梯调度	23+8+3+5+44+17+3+25+2=130
单向扫描	5+17+3+25+2+22+1+86+5+3+8=177（注意：199 到 0 的+1）

3. 程序设计

采用 Java 或 C/C++语言，灵活运用随机数完成程序，可以采用多线程技术进行设计。

4. 参考程序

```
#include "stdafx.h"
#include "math.h"
#include "stdlib.h"
#include "string.h"
struct Head {
    int nPosition;
    bool bVisited;
};
void Visit(struct Head *pHead){
    printf("visite cy:%d\n",pHead->nPosition);
    pHead->bVisited=true;
}
int  ReadInputKeyboard(struct  Head  *pHead,int  *pCurrentPosition,int
nMaxNumber){
    int i;
    printf("please input Current position:");
    scanf("%d",pCurrentPosition);
    printf("please input will visit position:");
    for(i=0;i<nMaxNumber;i++){
        scanf("%d",&pHead[i].nPosition);
        pHead[i].bVisited=false;
        if(pHead[i].nPosition<0)
            break;
    }
    return i;
}
```

```
int ReadInputFile(struct Head *pHead,int *pCurrentPosition,int nMaxNumber){
    int i;
    char szFileName[256],*q,*p,szTemp[20];
    printf("please input filename:");
    scanf("%s",szFileName);

    FILE *pFile=fopen(szFileName,"r");
    if(pFile==NULL){
        printf("open file %s error",szFileName);
        return -1;
    }
    for(i=0;!feof(pFile) &&i<nMaxNumber;){
        p=szFileName;
        fgets(p,256,pFile);
        while(q=strchr(p,',')){
            memset(szTemp,0,sizeof(szTemp)*sizeof(char));
            strncpy(szTemp,p,q-p);
            p=q+1;
            if(i==0)
                *pCurrentPosition=atoi(szTemp);
            else {
                pHead[i-1].nPosition=atoi(szTemp);
                pHead[i-1].bVisited=false;
            }
            i++;
        }
        memset(szTemp,0,sizeof(szTemp)*sizeof(char));
        pHead[i-1].nPosition=atoi(p);
        pHead[i-1].bVisited=false;

    }
    fclose(pFile);
    return i;
}
int FifoVisit(int nCurrentPosition,struct Head *pHead,int nNumber){
    /*先来先服务*/
    int nHaveVisited=0;
    int nMoveDistance=0;
    int i;
    while(nHaveVisited<nNumber){
        for(i=0;i<nNumber;i++){
            if(pHead[i].bVisited)
```

```
                continue;
            Visit(&pHead[i]);
            nHaveVisited++;
            nMoveDistance+=abs(nCurrentPosition-pHead[i].nPosition);
            nCurrentPosition=pHead[i].nPosition;
        }
    }
    printf("the sum of move distance:%d\n",nMoveDistance);
    return nMoveDistance;
}
int SsfoVisit(int nCurrentPosition,struct Head *pHead,int nNumber){
    /*最短寻找时间优先*/
    int nHaveVisited=0;
    int nMoveDistance=0;
    int nMinDistance=0;
    int nMinIndex=0;
    int i;
    while(nHaveVisited<nNumber){
        nMinDistance=0xffff;
        nMinIndex=0;
        /*找最小值*/
        for(i=0;i<nNumber;i++){
            if(pHead[i].bVisited)
                continue;
            if(nMinDistance>abs(pHead[i].nPosition-nCurrentPosition)){
                nMinDistance=abs(pHead[i].nPosition-nCurrentPosition);
                nMinIndex=i;
            }
        }
        /*访问*/
        Visit(&pHead[nMinIndex]);
        nHaveVisited++;
        nMoveDistance+=nMinDistance;
        nCurrentPosition=pHead[nMinIndex].nPosition;
    }
    printf("the sum of move distance:%d\n",nMoveDistance);
    return nMoveDistance;
}
int DtVisit(int nCurrentPosition,bool bOut,struct Head *pHead,int nNumber){
    /*电梯调度算法*/
    int nHaveVisited=0;
    int nMoveDistance=0;
```

```
    int nMinDistance=0;
    int nMinIndex=0;
    int i;
    while (nHaveVisited<nNumber){
        nMinDistance=0xffff;
        nMinIndex=0;
        /*找最小值*/
        for(i=0;i<nNumber;i++){
            if(pHead[i].bVisited)
                continue;
            if (bOut && pHead[i].nPosition<nCurrentPosition||!bOut &&
 pHead[i].nPosition>nCurrentPosition){
 if(nMinDistance>abs(pHead[i].nPosition-nCurrentPosition)){
 nMinDistance=abs(pHead[i].nPosition-nCurrentPosition);
                    nMinIndex=i;
                }
            }
        }
        If (nMinDistance==0xffff){
            bOut=!bOut;
            continue;
        }
        /*访问*/
        Visit(&pHead[nMinIndex]);
        nHaveVisited++;
        nMoveDistance+=nMinDistance;
        nCurrentPosition=pHead[nMinIndex].nPosition;
    }
    return nMoveDistance;
}
int DxVisit(int nCurrentPosition,struct Head *pHead,int nNumber){
    /*单向调度算法*/
    int nHaveVisited=0;
    int nMoveDistance=0;
    int nMinDistance=0;
    int nMinIndex=0;
    int i;
    while(nHaveVisited<nNumber){
        nMinDistance=0xffff;
        nMinIndex=0;
        /*找最小值*/
        for(i=0;i<nNumber;i++){
```

```
                if(pHead[i].bVisited)
                    continue;
                if(nMinDistance>abs(pHead[i].nPosition-nCurrentPosition)){
                    nMinDistance=abs(pHead[i].nPosition-nCurrentPosition);
                    nMinIndex=i;
                }
            }
        }
        if(nMinDistance==0xffff){
            nMoveDistance+=199-nCurrentPosition;
            nCurrentPosition=0;
            continue;
        }
        /*访问*/
        Visit(&pHead[nMinIndex]);
        nHaveVisited++;
        nMoveDistance+=nMinDistance;
        nCurrentPosition=pHead[nMinIndex].nPosition;
    }
    printf("the sum of move distance:%d\n",nMoveDistance);
    return nMoveDistance;
    }
    int main(int argc, char* argv[]){
        struct Head mylist[20];
        /*
        struct Head ylist[20]=
    {98,false,183,false,37,false,122,false,14,false,124,false,65,false,67,
false};
        int nCurrentPosition=53;
        int nRealNumber=8;
        */
        int nCurrentPosition=0;
        int nRealNumber=ReadInputFile(mylist,&nCurrentPosition,20);
        /*
        FifoVisit(nCurrentPosition,mylist,nRealNumber);
        SsfoVisit(nCurrentPosition,mylist,nRealNumber);
        DtVisit(nCurrentPosition,false,mylist,nRealNumber);
        */
        DxVisit(nCurrentPosition,mylist,nRealNumber);
        return 0;
    }
```

5. 结果分析

程序可以设计为运用随机数序列作为访问序列，如果能运用动态显示效果则更好，能够对不同算法下的运行效率进行统计，指出各种算法运行的。

案例6 一个简单文件管理器的实现

1. 设计要求

文件管理是操作系统的重要管理功能之一。文件的特点就是按名存取。任何主流操作系统，如UNIX、Linux和Windows都有功能强大的文件管理功能，并且都提供了文件系统调用或API。文件的使用，主要有文件的创建、打开、文件的读写和文件的关闭，此外对文件以及文件夹的管理功能也是必不可少，如文件的复制、改名、删除、查看文件的属性等。

课程设计的可选课题之一是一个简单文件管理器的实现，通过C/C++或Java等语言开发一个实用、方便的文件管理器，用来加深对操作系统中文件的理解和应用。

2. 功能设计要求

在掌握基本的文件管理的基础上，能够选取合适的语言和开发工具（推荐Java或C/C++），编写程序将实现一个简单的文件管理器。具体功能主要包括以下几个。

（1）一个方便、美观的用户界面。

（2）能够进行文件的建立、打开、读写和关闭。

（3）能够对文件的属性进行管理。

（4）能够对文件夹进行管理。

如果选择C语言来进行文件管理器的实现，文件内部操作是方便的，但界面编程代价较大；如果选择Visual C++语言来编程，则对文件操作的功能更加强大，但需要熟悉MFC或Windows编程或VCL编程；如果采用Java语言来编程，则编程实现较方便，无论是文件内部操作还是界面编程。因此，不同的软件工具的选择，工作量与最后的界面效果有很大不同，这是需要注意的。

3. 程序设计

（1）运用C语言进行编程知识简介

文件有两种：文本文件和二进制文件。

```
FILE  *fopen("filename", " mode ");
```

功能：返回一个指向指定文件的指针。

```
int  fclose(FILE  *文件指针);
```

功能：关闭"文件指针"所指向的文件。

检测文件结束feof ，函数原型：

```
int  feof(FILE  *fp)
int fputc(int c,FILE *stream)      写字符函数
char *fgets(char *string, int n,FILE *stream)       读字符串函数
```

功能：从fp指向的文件读一个字符串。返值：fgets正常时返回读取字符串的首地址；出错或文件尾，返回NULL。fgets从fp所指文件读n-1个字符送入string中,并在最后加一个'\0'，若读入n-1个字符前遇换行符或文件尾（EOF）即结束。同时，将读写位置指针向前移动n（字符串长度）

个字节。

int fputs(char *string，FILE *stream)　　写字符串函数

功能：从 fp 指向的文件写一个字符串。返值：fputs 正常时返回写入的最后一个字符；出错为 EOF，fputs 把 string 指向的字符串写入文件指针所指的文件中，串结束符将不被输出。

int fscanf(FILE *stream,char *format[,argument,……])　　格式化输入函数

int fprintf(FILE *stream,char *format[,argument,……])　　格式化输出函数

功能：按格式对文件进行 I/O 操作。返值：成功,返回 I/O 的个数;出错或文件尾,返回 EOF。

ANSI C 标准提出设置两个函数(fread 和 fwrite)，用来读写一个数据块。unsinged fread(void *ptr,unsinged size,unsinged nitems,FILE *stream) 二进制输入函数。unsinged fwrite(void *ptr,unsinged size,unsinged nitems,FILE *stream) 二进制输出函数，功能：读/写数据块。返值：成功，返回读/写的块数；出错或文件尾，返回 0；

（2）Java 语言编程知识简介

流类：字节流(InputStream、OutputStream)、字符流(Reader、Writer)。

文件操作类：File、RandomAccessFile。

InputStream 类有 read()和 close()方法；

OutPutStream 类有 write()、flush()和 close()方法；

InputStream 和 OutPutStream 的所有方法都会抛出 IOException。

InputStream 的子类，常用的有 FileInputStream、ObjectInputStream、ByteArrayInputStream、DataInputStream。

OutputStream 的子类，常用的有 FileOutputStream、ObjectOutputStream、ByteArrayOutputStream、DataOutputStream。

Reader 抽象类的方法有 read()、close()。

Writer 抽象类的方法有 write()、append()、flush()、close()。

Reader 类常用的子类有 FileReader、BufferedReader。

Writer 类常用的子类有 FileWriter、PrintWriter。

File 类提供的常用方法有 getName()、getPath()、getAbsolutePath()、getParent()、getParentFile()、length()、lastModified()、exists()、canRead()、canWrite()、isHidden()、isFile()、isDirectory()、setReadOnly()、compareTo()、rename()、createNewFile()、mkdir()、list()、listFiles()。

RandomAccessFile 类常用的方法有 readInt()、wtiteInt()、length()、getFilePointer()、seek()、close()。

4. 参考程序

```
import java.io.*;
import java.awt.*;
import java.awt.event.*;
import javax.swing.*;
public class FileManagerJFrame extends JFrame implements ActionListener
{
    private File dir;                         //文件对象，表示指定目录
    private File[] files;                     //保存指定目录中所有文件
    private JTextField text_dir;              //地址栏，显示目录路径
    private JList list_files;                 //列表框，显示指定目录中所有文件
```

和子目录

```
    public FileManagerJFrame()
    {
        super("文件管理器");
        this.setSize(400,300);
        this.setLocation(200,140);
        this.setDefaultCloseOperation(EXIT_ON_CLOSE);

        this.dir = new File(".","");            //创建表示当前目录的文件对象
        this.text_dir = new JTextField(this.dir.getAbsolutePath());
                                               //显示目录路径
        this.getContentPane().add(this.text_dir,"North");
        this.text_dir.addActionListener(this);

        this.files = this.dir.listFiles();    //返回指定目录中所有文件对象
        String[] filenames = this.dir.list();//返回指定目录中所有文件名字符串
        this.list_files = new JList(filenames);//所有文件名字符串显示在列表框中
        this.getContentPane().add(this.list_files);
        this.addMenu();                       //调用自定义方法，添加菜单

        this.setVisible(true);
    }
    private void addMenu()                              //添加主菜单
    {
        JMenuBar menubar = new JMenuBar();                //菜单栏
        this.setJMenuBar(menubar);                       //框架上添加菜单栏

        JMenu menu_file = new JMenu("文件");              //菜单
        menubar.add(menu_file);                          //菜单栏中加入菜单
        JMenuItem menuitem_open = new JMenuItem("打开");   //创建菜单项
        menu_file.add(menuitem_open);                    //菜单项加入到菜单
        menuitem_open.addActionListener(this); //为菜单项注册单击事件监听器
        JMenuItem menuitem_sendto = new JMenuItem("复制到 C:\\备份");
        menu_file.add(menuitem_sendto);
        menuitem_sendto.addActionListener(this);
        JMenuItem menuitem_delete = new JMenuItem("删除");
        menu_file.add(menuitem_delete);
        menuitem_delete.addActionListener(this);
    }
  public static void copyFile(File file, File file2)
                                  //复制文件，适用于任意类型文件
    {                             //将 file 文件内容复制 file 文件中，重写方式
        try
```

```
            {
                FileInputStream  fin = new FileInputStream(file);
                                                        //创建文件输入流对象
                FileOutputStream  fout = new FileOutputStream(file2);
                                                        //创建文件输出流对象
                byte[] buffer = new byte[512];   //字节缓冲区
                int count=0;
                do
                {
                    count = fin.read(buffer);      //读取输入流
                    if (count != -1)
                        fout.write(buffer);       //写入输出流
                }while (count!=-1);
                fin.close();                       //关闭输入流
                fout.close();                      //关闭输出流

                file2.setLastModified(file.lastModified());
                        //将新文件的最后修改时间设置为原文件的最后修改时间
            }
            catch (IOException ioex)
            {
                System.out.println("复制 "+file.getName()+" 文件未成功。");
                return;
            }
        }

        public void actionPerformed(ActionEvent e)            //单击事件处理程序
        {
            if(e.getSource()==this.text_dir)                  //单击文本行时
            {
                this.dir = new File(this.text_dir.getText());
                this.files = this.dir.listFiles();
                String[] filenames = this.dir.list();
                this.list_files.setListData(filenames);//重新设置列表框中的数据项
            }

            if(e.getActionCommand()=="打开")           //单击菜单项时
            {
                int i = this.list_files.getSelectedIndex();
                 //返回列表框第 1 个选中数据项的序号，从 0 开始；没有选中时返回-1
                if (i!=-1)
                    if (this.files[i].isFile())
                    {
```

```
            String fname = (String)this.list_files.getSelectedValue ();
              //返回列表框第 1 个选中数据项的值；没有选中时返回 null
              int j = fname.indexOf('.');
              if (j>0)
              {
                  String extend = fname.substring(j+1);
                                              //获得.之后的扩展名字符串
                  if (extend.equals("txt") || extend.equals("java"))
                      new TextFileEditorJFrame(this.files[i]);
                                                //打开文本文件编辑器
                  else
                      System.out.println("运行错误：不能打开这类文件。");
              }
          }
          else
          {
              this.dir = this.files[i];
              this.files = this.dir.listFiles();
              String[] filenames = this.dir.list();
              this.list_files.setListData(filenames);
          }
  }

  if(e.getActionCommand()=="复制到 C:\\备份")
  {
      int i = this.list_files.getSelectedIndex();
      if (i!=-1 && this.files[i].isFile())      //仅复制文件，不复制目录
      {
          File dir_copyto = new File("C:\\备份","");//指定复制到的目录
          if (!dir_copyto.exists())                 //目录不存在时
          {
              dir_copyto.mkdir();                   //创建目录
              File f2 = new File(dir_copyto, this.files[i].getName());
              this.copyFile(this.files[i], f2);    //复制文件
          }
          else                                      //目录存在时
          {
              File f2 = new File(dir_copyto, this.files[i].getName());
              if (!f2.exists())                     //文件不存在时
                  this.copyFile(this.files[i], f2);
              else                                  //文件存在时
                 if (this.files[i].lastModified() > f2.lastModified ())
                     this.copyFile(this.files[i], f2); //待复制文件日期
```

```
                                                        //较新时复制
                    }
                }
            }
            if(e.getActionCommand()=="删除")
            {
                int i = this.list_files.getSelectedIndex();
                if (i!=-1)
                {
                    this.files[i].delete();                     //删除文件
                    String[] filenames = this.dir.list();
                    this.list_files.setListData(filenames);
                }
            }
        }
        public static void main(String arg[])
        {
            new FileManagerJFrame();
        }
    }
```

5. 结果分析

通过编写文件管理器，可以增加一些常用功能，使得程序功能强大并且稳定运行，对程序执行效率进行观察。如果能增加对磁盘的空间识别会更好。通过此次文件管理器程序的设计与实现，深入理解相关文件操作，特别是 Java 中文件操作采用流的好处。

此外，为什么文件需要划分为二进制文件和文本文件？为什么有顺序文件和随机文件？

参 考 文 献

[1] 屠祁．操作系统基础．北京：清华大学出版社，1999.
[2] 范辉．操作系统原理与实训教程．北京：高等教育出版社，2004.
[3] 邓胜兰．操作系统基础．北京：机械工业出版社，2009.
[4] 陈应明．现代计算机操作系统．北京：冶金工业出版社，2004.
[5] 胡元义．操作系统课程辅导与习题解析．北京：人民邮电出版社，2002.
[6] 孙钟秀．操作系统教程（第 4 版）．北京：高等教育出版社，2009.
[7] 刘腾红．操作系统．北京：中国铁道出版社，2008.
[8] 刘振鹏，王熠熠，张明．操作系统（第 3 版）．北京：中国铁道出版社，2010.
[9] 范立南，刘飒．操作系统实用教程．北京：北京大学出版社，2010.
[10] 汤小丹，梁红兵，哲凤屏．现代操作系统．北京：电子工业出版社，2008.
[11] 张坤，姜立秋，赵慧然．操作系统教程．大连：大连理工大学出版社，2010.
[12] 王旭阳，李睿．操作系统原理．北京：国防工业出版社，2009.
[13] 郑增威，胡隽．操作系统原理及实验．杭州：浙江大学出版社，2007.
[14] 孟庆昌．操作系统原理．北京：机械工业出版社，2010.
[15] 庞丽萍．操作系统原理（第 4 版）．武汉：华中理工大学出版社，2008.
[16] 蒲晓蓉，刘丹，刘泽鹏．操作系统原理与 Linux 实例设计．北京：电子工业出版社，2008.
[17] 百度百科．http:// www.baidu.com/.

反侵权盗版声明